"国家示范性高等职业院校建设计划项目"中央财政支持重点建设专业
杨凌职业技术学院水利水电建筑工程专业课程改革系列教材

工程水力计算

《工程水力计算》课程建设团队　主编

中国水利水电出版社
www.waterpub.com.cn

内 容 提 要

本教材是"国家示范性高等职业院校建设计划项目"中央财政支持重点建设专业 杨凌职业技术学院水利水电建筑工程专业课程改革系列教材。全书共分 10 个学习单元，内容包括：液体认知、静水压强与静水压力计算、水流运动的基本原理介绍、水头损失计算、有压管流水力计算、渠道水力计算、堰闸水力计算、建筑物下游消能水力计算、水力计算案例、理正工程水力计算软件使用说明。

本教材可作为高职高专水利工程、水利水电建筑工程、城市水利、水利工程监理、水土保持等专业的教材，也可作为相关专业工程技术人员的参考用书。

图书在版编目（CIP）数据

工程水力计算 /《工程水力计算》课程建设团队主编. -- 北京：中国水利水电出版社，2010.6(2021.6重印)
（杨凌职业技术学院水利水电建筑工程专业课程改革系列教材）
ISBN 978-7-5084-7569-1

Ⅰ．①工… Ⅱ．①工… Ⅲ．①水利工程－水力计算－高等学校：技术学校－教材 Ⅳ．①TV222

中国版本图书馆CIP数据核字(2010)第109704号

书　　名	"国家示范性高等职业院校建设计划项目"中央财政支持重点建设专业 杨凌职业技术学院水利水电建筑工程专业课程改革系列教材 **工程水力计算**
作　　者	《工程水力计算》课程建设团队　主编
出版发行	中国水利水电出版社 （北京市海淀区玉渊潭南路1号D座　100038） 网址：www.waterpub.com.cn E-mail：sales@waterpub.com.cn 电话：（010）68367658（营销中心）
经　　售	北京科水图书销售中心（零售） 电话：（010）88383994、63202643、68545874 全国各地新华书店和相关出版物销售网点
排　　版	中国水利水电出版社微机排版中心
印　　刷	北京瑞斯通印务发展有限公司
规　　格	184mm×260mm　16开本　15.75印张　373千字
版　　次	2010年6月第1版　2021年6月第6次印刷
印　　数	14001—18000 册
定　　价	49.50 元

凡购买我社图书，如有缺页、倒页、脱页的，本社营销中心负责调换

版权所有·侵权必究

"国家示范性高等职业院校建设计划项目"
教材编写委员会

主　任：张朝晖

副主任：陈登文

委　员：刘永亮　祝战斌　拜存有　张　迪　史康立
　　　　解建军　段智毅　张宗民　邹　剑　张宏辉
　　　　赵建民　刘玉凤　张　周

《工程水力计算》教材编写团队

主　编：杨凌职业技术学院　　　　　　　　张春娟

副主编：杨凌职业技术学院　　　　　　　　拜存有　刘红英

参　编：杨凌职业技术学院　　　　　　　　鄂军良　马雪琴
　　　　中国水电建设集团十五工程局有限公司　郑新让
　　　　延安市市区河道管理处　　　　　　卫　玲

修订说明

本书于 2010 年 6 月正式出版后,由于新技术、新规范的普及和应用,以及高等职业教育改革与发展的要求,迫切需要修订。

此次修订工作针对高等职业教育的特点,按照突出实用性、突出理论知识的应用和有利于职业技能培养的原则,对原版内容进行了补充和修改,既保持了原书的风格,又突出实用性,内容上力求深度、广度适宜,并尽可能反映近年来工程水力计算方面的新技术、新知识、新成果,主要在以下方面进行了修订:体现利用现代计算机技术进行水力分析计算;为更加符合现代教学深度,更新学习单元后的习题;立足于使学生掌握基本知识和技能,并能运用这些基本技能去解决实际问题,对本书的内容进行组织和调整。

编者

2018 年 8 月

序

2006年11月，教育部、财政部联合启动了"国家示范性高等职业院校建设计划项目"，杨凌职业技术学院是国家首批批准立项建设的28所国家示范性高等职业院校之一。在示范院校建设过程中，学院坚持以人为本、以服务为宗旨，以就业为导向，紧密围绕行业和地方经济发展的实际需求，致力于积极探索和构建行业、企业和学院共同参与的高职教育运行机制，在此基础上，以"工学结合"的人才培养模式创新为改革的切入点，推动专业建设，引导课程改革。

课程改革是专业教学改革的主要落脚点，课程体系和教学内容的改革是教学改革的重点和难点，教材是实施人才培养方案的有效载体，也是专业建设和课程改革成果的具体体现。在课程建设与改革中，我们坚持以职业岗位（群）核心能力（典型工作任务）为基础，以课程教学内容和教学方法改革为切入点，坚持将行业标准和职业岗位要求融入到课程教学之中，使课程教学内容与职业岗位能力融通、与生产实际融通、与行业标准融通、与职业资格证书融通，同时，强化课程教学内容的系统化设计，协调基础知识培养与实践动手能力培养的关系，增强学生的可持续发展能力。

通过示范院校建设与实践，我院重点建设专业初步形成了"工学结合"特色较为明显的人才培养模式和较为科学合理的课程体系，制订了课程标准，进行了课程总体教学设计和单元教学设计，并在教学中予以实施，收到了良好的效果。为了进一步巩固扩大教学改革成果，发挥示范、辐射、带动作用，我们在课程实施的基础上，组织由专业课教师及合作企业的专业技术人员组成的课程改革团队编写了这套工学结合特色教材。本套教材突出体现了以下几个特点：一是在整体内容构架上，以实际工作任务为引领，以项目为基础，以实际工作流程为依据，打破了传统的学科知识体系，形成了特色鲜明的项目化教材内容体系；二是按照有关行业标准、国家职业资格证书要求以及毕业生面向职业岗位的具体要求编排教学内容，充分体现教材内容与生产实际相融通，与岗位技术标准相对接，增强了实用性；三是以技术应用能力（操作技能）为核心，以基本理论知识为支撑，以拓展性知识为延伸，将理论知识学习与能力培养置于实际情境之中，突出工作过程技术能力的培养和经验性知识的积累。

本套特色教材的出版，既是我院国家示范性高等职业院校建设成果的集中反映，也是带动高等职业院校课程改革、发挥示范辐射带动作用的有效途径。我们希望本套教材能对我院人才培养质量的提高发挥积极作用，同时，为相关兄弟院校提供良好借鉴。

杨凌职业技术学院院长：张朝晖

2010年2月5日于杨凌

前言

水利水电建筑工程专业是杨凌职业技术学院"国家示范性高等职业院校建设计划项目"中央财政重点支持的4个专业之一，项目编号为062302。按照子项目建设方案，在广泛调研的基础上，与行业企业专家共同研讨，在原国家教改试点成果的基础上不断创新"合格＋特长"的人才培养模式，以水利水电工程建设一线的主要技术岗位核心能力为主线，兼顾学生职业迁移和可持续发展需要，构建工学结合的课程体系，优化课程内容，进行专业平台课与优质专业核心课的建设。经过三年的探索实践取得了一系列的成果，2009年9月23日顺利通过省级验收。为了固化示范建设成果，进一步将其应用到教学之中，实现最终让学生受益，在同类院校中形成示范与辐射，经学院专门会议审核，决定正式出版系列课程教材，包括优质专业核心课程、工学结合一般课程等，共计16部。

本教材立足于学生实际能力的培养，对内容作了根本性改革，打破以知识传授为主要特征的传统学科模式，转变为以工作任务为中心组织课程内容，让学生在完成具体项目的过程中来构建相关理论知识，并发展职业能力。经过行业、企业专家深入、细致、系统的分析，本教材最终确定了以下学习单元：液体认知、静水压强与静水压力计算、水流运动的基本原理介绍、水头损失计算、有压管流水力计算、渠道水力计算、堰闸水力计算、建筑物下游消能水力计算、水力计算案例、理正工程水力计算软件使用说明。这些学习单元将主要突出对学生职业能力的训练，其理论知识的选取紧紧围绕工作任务完成的需要，同时又充分考虑高等职业教育对理论知识学习的需要，并融合了相关职业资格证书对知识、技能和素质的要求。

本教材由杨凌职业技术学院张春娟主编并统稿，中国水电十五局郑新让担任主审。课程描述、学习单元1、学习单元6、水力计算案例9.3由张春娟编写；学习单元2由杨凌职业技术学院鄂军良编写；学习单元3、学习单元4、水力计算案例9.6由杨凌职业技术学院刘红英编写；学习单元5、学习单元10、水力计算案例9.2由杨凌职业技术学院拜存有编写；学习单元7、学习单元8、水力计算案例9.5由杨凌职业技术学院马雪琴编写；水力计算案例9.1、水力计算案例9.4由延安市市区河道管理处卫玲编写。

教材在编写过程中，课程建设团队的全体老师提出了宝贵意见，学院及教务处领导也给予了大力支持，同时还得到了兄弟院校及中国水电十五局、延安市水利局、石泉县水利局的积极参与和大力帮助，在此表示最真挚的感谢。

本教材引用了大量的规范、专业文献和资料，恕未在书中一一注明。在此，对有关作者表示诚挚的谢意。

本教材内容体系属首次尝试，由于作者水平有限，不足之处在所难免，恳请广大师生和读者批评指正，编者不胜感激。

本课程建设团队

2009 年 9 月

课　程　描　述

一、课程发展简史

水力学作为学科而诞生始于水静力学。公元前400余年，中国墨翟在《墨经》中，已有了浮力与所排液体体积之间关系的设想。公元前250年，阿基米德在《论浮体》中，阐明了浮体和潜体的计算方法。1586年德国数学家斯蒂文提出水静力学方程。17世纪中叶，法国帕斯卡提出液压等值传递的帕斯卡原理。至此水静力学已初具雏形。

水力学的发展是与水利工程兴建相联系的。相传4000年前的大禹治水采取"疏雍导滞"防止了洪涝灾害。公元前256～前210年间，中国秦代修建了著名的都江堰、灵渠和郑国渠。汉初利用山溪水流作动力是水轮机的雏形。15世纪意大利人达·芬奇在实验水力学方面取得进展，他用悬浮砂粒在玻璃槽中观察水流现象，描述了波浪运动、管中水流和波的传播、反射和干涉。前人对水流运动规律的认识已有相当水平，但直至15世纪以前，都被认为是一种技艺，而未发展为一门学科。

18世纪中叶水力学开始成为一门独立学科，欧拉和伯努利是这一领域中杰出的先驱者。18世纪末和整个19世纪，形成了两个相互独立的研究方向：一是运用数学分析的理论流体力学；一是依靠实验的应用水力学。开尔文、瑞利、斯托克斯、兰姆等人的工作使理论水平达到相当的高度，而谢才、达西、巴赞、弗朗西斯、曼宁等人则在应用水力学方面进行了大量的实验研究，提出了各种实用的经验公式。

19世纪末，流体力学有了新发展：雷诺理论及实验研究；雷诺的因次分析；弗劳德的船舶模型实验；空气动力学的研究等。

20世纪初的重要突破是普朗特的边界层理论，它把无黏性理论和黏性理论在边界层概念的基础上联系起来。20世纪蓬勃发展的经济建设提出了越来越复杂的水力学问题：高浓度泥沙河流的治理；高水头水力发电的开发；输油干管的敷设；采油平台的建造；河流湖泊海港污染的防治等。使水力学的研究方向不断拓展，从单相流动到多相流动；从牛顿流体规律到非牛顿流体规律；从流速分布到温度和污染物浓度分布；从一般水流到产生掺气、空蚀、引起振动的高速水流。以计算机应用为主要手段的计算水力学也得到了相应的发展。

随着高职教育示范院校建设和课程改革的不断深入，我们将工学结合的思想融合进水力学课程，课程命名为"工程水力计算"。本课程立足于实际工作职业能力的培养，以实际水利工程水力计算任务为切入点，以水利建筑行业职业资格标准为依据，构建课程内容和知识体系。课程内容和知识的选取紧紧围绕工作任务完成的需要，同时又充分考虑了高等职业教育对理论知识学习的需要，并融合了相关职业资格证书对知识、技能和素质的要求。旨在为水利工程专业提供一部符合人才培养方案要求、实用性强、特色鲜明的课程，培养学生熟练进行一般水利工程水力计算，具有水利工程设计与施工现场组织与管理等能力。

目前，"工程水力计算"课程已由过去单纯为水利工程类专业的一门重要的专业平台课，发展成为土木工程、环境工程、动力机械、生物化学，以至人才流、物资流、资金流、信息流等专业或领域的重要专业平台课。课程教学方法和教学手段正在向多元化、现代化迈进。随着现代科学技术的发展和不同学科的相互渗透，工程水力计算的内容将会不断得到发展、充实和提高。

二、课程性质与任务

工程水力计算是研究液体的机械运动规律及应用这些规律解决工程实际问题的一门学科。研究对象是以水为代表的液体，其基本原理不仅适用于水，也适用于与水的性质相似的液体（油、汞、酒精等）和可以忽略压缩性（即流速小于音速）的气体。

工程水力计算包括水静力学和水动力学两部分。水静力学研究液体静止或相对静止状态下的力学规律及其水力计算，探讨液体内部压强分布，液体对固体接触面的压力，液体对浮体和潜体的浮力及浮体的稳定性，以解决蓄水容器、输水管渠、挡水建筑物、沉浮于水中的构筑物，如水池、水箱、水管、闸门、堤坝、船舶等的静水压力计算问题。水动力学研究液体运动状态下的力学规律及其水力计算，主要探讨管流、明渠流、堰流、孔口流、射流、渗流的流动规律，以及流速、流量、水深、压力、水工建筑物结构尺寸的水力计算，以解决给水排水、道路桥涵、农田排灌、水力发电、防洪排涝、河道整治、水资源工程、环境保护工程、港口工程、航运、交通、石油化工中的水力计算问题。

工程中所遇到的水力计算问题很多，基本可以归结为以下几个方面：①计算水流对建筑物的作用力；②计算建筑物的输水能力及尺寸；③水流机械能的利用和损失；④计算河渠水面曲线；⑤建筑物下游水流衔接与消能；⑥建筑物的渗流。此外，还有一些特殊水力计算问题，如管、渠非恒定流，高速水流中的空蚀、振动、掺气，挟沙水流，波浪运动等。

三、课程目标

本课程是高职高专水利类专业的一门重要理论（含实践）课，也是一门不可替代的技术基础课、工学结合、专业必修课程。本课程以"建筑力学"和"土力学"的学习为基础，同时与"水利水电工程施工"、"水工建筑物"以及"施工质量控制与验收"等课程相衔接，共同打造学生的专业核心技能。

本课程的总体目标是：学生能够进行水工建筑物的水力计算，具备指导水工建筑物水力计算和设计与施工的能力。

1. 能力目标

(1) 能够对水工建筑物进行水力计算和简单设计。
(2) 能够独立完成常规水力学实验，熟练填写实验报告。
(3) 能够制定渠道断面设计及现场场地平整、开挖与回填的施工方案。
(4) 能够进行水工建筑物的消能设计。
(5) 能够对城市自来水管网进行简单设计和施工。
(6) 能够计算建筑物的静水、动水压强与压力。

2. 知识目标

(1) 能够熟练陈述常见水工建筑物的类型及其水力计算方法。
(2) 能说出水工建筑物水力计算的内容。
(3) 能够准确地说出常规水力实验的实验步骤及其相应的设备仪器的名称、操作方法。

(4) 能准确陈述水的静水压强、静水压力、动水压强、动水压力等概念及计算方法。

(5) 能熟练陈述明渠水流的基本流态及判别方法。

(6) 能熟练陈述消力池的类型与构造。

(7) 能熟练陈述水头损失的类型及计算要点。

(8) 能够熟练陈述描述水流运动的基本原理及方法。

3. 素质目标

具备吃苦耐劳、乐于奉献、团结协作、勇于创新的精神。

四、课程研究方法

研究工程水力计算有三种最基本的方法，即理论分析、试验研究和数值计算。

1. 理论分析

工程水力计算是建立在古典力学的理论基础上，对液体运动进行理论分析。应用数理分析方法，引用古典力学的基本原理（如牛顿三定律、动量定理、动能定理等），研究液体的运动及作用在液体上的力，来建立水流机械运动的基本规律，解释各种水流现象的成因和内在机理。

理论分析在建立液体运动的一般规律方面已经比较成熟。但实际水流运动非常复杂，影响因素众多，还难以完全用理论分析的方法解决实际工程问题。

2. 实验研究

实验研究的基本目的：一是检验理论分析成果的正确性；二是当有些水力计算问题在理论上暂时还不能完全得到解决时，通过实验可以寻找到一些经验性的规律，以满足解决实际工程问题的需要。实验研究是研究的一个极其重要的方法，也是对理论分析的补充。现阶段水力计算的实验研究主要有三种方式。

(1) 原型观测。在野外或水利工程现场，对天然或工程中的水流运动现象直接进行观测，收集第一手资料，总结水流运动的基本规律，检验理论分析成果，为工程设计施工提供依据。

(2) 模型实验。由于实际水流运动比较复杂，现有的理论分析成果具有局限性，使有些实际工程的水力计算问题不能得到可靠而满意的解答，这时需要在实验室内，依据水力相似理论，把实际工程按一定比例缩小为模型，在模型上模拟相应的实际水流运动，得出模型水流的规律性。然后再把模型实验成果，按照相似关系换算为原型的成果，以满足工程设计的需要。

这种模型实验的方法，可以检验工程设计的合理性，并为修改设计提供可靠的依据，在工程实践中得到广泛应用。

(3) 系统实验。野外观测经常受时间和其他自然条件的限制，难以按人们的要求去实现或预演各种水流现象，从而由大量观测资料中去总结水流运动的规律，这时可以在实验室内，小规模地造成某种水流运动，进行系统的实验观测，从中找出水流运动的规律。

3. 数值计算

随着计算机技术的迅速发展，利用计算机进行数值计算求解基本方程，来指导和解决工程水力学问题，是一种快速、简便、节省投资的研究方法。所谓数值计算，是采用各种离散化方法（有限差分法、有限元法等），建立各种数值模型，通过计算机进行数值计算和数值实验，最终获得其数值解。近二三十年来，这一方法得到很大发展，已形成专门学科——计算流体力学。

我们必须注意到：数值计算需要通过理论分析来建立，数值计算的不少参数需要经过模型试验来提供，而理论分析和数值计算的成果也需要通过物理模型进行验证。这三种研究方法必须互相结合，互为补充，相辅相成，共同推动学科的进一步发展。

五、教学进度表

该门课程建议总学时为70，其中理论学时54，实验实训学时16，学分为3.5，详见以下列表。

序号	学时	单元标题	目标要求		教学组织形式	作业形式
			能力目标	知识目标		
1	2	课程描述	能够说出工程中遇到的工程水力计算问题、本门课的目标、研究方法	课程的定位、研究方法	图片展示 教室讲解 学生讨论	思考题
2	2	液体认知	能够熟练测定液体的密度、容重等物理力学性质，能够准确填写实验报告	1. 能陈述液体的基本物理力学性质； 2. 能准确陈述常规水力实验的方法、步骤、仪器名称	模型讲解 图片展示 实验验证	思考题 实验报告 书面作业
3	8	静水压强与静水压力计算	1. 能熟练地按照水力试验步骤操作仪器设备进行静水压强实验，能够准确填写实验报告； 2. 能够对平面、曲面静水压强与静水压力进行计算	1. 能陈述静水压强、静水压力测定的方法、步骤、仪器名称； 2. 能准确陈述平面、曲面静水压强与静水压力的概念、计算方法	模型讲解 实验验证 案例引导 启发教学 学生训练	思考题 实验报告 书面作业
4	14	水流运动基本原理介绍	1. 能对水流运动进行描述； 2. 能够应用三大方程解决工程实际问题； 3. 能熟练地按照三大方程水力实验步骤操作仪器设备进行实验，能够准确填写实验报告	1. 能陈述描述水流运动的两种方法及区别； 2. 能熟练陈述三大方程的基本形式、意义及应用要点； 3. 能熟练掌握三大方程的实验室论证原理、方法、步骤即实验设备名称	模型讲解 案例引导 实验验证 学生训练	思考题 实验报告 书面作业
5	8	水头损失计算	1. 能区分并确定水头损失的类型及大小； 2. 能熟练地按照水头损失实验步骤操作仪器设备进行实验，能够准确填写实验报告； 3. 能对水工建筑物进行水头损失计算	1. 能熟练陈述水头损失的产生原因、概念、类型、判别方法； 2. 能熟练陈述水流形态的类型及划分方法； 3. 能熟练陈述水头损失的计算方法	模型讲解 案例引导 实验验证 学生训练	思考题 实验报告 书面作业

续表

序号	学时	单元标题	目标要求		教学组织形式	作业形式
			能力目标	知识目标		
6	6	有压管流水力计算	1. 能对不同管流进行水力计算：确定泄流量、断面尺寸、压强等； 2. 能准确绘制不同管流的测压管水头线与总水头线，为工程设计提供参考； 3. 能够指导管流的设计与施工	1. 能熟练陈述管流的类型与构造； 2. 能熟练陈述管流水力计算的类型、原理、方法、步骤； 3. 能熟练陈述管流测压管水头线与总水头线的绘制原理及方法	案例引导 教师讲解 学生训练	思考题 实验报告 书面作业
7	16	渠道水力计算	1. 能解决渠道水力计算的各种问题； 2. 能对水跃进行水力计算； 3. 能够指导渠道的设计与施工； 4. 能区分渠道的12种水面曲线并进行演示	1. 能够陈述明渠均匀流、明渠非均匀流的区别； 2. 能够陈述渠道水力计算的类型、原理、方法、步骤； 3. 能够陈述明渠水流流态及判别方法； 4. 能够陈述水跃的产生原因、类型、消能机理、水力计算	案例引导 教师讲解 学生训练	思考题 书面作业
8	6	堰闸水力计算	1. 能解决堰闸水力计算的各种问题； 2. 能够指导堰闸的设计与施工	1. 能够熟练陈述堰、闸的特点及区别； 2. 熟练堰闸水力计算的类型、原理、方法、步骤	案例引导 教师讲解 学生训练	思考题 书面作业
9	4	建筑物下游消能水力计算	1. 能够熟练地对水工建筑物进行消能计算与处理； 2. 能够指导建筑物消能设计与施工	1. 熟练陈述水工建筑物衔接与消能的特点、目的； 2. 熟练陈述底流式消能设计的类型、原理、方法、步骤	案例引导 教师讲解 学生训练	思考题 书面作业
10	2	水力计算案例	能够熟练地对拦河坝、管网、有压隧洞、渠道、溢流坝、溢洪道进行水力计算	能陈述拦河坝、管网、有压隧洞、渠道、溢流坝、溢洪道的作用及水力计算的内容、方法、步骤	案例引导 教师讲解 学生训练	思考题
11	2	理正工程水力计算软件使用说明	能够用软件对水工建筑物进行水力计算	能陈述软件的特点、功能、系统环境与安装、操作方法	教师讲解 上机练习	上机计算结果

目录

序
前言
课程描述

学习单元 1　液体认知 …………………………………………………… 1
　1.1　液体的基本特性 ……………………………………………………… 1
　1.2　液体的主要物理力学性质 …………………………………………… 2
　1.3　实际液体与理想液体 ………………………………………………… 6
　1.4　作用在液体上的力 …………………………………………………… 7
　习题 ………………………………………………………………………… 7

学习单元 2　静水压强与静水压力计算 ……………………………… 8
　2.1　静水压强及其特性 …………………………………………………… 8
　2.2　水静力学基本方程 …………………………………………………… 10
　2.3　静水压强的测算 ……………………………………………………… 13
　2.4　平面壁上的静水总压力计算 ………………………………………… 17
　2.5　曲面壁上的静水总压力计算 ………………………………………… 23
　习题 ………………………………………………………………………… 27

学习单元 3　水流运动的基本原理介绍 ……………………………… 33
　3.1　描述水流运动的方法 ………………………………………………… 33
　3.2　恒定总流连续性方程 ………………………………………………… 39
　3.3　恒定总流能量方程的建立 …………………………………………… 40
　3.4　恒定总流能量方程的应用 …………………………………………… 45
　3.5　恒定总流的动量方程 ………………………………………………… 55
　习题 ………………………………………………………………………… 60

学习单元 4　水头损失计算 …………………………………………… 64
　4.1　水头损失的类型 ……………………………………………………… 64
　4.2　水流运动的两种形态 ………………………………………………… 66
　4.3　均匀流沿程水头损失与切应力的关系 ……………………………… 69
　4.4　紊流运动 ……………………………………………………………… 70
　4.5　沿程水头损失的分析与计算 ………………………………………… 76
　4.6　局部水头损失的分析与计算 ………………………………………… 83

习题 ··· 87

学习单元 5　有压管流水力计算 ··· 89
5.1　管流认知 ·· 89
5.2　简单短管水力计算 ·· 90
5.3　简单短管水力计算实例 ··· 97
5.4　简单长管水力计算 ·· 102
5.5　复杂管路水力计算 ·· 105
5.6　水击计算简介 ·· 113
习题 ··· 121

学习单元 6　渠道水力计算 ·· 125
6.1　明渠水流认知 ·· 125
6.2　明渠均匀流的计算公式 ··· 128
6.3　明渠均匀流计算有关问题分析 ··· 130
6.4　明渠均匀流的水力计算 ··· 135
6.5　明渠非均匀流认知 ··· 140
6.6　水跃的水力计算 ··· 146
6.7　明渠恒定非均匀渐变流的基本方程式 ··· 152
6.8　棱柱体明渠非均匀渐变流水面曲线分析 ··· 153
6.9　明渠恒定非均匀渐变流水面曲线计算 ··· 158
习题 ··· 162

学习单元 7　堰闸水力计算 ·· 165
7.1　堰闸认知 ·· 165
7.2　薄壁堰水力计算 ··· 167
7.3　实用堰水力计算 ··· 170
7.4　宽顶堰水力计算 ··· 176
7.5　闸孔出流水力计算 ··· 180
习题 ··· 184

学习单元 8　建筑物下游消能水力计算 ··· 186
8.1　泄水建筑物下游水流衔接消能形式 ··· 186
8.2　底流式消能的水力计算 ··· 187
8.3　挑流式消能的水力计算 ··· 194
习题 ··· 197

学习单元 9　水力计算案例 ·· 199
9.1　拦河坝的水力计算 ··· 199
9.2　管网水力计算 ·· 200
9.3　有压隧洞水力计算 ··· 206

9.4	渠道水力计算	210
9.5	溢流坝水力计算	212
9.6	河岸溢洪道水力计算	216

学习单元 10　理正工程水力计算软件使用说明 ·················· 224

10.1	系统环境与安装	224
10.2	功能概述	224
10.3	快速操作指南	225
10.4	操作说明	227

附图 ·· 230

参考文献 ·· 234

学习单元1 液 体 认 知

知识内容要求：能陈述液体的基本物理力学性质；能准确陈述常规水力实验的方法、步骤、仪器名称。

能力与素质要求：能够熟练测定液体的密度、容重等物理力学性质，能够准确填写实验报告；具备认真仔细、吃苦耐劳精神。

1.1 液体的基本特性

1.1.1 液体与固体和气体的区别

自然界的物质有三种存在方式，即固体、液体和气体。水作为一种流体，在运动过程中，表现出与固体不同的特点。固体由于其分子间距离很小，内聚力很大，所以它能保持固定的形状和体积，能承受一定数量的拉力、压力和剪切力。而流体则不同，由于其分子间距离较大，内聚力很小，液体很容易发生变形或流动，所以液体不能保持固定的形状。

液体与气体两者相比，液体分子内聚力比气体大得多，因为液体分子间距离很小，密度较大，所以液体虽然不能保持固定的形状，但能保持固定的体积。一个盛有液体的容器，若其容积大于液体的体积，液体就不会充满整个容器，而具有自由表面（液体仅占据自身体积所需要的那部分空间）。气体不仅没有固定的形状，也没有固定的体积，极易膨胀和压缩，它可以任意扩散直到其占据那部分空间。而液体的压缩性很小，在很大的压力作用下，其体积的缩小甚微。液体的膨胀性同样也是很小的。液体与气体的主要差别就是它们的可压缩程度不同。

1.1.2 连续介质的概念

液体和任何物质一样，都是由分子组成的，分子与分子之间是不连续而有空隙的。根据现代物理研究指出，在常温下，每立方厘米的水中约含有 3×10^{22} 个水分子，相邻分子间距离约为 3×10^{-8} cm，可见分子间距离是相当微小的，在很小的体积中包含有难以记数的分子。

工程水力计算主要是为工程服务的，并不需要研究水流的微观运动，只需要研究水流的宏观运动规律。因此，在工程水力计算的研究中，将液体假设为一种由无数没有微观运动的质点所组成、毫无空隙地充满所占空间的连续体，这种抽象化了的液体模型，就是1753年由瑞士学者欧拉（Euler）提出来的连续介质假设，即假设液体是一种连续充满其所占据空间毫无空隙的连续体。工程水力计算所研究的液体运动是连续介质的连续流动。

连续介质的概念作为一种假定在流体力学的发展上起了巨大作用。如果我们把液体视为连续介质，则液流中的一切物理量（如速度、压强、密度等）都可以视为空间坐标和时间的连续函数,这样,我们在研究液体运动规律时,就可以利用连续函数的分析方法。长期的生产和科学实验表明:利用连续介质假定所得出的有关液体运动规律的基本理论与客观实际是十分符合的。

在连续介质假设的基础上,一般还认为液体是均质的,液体质点的物理性质在液体内各部分和各方向都是相同的,即液体具有均质等向性。

有了连续介质假设,液体中的一切物理量——速度、加速度、压强、密度等,均可视为空间坐标和时间的连续函数,这为运用高等数学中的连续函数理论来研究液体的运动规律提供了很大方便。

综上所述,液体的基本特性应该是:液体是一种易流动,不易压缩,且均质等向的连续介质。

1.2 液体的主要物理力学性质

液体的主要物理力学性质包括惯性、万有引力特性、黏滞性、压缩性和表面张力特性。

1.2.1 惯性

液体与自然界其他物体一样,也具有惯性。惯性是物体所具有的反抗改变其原有运动状态的一种物理力学性质,其大小可以用质量来度量。质量越大的物体,惯性越大,反抗其原有运动状态的能力也就越强。质量为 m,加速度为 a 的物体,其惯性力为

$$F = -ma \tag{1.1}$$

液体单位体积的质量称为密度,即

$$\rho = \frac{m}{V} \tag{1.2}$$

式中:ρ 为液体的密度,kg/m³;m 为液体的质量,kg;V 为液体的体积,m³。

因为液体的体积随温度和压强的变化而变化,故其密度也随温度和压强的变化而变化,但改变不大,实用上可看作常数。工程中的温度为 4℃,压强为一个大气压下,常采用水的密度 $\rho = 1000 \text{kg/m}^3$。

1.2.2 万有引力特性

万有引力特性是指任何物体之间具有相互吸引的性质,其吸引力称为万有引力。地球对物体的吸引力称为重力(或重量),对于质量为 m 的液体,其重量为

$$G = mg \tag{1.3}$$

式中:G 为液体的重量,N 或 kN;g 为重力加速度,m/s²,一般取 $g = 9.8 \text{m/s}^2$。

液体单位体积的重量称为容重,即

$$\gamma = \frac{G}{V} \tag{1.4}$$

式中:γ 为液体的容重,N/m³ 或 kN/m³。

在工程水力计算中,容重有时也称为重度或重率。

将式(1.3)代入式(1.4),可得到容重与密度的关系为

$$\gamma = \frac{G}{V} = \frac{mg}{V} = \rho g \tag{1.5}$$

液体的容重与密度一样随温度和压强的变化而变化，但变化量很小。工程中常将水的容重视为常数。在温度为4℃、压强为一个大气压下，采用水的容重 $\gamma=9800\text{N/m}^3$，或 $\gamma=9.8\text{kN/m}^3$。

【例 1.1】 已知水银的体积为 5m^3，密度为 13600kg/m^3，求该液体的质量、重量和容重。

解：液体的质量
$$m = \rho V = 13600 \times 5 = 68000 (\text{kg})$$

液体的重量
$$G = mg = 68000 \times 9.8 = 666400(\text{N}) = 666.4(\text{kN})$$

液体的容重
$$\gamma = \rho g = 13600 \times 9.8 = 133280(\text{N/m}^3) = 133.28(\text{kN/m}^3)$$

1.2.3 黏滞性

1. 黏滞性

当液体处在运动状态时，质点间、流层间都存在着相对运动，从而在质点与质点间、流层与流层间就会产生内摩擦力（又叫黏滞力）抵抗其相对运动产生剪切变形。液体这种产生内摩擦力抵抗剪切变形的特性，称为黏滞性。

黏滞性是液体所固有的一种物理力学性质，所有的液体都具有黏滞性，液体不同，黏滞性的大小也不同，油的黏滞性就比水大。

由图 1.1 所示明渠水流的横断面流速分布图（图中每根带箭头的线段长度表示该点流速的大小）可以看出，渠道横断面上的流速分布是不均匀的：渠底流速为零，随着离开固体边界距离的增加，流速逐渐增大，至水面附近流速达到最大值。这是因为水流具有黏滞性，紧靠固体边界的第一层极薄水层由于附着力的作用而贴附在壁面上不动，该水层通过黏滞（摩阻）作用影响第二水层的流速，第二水层又通过黏滞作用影响第三水层的流速……如此逐层影响下去。离开固体边界的距离越大，壁面对流速的影响越小，结果就形成了图 1.1（a）所示的流速分布规律。

图 1.1

因各流层的流速不等,有相对运动,相邻水层间就出现内摩擦力。流得快的水层对流得慢的水层起拖动作用,所以上层(流速快)对下层(流速慢)的摩擦力方向与水流方向一致;反之,下层对上层起阻滞作用,下层作用于上层的摩擦力方向与水流方向相反,如图1.1(b)所示。

由于液流内部存在内摩擦力,在流动过程中内摩擦力做功而不断消耗液体的机械能,这种消耗的机械能称为液体的能量损失。因此,黏滞性是引起液体能量损失的根本原因,它在分析和研究水流运动中占有很重要的地位。

2. 牛顿内摩擦定律

实验表明,当液体质点作互不混掺的层流运动时,相邻流层接触面产生的内摩擦力 T 与流层间接触面面积 A 成正比,与两流层间的速度差 du 成正比,与两流层间的距离 dy 成反比,与液体的种类、性质有关,这一结论称为牛顿内摩擦定律,可表示为

$$T = \mu A \frac{du}{dy} \tag{1.6}$$

式(1.6)表明,液体的内摩擦力 T 产生于液体内各流层之间,它的大小与接触面上的压力无关。

单位面积上的内摩擦力称为黏滞切应力,用 τ 表示,则

$$\tau = \frac{T}{A} = \mu \frac{du}{dy} \tag{1.7}$$

以上两式中:T 为液体的内摩擦力;τ 为液体流层间的黏滞切应力;μ 为动力黏滞系数,$N \cdot s/m^2$ 或 $Pa \cdot s$;A 为相邻流层间接触面的面积;$\frac{du}{dy}$ 为流速梯度,反映流速沿 y 方向的变化程度。

式(1.7)表明,液体的黏滞切应力与液体的性质及流速梯度有关:流速梯度大的地方,黏滞切应力 τ 也大,反之相反。

符合牛顿内摩擦定律的流体称为牛顿流体,如水、酒精、苯、油类、水银、空气等;不符合牛顿内摩擦定律的流体称为非牛顿流体,如泥浆、血浆、牛奶、颜料、油漆、淀粉糊等。

3. 黏滞系数

黏滞性的大小用黏滞性系数来度量。动力黏滞系数 μ 是液体黏滞性系数的一种,它的大小与液体的种类和温度有关。μ 值大的液体,黏滞性大;μ 值小的液体,黏滞性小。

液体的黏滞性还可以用另一种形式的黏滞性系数来度量,即运动黏滞系数 ν。

$$\nu = \frac{\mu}{\rho} \tag{1.8}$$

ν 的单位 m^2/s 或 cm^2/s,大小也与液体的种类和温度有关。设水的温度为 t,以 ℃ 计,则水的运动黏滞系数可用下列经验公式计算

$$\nu = \frac{0.01775}{1 + 0.0337t + 0.000221t^2} \tag{1.9}$$

同一液体黏滞性随温度的升高而降低,不同温度条件下水的动力黏滞系数 μ 与运动黏滞系数 ν 的值,可参考表1.1;空气与几种常见液体的容重见表1.2。

1.2 液体的主要物理力学性质

表 1.1　　　　不同温度条件下水的物理性质

温度 （℃）	容重 γ（kN/m³）	密度 ρ（kg/m³）	动力黏滞系数 μ（10^{-3}Pa·s）	运动黏滞系数 ν（10^{-6}m²/s）	压缩系数 β（10^{-9}1/Pa）	弹性系数 K（10^{9}Pa）	表面张力系数 σ（N/m）
0	9.805	999.9	1.781	1.785	0.495	2.02	0.0756
5	9.807	1000.0	1.518	1.519	0.485	2.06	0.0749
10	9.804	999.7	1.306	1.306	0.476	2.10	0.0742
15	9.798	999.1	1.139	1.139	0.465	2.15	0.0735
20	9.789	998.2	1.002	1.003	0.459	2.18	0.0728
25	9.777	997.0	0.890	0.893	0.450	2.22	0.0720
30	9.764	995.7	0.798	0.800	0.444	2.25	0.0712
40	9.730	992.2	0.653	0.658	0.439	2.28	0.0696
50	9.689	988.0	0.547	0.553	0.437	2.29	0.0679
60	9.642	983.2	0.466	0.474	0.439	2.28	0.0662
70	9.589	977.8	0.404	0.413	0.444	2.25	0.0644
80	9.530	971.8	0.354	0.364	0.455	2.20	0.0626
90	9.466	965.3	0.315	0.326	0.467	2.14	0.0608
100	9.399	958.4	0.282	0.294	0.483	2.07	0.0589

表 1.2　　　　空气与几种常见液体的容重

名称	空气	水银	汽油	酒精	海水
t（℃）	20	0	15	15	15
γ（kN/m³）	0.01182	133.28	6.664～7.35	7.7783	9.996～10.084

1.2.4 压缩性

液体的体积随所受压力的增大而减小的特性，称为液体的压缩性，压缩性的大小可用体积压缩系数 β 来表示。设液体原体积为 V，当所受压强的增值为 $\mathrm{d}p$ 时，体积压缩值为 $\mathrm{d}V$，则体积压缩系数

$$\beta = -\frac{\dfrac{\mathrm{d}V}{V}}{\mathrm{d}p} \tag{1.10}$$

体积压缩系数 β 反映了液体体积的相对压缩值 $\dfrac{\mathrm{d}V}{V}$ 与压强增值 $\mathrm{d}p$ 之比，其值越大，表示越易压缩。由于液体的体积总是随压强的增大而减小，所以 $\mathrm{d}V$ 与 $\mathrm{d}p$ 的符号总是相反，为使 β 为正值，式（1.10）右端取负号。β 的单位为 m²/N 或 1/Pa。

体积压缩系数的倒数称为体积弹性系数，用 K 表示

$$K = \frac{1}{\beta} = -\frac{\mathrm{d}p}{\dfrac{\mathrm{d}V}{V}} \tag{1.11}$$

K 的单位为 Pa，K 值越大，表明液体越不易压缩。

液体的体积压缩系数 β 和体积弹性系数 K 与液体的种类和温度有关，水在不同温度下的 β 和 K 值见表 1.1。在普通水温情况下，压强每增加一个标准大气压，水的体积比原体积缩小约 1/21000，可见水的压缩性是很小的。在实际应用中，除某些特殊问题外，通

常情况下，液体是不可压缩的，即认为液体的体积和密度不随温度和压力的变化而变化。

1.2.5 表面张力特性

由于液体表层分子之间的相互吸引，使得液体表层形成拉紧收缩的趋势。液体的这种在表面薄层内能够承受微小拉力的特性，称为表面张力特性。表面张力不仅存在于液体的自由表面上，也存在于不相混合的两层液体之间的接触面上。表面张力只是一种局部受力现象，仅存在于液体的表面，内部并不存在。工程中接触到的水面一般较大，自由表面的曲率很小，表面张力很小，通常情况下可以忽略不计。

在小直径细管中，液体表面张力的现象十分明显，如图1.2所示。当液体内的引力小于它与管壁的附着力，表面张力将使细管内液面下凹、液体上升。反之，当液体内的引力大于它与管壁的附着力，表面张力将使细管内液面上凸、液体下降。玻璃管中水面高出容器水面的高度 h 为

$$h = \frac{29.8}{d} \tag{1.12}$$

玻璃管中水银液面低于容器中水银表面的高度为

$$h = \frac{10.15}{d} \tag{1.13}$$

式（1.12）、式（1.13）表明液柱上升或下降的高度与管径有关。上面两式中，d 为玻璃管的内径，d 和 h 均以 mm 计。

图 1.2

在水力学实验中，常用细玻璃管做测压管，为了减少毛细管作用引起压强量测的误差，测压管的内径不宜小于 10mm。

液体表面张力的大小，可以用表面张力系数来度量。液面上单位长度所受的拉力称为表面张力系数，用 σ 表示，σ 的单位为 N/m。表面张力系数的大小与液体的性质、温度以及表面接触情况有关，与空气相接触的水面在不同温度情况下的表面张力系数 σ 值见表 1.1。

1.3 实际液体与理想液体

以上介绍了液体的几种主要物理力学性质，这些性质均不同程度地影响液体的运动。其中，惯性、万有引力特性、黏滞性对液体运动影响最大，对液体运动起主导作用，而压缩性和表面张力特性只是对某些特殊的液体运动才起作用。为了简化问题便于进行理论分析，引入了一个"理想液体"的概念，所谓理想液体，就是将液体看作不可压缩、不能膨

胀、没有黏滞性、没有表面张力特性的连续性介质。

由于水的压缩性和表面张力特性都很小，研究水流运动时可以忽略不计，这种忽略对研究的结论影响不大。但考虑不考虑黏滞性是理想液体与实际液体的主要差别，按理想液体分析得出的结论，在应用到实际液体时，均应考虑黏滞性影响而带来的偏差并加以修正。

1.4 作用在液体上的力

液体无论处于平衡或运动状态，都会受到各种力的作用。液体运动状态的改变，是外力作用的结果。因此研究液体的平衡或运动，都要正确分析和计算液体所受到的作用力。

作用在液体上的力，按其物理性质分为重力、惯性力、压力、黏滞力、表面张力等；如果按其作用特点，这些力又可分为表面力和质量力两大类。

1.4.1 表面力

作用在所研究液体的表面上，其大小与受作用的表面积成比例的力称为表面力。例如固体边界与液体之间的摩擦力，边界对液体的反作用力，一部分液体对相邻的另一部分液体在接触面上的水压力等。

表面力又可以分为垂直作用面的压力和平行于作用面的切力。表面力的大小除用总作用力来度量外，常用单位面积上所受到的力（即应力）来表示。垂直指向作用面的应力称为压应力或压强，与作用面平行的应力称为切应力。

1.4.2 质量力

质量力是作用在每个液体质点上，其大小与液体的质量成比例的力。如重力、惯性力都属于质量力。在均质液体中质量与体积成正比，故质量力又可以称为体积力。

单位质量液体所受到的质量力，称为单位质量力，以符号 f 表示。质量为 m 的均质液体，所受总的质量力为 F，则单位质量力为

$$f = \frac{F}{m} \tag{1.14}$$

若总的质量力 F 在直角坐标轴上的投影分别为 F_x、F_y、F_z，则单位质量力 f 在相应坐标上的投影分量 X、Y、Z 可表示为

$$X = \frac{F_x}{m},\ Y = \frac{F_y}{m},\ Z = \frac{F_z}{m} \tag{1.15}$$

单位质量力与加速度的单位相同为 m/s²。

习 题

1.1 "液体在静止状态下不存在黏滞性"。这种说法对吗？为什么？
1.2 固体之间的摩擦力与液体流层之间的内摩擦力有何区别？
1.3 实际液体与理想液体有何区别？
1.4 体积为 0.5m³ 的水银，重量和质量各为多少？
1.5 求在一个大气压下，4℃时 5L 水的重量和质量各为多少？

学习单元 2 静水压强与静水压力计算

知识内容要求：能陈述静水压强、静水压力测定的方法、步骤、仪器名称；能够准确陈述平面、曲面静水压强与静水压力的概念、计算方法。

能力与素质要求：能熟练地按照水力实验步骤操作仪器设备进行静水压强实验，能够准确填写实验报告；能够对平面、曲面静水压强与静水压力进行计算。

本学习单元学习液体静止状态时的力学规律及其在工程实际中的应用。所谓静止是指液体质点之间以及液体与固体壁面之间没有相对运动。其内容可概括为两个方面的问题：①研究静水内部压强的大小、特性及其分布规律；②研究与静水相接触的壁面上的静水总压力。

2.1 静水压强及其特性

2.1.1 静水压强

人们在生活与工程实践中知道：游泳时当水淹过胸部时，就会感到有一种压力；木桶壁捆得不牢，盛水后就会散开；水库大坝设计不当就会被水压垮；水闸的门板没有一定的厚度，就会被水压弯。通过这些现象，可以形成一个概念，即处于静止状态的水体，对盛着它的容器或挡着它的水工建筑物都有压力的作用。就是在液体内部，一部分液体对相邻的另一部分液体也有压力的作用。把静止液体作用在与之接触的表面上的压力称为静水压力，通常用大写英文字母 P 表示。

单位面积上静水的压力值，称为静水压强，其表达式为

$$p = \frac{P}{A} \tag{2.1}$$

式中：p 为静水压强，N/m^2，亦称帕斯卡（Pa）；或 kN/m^2，即 kPa；P 为静水总压力，N 或 kN；A 为受压面面积，m^2。

式（2.1）计算出的静水压强是受压面上的平均静水压强。但事实上，受压面上各处的静水压强一般都不相等，用平均静水压强只能反映受压面上受压的平均情况，因此还必须建立点静水压强的概念。

图 2.1 所示为一圆柱形水箱，在水箱中任取一点 M，以点 M 为中心，在它周围一块微小面积 ΔA 上的静水总压力为 ΔP，则微小面积上的平均静水压强为

$$p = \frac{\Delta P}{\Delta A}$$

如果当面积 ΔA 围绕 M 点无限缩小且趋近于零时，则 $\dfrac{\Delta P}{\Delta A}$ 的极

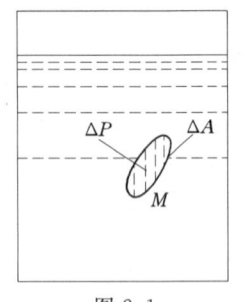

图 2.1

限称为 M 点的静水压强，即

$$p = \lim_{\Delta A \to 0} \frac{\Delta P}{\Delta A} \tag{2.2}$$

在以后的有关计算中，如果没有特别说明，静水压强均指点静水压强。

2.1.2 静水压强的特性

静水压强具有两个重要的特性：

（1）静水中任何一点处各个方向的静水压强的大小都是相等的，与受压面的方位无关。

这一特性可以用图 2.2 所示的装置进行实验说明。

图 2.2

把一个两端开口的 U 形玻璃管（U 形测压管）固定在有刻度的壁面上，并注入有色液体。实验前，由于两端都通大气，所以，管中液面位于同一高度。如果用一根橡皮管把一个蒙有橡皮膜的小圆盒连接到测压管 A 端，B 端与大气相通。这时，管中液面仍位于同一高度上。若用手指去压橡皮膜，则 U 形测压管中液面高度就会发生变化（A 管液面下降，B 管液面上升），加力愈大，两管液面的高度差 h 也愈大；若手指放开，液面又恢复至同一高度。

实验开始：把蒙有橡皮膜的小圆盒放入水中，发现入水愈深，管中液面的高度差 h 也愈大。这一现象说明，静水中是存在压强的，而且静水压强的大小与水深有关；若把蒙有橡皮膜的小圆盒放在某一水深处，只改变盒口橡皮膜的方向（使橡皮膜上、下、左、右或斜向），则 U 形测压管液面的高度差 h 均不变。这一现象说明，静水中任一点的静水压强大小在各个方向上都是相等的，与受压面的方位无关。

（2）静水压强的方向与受压面垂直并指向受压面。

如图 2.1 所示，如果静水压力 ΔP 不垂直受压面 ΔA，则 ΔP 可分解为两个分力，一个力垂直于受压面，另一个力平行受压面，这个与受压面平行的力即为切力。由于静止液体不能承受切力抵抗剪切变形，所以平行于受压面的切力应等于零，否则液体将在此切应力作用下而流动。同时，静止液体又不可能抵抗拉力，只能承受垂直并指向受压面的压力。也就是说，静水压强的方向永远垂直并指向受压面。

如图 2.3 所示，在与水相接触的折面 ABC 上，B 点是边壁上的转折点，它既是平面 AB 上的一点，也是平

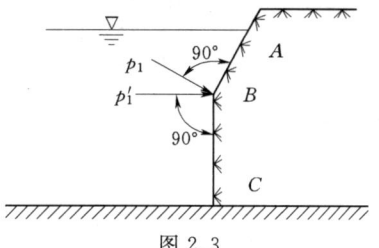

图 2.3

面 BC 上的一点，对不同方位的受压面来说，其压强的作用方向不同，B 点的压强 p_{AB} 垂直于受压面 AB，B 点的压强 p_{BC} 垂直于受压面 BC，但 p_{AB} 和 p_{BC} 的压强大小是相等的。

2.2 水静力学基本方程

2.2.1 基本方程的建立

静水中任意一点压强的大小，可以通过力学分析的方法，建立水体受力的平衡方程，从而得到静水压强的计算公式。

1. 水静力学基本方程式推导

图 2.4（a）所示为仅在重力作用下处于静止状态的水体，取一铅直的小水柱为脱离体，小水柱的底面面积为 ΔA，高为 h，表面压强为 p_0，底面压强为 p，分析作用于此小水柱上的力：

小水柱顶面的压力 $P_0 = p_0 \Delta A$ 方向铅直向下；

小水柱底面上的压力 $P = p \Delta A$ 方向铅直向上；

小水柱体的自重 $G = \gamma h \Delta A$ 方向铅直向下。

作用于小水柱体周围表面上的水压力：因小水柱侧面都是铅直面，侧面水压力皆为水平力，小水柱又处于静止状态，侧面上所受的水平力是相互平衡的，即作用于小水柱体水平方向的合力为零。

列出小水柱铅垂方向上的静力平衡方程，可得

$$p \Delta A = p_0 \Delta A + \gamma h \Delta A$$

上式两端同除以 ΔA，整理得

$$p = p_0 + \gamma h \tag{2.3}$$

式中：p 为某点在液面以下的深度为 h 处的静水压强；p_0 为静水表面的压强；γ 为液体的容重；h 为计算点在液面下的深度。

式（2.3）为常用的静水压强的基本方程式。它表明：仅在重力作用下，静水中任一点的静水压强，等于表面的压强加上液体的容重与该点在液面下的深度的乘积，即静水中某点的压强大小与该点在液面下的深度成正比。

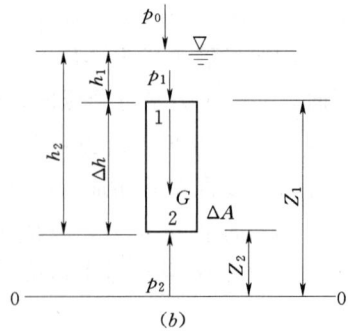

图 2.4

由式（2.3）还可以看出：静水中任意一点的压强是由两部分组成的：①从液体表面传来的表面压强 p_0，②单位面积上高度为 h 的水柱重量。若表面压强 p_0 以某种方式使之增大，则此压强可不变大小地传递至液体中的各个部分。这就是帕斯卡原理。

如图 2.4（b）所示，取位于液面下铅直线上任意两点 1、2，其压强分别为 p_1 和 p_2，围绕两点取微小面积 ΔA，并以 ΔA 为底、Δh 为高的铅直小水柱为脱离体，分析小水柱的受力情况：点 1 和点 2 处的淹没深度分别为 h_1、h_2，利用式（2.3）可写出该两点静水压强各为

$$p_1 = p_0 + \gamma h_1$$
$$p_2 = p_0 + \gamma h_2$$

故
$$p_2 - p_1 = \gamma(h_2 - h_1) = \gamma \Delta h$$

即
$$p_2 - p_1 = \gamma \Delta h \tag{2.4}$$

式（2.4）表明：静水中任意两点的压强差等于作用在单位面积上高度为 Δh 的水柱重量。

在图 2.4（b）中，如果把点 1 和点 2 位置改用离某一共同水平面，即基准面 0—0 的距离表示，其位置高度分别为 Z_1 和 Z_2，显然，$\Delta h = Z_1 - Z_2$，代入式（2.4）并整理可得

$$Z_1 + \frac{p_1}{\gamma} = Z_2 + \frac{p_2}{\gamma} \tag{2.5}$$

式（2.5）是静水压强基本方程的另一种表达式。它表明：在静止液体中，位置高度 Z 愈大，静水压强愈小；位置高度 Z 愈小，静水压强愈大。

2. 等压面的概念

在静水中，可以找到这样一些点，它们具有相同的静水压强值，这些点连成的面称为等压面。

在式（2.5）中可以看出：在均质（γ＝常数）、连通的液体中，水平面（$Z_1 = Z_2$＝常数）必然是等压面（$p_1 = p_2$＝常数），这就是通常所说的连通器原理。利用这一原理，计算点静水压强时非常方便。

与大气相接触的自由液面必然为等压面，因为自由液面上各点的压强都等于大气压强。不同液体的交界面也是等压面。

图 2.5（a）中的 1—1 水平面不是等压面，因为两边的液体不连通；图 2.5（b）中的 1—1 水平面也不是等压面，因为一个是汽油，另一个是水，不是均质的液体。因此，在计算点静水压强取等压面时要特别注意均质、连通这一条件。

静水压强基本方程同样也反映了其他液体在静止状态下的规律，其区别在于容重 γ 不同。

水利工程中计算静水压强时，通常不考虑作用于液面上的大气压强，这是由于大气均匀地作用在建筑物各个方向而相互抵消了，实际作用在建筑物上的压强值 p 仅与 γh 有关。若以 p_a 表示大气压强，即当液体表面压

图 2.5

强 $p_0=p_a=0$ 时，式（2.3）可写为

$$p=\gamma h \tag{2.6}$$

式（2.6）表明，静水中任一点的压强与该点在水面下淹没的深度 h 呈线性关系。

【例 2.1】 求水库水深为 10m、20m 处的静水压强。

解：已知水库表面压强为大气压强，故 $p_0=p_a=0$。

水深 10m 处　　　　　　　$p=\gamma h=9.8\times 10=98(\text{kPa})$

水深 20m 处　　　　　　　$p=\gamma h=9.8\times 20=196(\text{kPa})$

【例 2.2】 有清水和水银两种液体，求深度各为 1m 处的静水压强值。已知液面为大气压强，水银容重 $\gamma_m=133.3\text{kN/m}^3$。

解：水深为 1m 处静水压强　$p=\gamma h=9.8\times 1=9.8(\text{kPa})$

　　　水银中深度为 1m 处的压强　$p=\gamma h=133.3\times 1=133.3(\text{kPa})$

2.2.2　水静力学基本方程的意义

1. 物理意义

由物理学可知：质量为 m 的物体在高度为 Z 的位置所具有的位置势能为 mgZ。对于液体，它不仅具有位置势能，液体内部的压力也有做功的本领，水力计算中把它称为压力势能，简称压能。如在图 2.6 中质量为 m 的液体在点 1 处所具有的压能为 $mg\dfrac{p_1}{\gamma}$。

图 2.6

在研究液体时，常取单位重量的液体作为研究对象。这样，单位重量的液体在点 1 处（图 2.6）所具有的位置势能，简称单位位能。

$$Z_1=\frac{mgZ_1}{mg}$$

单位重量的液体在点 1 处所具有的单位压能

$$\frac{p_1}{\gamma}=\frac{mg\dfrac{p_1}{\gamma}}{mg}$$

单位重量的液体在点 1 处所具有的总势能，简称单位势能，应为 $Z_1+\dfrac{p_1}{\gamma}$。任意一点的单位势能为 $Z+\dfrac{p}{\gamma}$。

由式（2.5）可得　　　　$Z_1+\dfrac{p_1}{\gamma}=Z_2+\dfrac{p_2}{\gamma}=C \tag{2.7}$

所以，静水压强基本方程从能量的观点表明：仅受重力作用处于静止状态的水中，任意点对同一基准面的单位势能为一常数。

2. 几何意义

在图 2.6 的容器中，任取两点 1 点和 2 点，并在该高度边壁上开一小孔，孔口处连接一垂直向上的开口玻璃管，通称测压管，可看到各测压管中均有水柱升起。测压管液面上

为大气压，故容器内 1、2 两点的静水压强分别为
$$p_1 = \gamma h_1, \quad p_2 = \gamma h_2$$
即测压管中水面上升的高度为
$$h_1 = \frac{p_1}{\gamma}, \quad h_2 = \frac{p_2}{\gamma}$$

在均质、连通的液体内，γ 为定值，测压管中水面上升的高度说明静水中各点压强的大小。

工程水力计算中，通常称 Z 为位置高度（或位置水头）；$\frac{p}{\gamma}$ 为测压管高度（或压强水头）；$\left(Z+\frac{p}{\gamma}\right)$ 称为测压管水头。

在图 2.6 中，当基准面 0—0 确定后，液体表面到基准面 0—0 的距离是不变的，因此，式（2.5）表明：处于静止状态的水中，任何一点的测压管水头为一常数，即
$$Z + \frac{p}{\gamma} = C \tag{2.8}$$
常数 C 的大小随基准面的位置而变，所选基准面一定，则常数 C 的值也就确定了。

各点测压管中水面的连线，称为测压管水头线。因此，式（2.5）从几何上表明：静止状态的水仅受重力作用时，其测压管水头线必为水平线。

2.3 静水压强的测算

2.3.1 压强的表示方法

1. 绝对压强与相对压强

静水中对于同一点的压强，由于采用不同的起算基准，会有不同的压强值。

如果以没有空气的绝对真空，即压力为零作基准算起的压强数值，叫做绝对压强，以 p' 表示。

水利工程中，一般情况下，水流表面或水工建筑物表面均为大气压强 p_a。为简化计算，常以一个工程大气压为零作为计算的起点。这种以一个工程大气压为基准（零）起算的压强数值，叫做相对压强，以 p 表示。

显然，相对压强是指超过大气压的压强数值（图 2.7），即
$$p = p' - p_a \tag{2.9}$$

【**例 2.3**】 求蓄水池水深为 1m 处的相对压强、绝对压强。

解：基本方程为式（2.3），即
$$p = p_0 + \gamma h$$
已知蓄水池表面压强为大气压强，用相对压强计算，则不计入大气压强值，即 $p_0 = p_a = 0$。

则
$$p = p_0 + \gamma h = 0 + 9.8 \times 1 = 9.8 (\text{kPa})$$

用绝对压强计算，则需计入大气压强值，即 $p_0 = p_a = 98 \text{kPa}$。

则
$$p' = p_0 + \gamma h = 98 + 9.8 \times 1 = 107.8 (\text{kPa})$$

图 2.7　　　　　　　　　图 2.8

2. 真空压强及真空高度

如图 2.8 所示，在静止的液体中插入一个两端开口的玻璃管 1，这时管内外的液面必在同一高度。若在玻璃管的一端装上橡皮球，并把球内的气体排出，再放入水中（图 2.8 中的管 2），这时管 2 内液面就会高于管外的液面。这说明管内液面压强 p_0 已不是一个大气压。根据静水压强基本方程可知

$$p_0 + \gamma h_v = p_a$$

即

$$p_0 = p_a - \gamma h_v$$

上式表明 p_0 是一个小于大气压的压强，即管 2 液面上出现了真空。如果用相对压强表示，即 $p_a=0$ 时，则管内液面压强为 $-\gamma h_v$。通常也称管 2 液面出现了"负压"，这个负压（$-\gamma h_v$）的绝对值，称为真空值，或称真空压强，以 p_v 表示。

真空压强 p_v 与相对压强 p 和绝对压强 p' 的关系为

$$p_v = p_a - p' = -p \tag{2.10}$$

离心泵和虹吸管能把水从低处吸到一定的高度，就是利用真空这个道理。

真空压强以水柱高度表示，称为真空高度，用 h_v 表示。显然，真空高度为

$$h_v = \frac{p_v}{\gamma} \tag{2.11}$$

【例 2.4】　静水中某点的绝对压强为 78.4kPa，求该点的相对压强、真空压强和真空高度。

解： 由式（2.9）可得该点的相对压强为

$$p = p' - p_a = 78.4 - 98 = -19.6 (\text{kPa})$$

由式（2.10）可得该点的真空压强为

$$p_v = p_a - p' = 98 - 78.4 = 19.6 (\text{kPa})$$

又由式（2.11）可得该点的真空高度为

$$h_v = \frac{p_v}{\gamma} = \frac{19.6}{9.8} = 2 (\text{m 水柱})$$

2.3.2　压强的单位

水利工程常采用的压强计算单位有以下三种：

2.3 静水压强的测算

(1) 应力单位。所谓应力就是单位面积上所受的力。压强就是单位面积上的压力,所以用应力表示压强是压强的最常用的表示方法。其单位为 N/m^2 (Pa) 或 kN/m^2 (kPa)。

(2) 工程大气压单位。物理学中规定,以海平面平均气压 760mm 高的水银柱的压强为一标准大气压,其数值为:1 标准大气压 101.3kPa。水利工程中为计算方便常以工程大气压来表示压强的大小,规定:

$$1 \text{ 工程大气压} = 98\text{kPa}$$

(3) 水柱高度单位。由于水的容重 γ 为一常数,水柱高度 $h\left(\dfrac{p}{\gamma}\right)$ 的数值就反映了压强的大小。

压强三种单位之间的关系是:

1 工程大气压=98kPa,相当于 10m 水柱。

压强也可用汞柱高表示:1 工程大气压相当于 736mm 汞柱。

2.3.3 静水压强的测算

应用静水压强基本方程式 (2.3) 或式 (2.4) 及连通器原理,可以测算各种情况下的静水压强。

1. 测压管

较简单的测压管如图 2.9 (a) 中所示的一端开口的玻璃管,管中水柱高度就反映了所测点 A 的相对压强 p,p 可按式 (2.6) 计算,即 $p=\gamma h$,h 为测压管内水面上升的垂直高度,γ 为管内水体的容重。

图 2.9

2. U 形水银测压计

如果某容器内的压强较大时,测压管水柱高度必然很大,因此,常采用 γ 值较大的 U 形水银测压计测压,其装置如图 2.9 (b) 所示。测定容器中任一点压强时,只要测得 U 形管中两水银面高差 h 及测点距任一水银面间的距离 a,便可计算出该点的压强。

根据连通器原理,水平面 1—2 为等压面。因此,点 1 和点 2 的压强相等,由静水压强方程得

$$p_1 = p_A + \gamma a$$
$$p_2 = \gamma_m h \text{（按相对压强计算）}$$

因
$$p_1 = p_2$$

所以
$$p_A + \gamma a = \gamma_m h$$

则
$$p_A = \gamma_m h - \gamma a \tag{2.12}$$

3. 压差计（比压计）

压差计又叫比压计，是测量两点压强差的仪器，如图 2.10 所示。只要测出两水银面高差 Δh，根据连通器原理，就可求得 A、B 两点间的压差。图中水平面 1—2、2—3、4—5 均为等压面，据此可推求得

$$p_A - p_B = (\gamma_m - \gamma)\Delta h - \gamma \Delta Z \tag{2.13}$$

如果两容器位于同一高度（图 2.11），即 $\Delta Z = 0$ 时，则式（2.13）可写为

$$p_A - p_B = (\gamma_m - \gamma)\Delta h \tag{2.14}$$

图 2.10   图 2.11

【例 2.5】 有一盛水的封闭容器接有两根玻璃管，一根顶端封闭，其中表面相对压强 p_0 为 14.64kPa，水柱高为 h_0；另一根顶端开口，其中水柱高 h_c 为 2.0m，如图 2.12 所示。求：(1) 容器内水面的相对压强 p_c；(2) 封闭管内水柱高度 h_0。

解：(1) 求压强 p_c。水平面 2—3 为等压面，所以
$$p_c = p_3 = \gamma h_c = 9.8 \times 2 = 19.6 \text{(kPa)}$$

(2) 求封闭管内水柱高度 h_0。水平面 1—2 亦为等压面，即
$$p_1 = p_c$$

根据静水压强方程并以相对压强计，则有
$$p_1 = p_0 + \gamma h_0$$

即
$$p_0 + \gamma h_0 = p_c$$

得
$$h_0 = \frac{p_c - p_0}{\gamma} = \frac{19.6 - 14.64}{9.8} = 0.506 \text{(m)}$$

图 2.12

【例 2.6】 如图 2.13 所示，$h = 20$cm，$a = 25$cm，$h_A = 10$cm。求：(1) A 点压强 p_A、液面压强 p_0；(2) 如果 $h = 0$，其他数据不变，p_A、p_0 又是多少？(3) 其真空压强和真空高度是多少？

解：(1) 根据式 (2.12) 可得

$$p_A = \gamma_m h - \gamma a = 133.3 \times 0.2 - 9.8 \times 0.25 = 24.21 \text{(kPa)}$$

由式 (2.3) 可得当 $h_A=0.1$m 时

$$p_0 = p_A - \gamma h_A = 24.21 - 9.8 \times 0.1 = 23.23 \text{(kPa)}$$

(2) 当 $h=0$，其他数据不变时

$$p_A = \gamma_m h - \gamma a = 0 - 9.8 \times 0.25 = -2.45 \text{(kPa)}$$

$$p_0 = p_A - \gamma h_A = -2.45 - 9.8 \times 0.1 = -3.43 \text{(kPa)}$$

(3) 由于 A 点和液面的相对压强为负值，根据真空压强的概念，则

$$p_{Av} = 2.45 \text{kPa}, \quad p_{0v} = 3.43 \text{kPa}$$

真空高度为

$$h_{Av} = \frac{p_{Av}}{\gamma} = \frac{2 \times 45}{9 \times 8} = 0.25 \text{(m 水柱)}$$

$$h_{0v} = \frac{p_{0v}}{\gamma} = \frac{3 \times 43}{9 \times 8} = 0.35 \text{(m 水柱)}$$

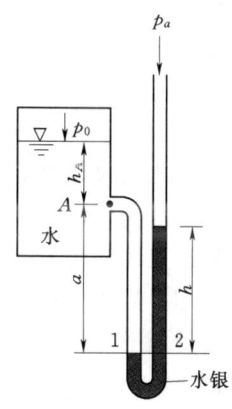

图 2.13

【**例 2.7**】 在 A、B 两容器间（图 2.10）连接水银比压计，两容器皆为水，$\Delta Z=0.4$m，$\Delta h=0.3$m。试求：(1) A、B 两点的压强差；(2) 若容器 A、B 高程和压强不变，变动水银压差计的安装高度 h，问是否会影响读数 Δh？(3) 若容器 A、B 变为同一高程（$\Delta Z=0$），且 Δh 不变（图 2.11），求 A、B 两点的压强差。

解：(1) 由式 (2.13) 可得 A、B 两点的压强差为

$$p_A - p_B = (\gamma_m - \gamma)\Delta h - \gamma \Delta Z = (133.3 - 9.8) \times 0.3 - 9.8 \times 0.4 = 33.1 \text{(kPa)}$$

(2) 从上述计算公式可知：A、B 两点的压强差仅与 Δh 和 ΔZ 有关，而与 h 无关。也就是说，水银测压计读数 Δh 仅与容器 A、B 的压强差和位置高差有关，与测压计安装高度 h 无关。

(3) 若容器 A、B 点同高，即 $\Delta Z=0$ 时，按式 (2.14) 得

$$p_A - p_B = (\gamma_m - \gamma)\Delta h = (133.3 - 9.8) \times 0.3 = 37.0 \text{(kPa)}$$

以上是根据等压面条件建立方程即应用公式求得静水中某一点压强，或两点压强差。为了计算方便，也可根据连通器原理和压强计算公式直接推算 p。推算中应明确：由上面的压强推算下面的压强，其数值增加 $\gamma \Delta h$；由下面的压强推算上面的压强，其数值减小 $\gamma \Delta h$。这样，对图 2.10 的测压计推算如下：

1—2 面、2—3 面和 4—5 面均为等压面，设 A 点压强为已知，向 B 点推算即

$$p_A - \gamma h - \gamma_m \Delta h + \gamma(\Delta h + h + \Delta Z) = p_B$$

整理上式得

$$p_A - p_B = (\gamma_m - \gamma)\Delta h - \gamma \Delta Z$$

2.4 平面壁上的静水总压力计算

2.4.1 静水压强分布图的绘制

由静水压强方程式 $p=\gamma h$ 可知：压强 p 与水深 h 呈线性函数关系，所以可用几何图

形清晰地表示出受压面上各点静水压强的大小和方向。这种图形称为静水压强分布图，简称压力图。

如图 2.14 (a) 所示，是一个铅直放置的平面闸门 AB 的静水压强分布图。它的绘制方法是：由 $p=\gamma h$ 确定静水中任一点压强的大小，以静水压强的特性来确定压强的方向。按一定比例尺，用箭杆长度表示其大小，用箭头标出其方向。

绘制受压面为平面的压力图时，可选受压面最上（或水面）和最下两点，用式 $p=\gamma h$ 计算出点压强的大小，按一定比例绘于图上；因 p 与 h 成直线关系，所以连接 A、C 两点，即得静水压强分布图。

受压面无论是斜面、折面或曲面，根据静水压强的特性和基本方程式都可绘出压力图。

现将工程上常见的几种情况绘出其压力图，如图 2.14 和图 2.15 所示。

图 2.14

图 2.15

总之，绘制平面上的压力图，要记住：各点的压强大小由 γh 来决定，水深多少就画多长，方向总是垂直指向受压面，然后连接各点箭杆的尾部。压力图的形状大体有三种基

2.4 平面壁上的静水总压力计算

本形状,即受压平面露出水面的,压力图为三角形;受压平面淹没在水下的,压力图一般为梯形;在水面下水平放置的平面,其压力图为矩形。

2.4.2 作用在矩形平面壁上静水总压力计算

水利工程中经常遇到的受压面为矩形平面,由于它的形状规则,可较简便地利用静水压强分布图来求解。

静水总压力的计算内容包括确定静水总压力的大小、方向和作用点。

1. 静水总压力的大小

由于压强分布图反映了受压面单位宽度上压强的分布规律和大小,压强分布图的面积就应等于作用在单位宽度上的静水总压力。因此,矩形受压平面所受的静水总压力的大小就等于压强分布图的面积乘以受压面的宽度,即

$$P = Sb \tag{2.15}$$

式中:b 为受压面宽度;S 为静水压强分布图的面积。

这样,对于图 2.16 所示的梯形压强分布图

$$P = \frac{1}{2}\gamma(h_1 + h_2)lb \tag{2.16}$$

对于压强分布图为三角形(图 2.17)时

$$P = \frac{1}{2}\gamma hlb \tag{2.17}$$

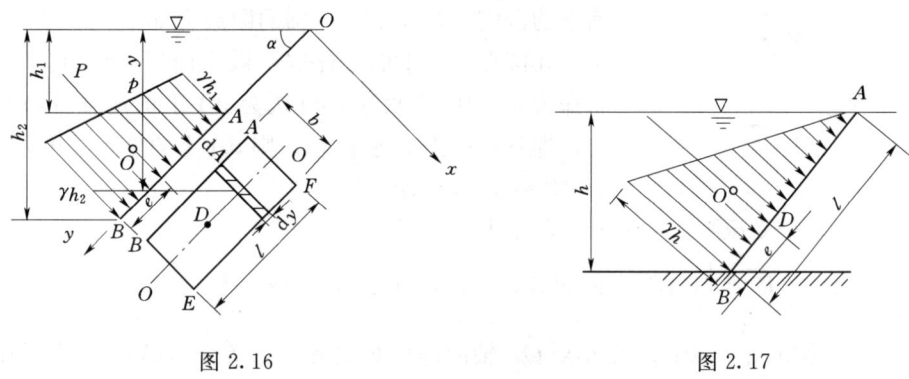

图 2.16 图 2.17

2. 静水总压力的方向和作用点

根据静水压强的特性,受压面上各点的压强都垂直受压面,因而,其合力即静水总压力必然垂直于受压面。

总压力 P 的作用线与受压面的交点,即总压力的作用点,称压力中心,用 D 表示。D 至受压面底缘的距离 e 表示压力中心的位置。

矩形平面壁上总压力 P 的作用线必通过压力图形心(注意要和受压面形心区别开),并垂直受压面,而且落在受压面的对称轴上。

压力中心 D 的位置 e 可用平行力求合力作用点的方法计算。

当压强分布图为三角形(图 2.17)时

$$e = \frac{1}{3}l$$

当压强分布图为梯形（图 2.16）时

$$e = \frac{l}{3} \frac{2h_1 + h_2}{h_1 + h_2}$$

对于较复杂的压强分布图，可分成三角形、矩形或梯形等简单图形，先求分力、再求合力和合力作用线位置。

综上所述，矩形受压面静水总压力计算的图解步骤为：

(1) 绘制静水压强分布图。

(2) 计算静水压强分布图的面积 S。

(3) 计算静水总压力的大小 $P = Sb$。

(4) 确定压力中心 D 的位置 e，并在图上标出 D 和总压力 P 的作用线。

2.4.3 作用在任意平面壁上的静水总压力计算

1. 静水总压力的大小

对于任意形状的平面壁的静水总压力，图解法已不再适用，可用解析法推求。

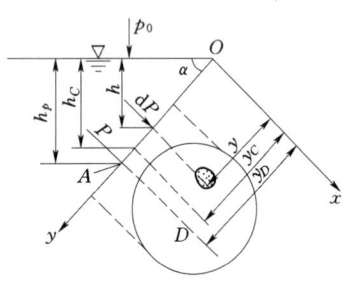

图 2.18

图 2.18 所示一圆形平板闸门倾斜放置在水面以下。图中圆形平面面积为 A，形心为 C，形心在水面下的深度为 h_C。取坐标平面 xOy 与该受压平面重合，与水平面的交角为 α，x 轴与水面重合。将 xOy 平面绕 y 轴旋转 90°，即把该平面转展在纸面。静水总压力 P 的作用点 D 在水面下的深度为 h_D，沿 Oy 轴的距离为 y_D。

在圆形受压平面上任取一微小面积 dA，其中心点的水深为 h，因 dA 极小，可认为 dA 上的压强分布是均匀的，即各点压强都等于 γh，则 dA 上的静水总压力为

$$dP = pdA = \gamma h dA$$

上式积分可得整个受压平面上的静水总压力 P，即

$$P = \int_A dP = \int_A \gamma h dA = \int_A \gamma y \sin\alpha dA = \gamma \sin\alpha \int_A y dA$$

由工程力学知，$\int_A y dA$ 为面积对 Ox 轴的静面矩之和，它等于 $y_C A$，y_C 为受压面形心点 C 距 Ox 轴的距离，因此

$$P = \gamma \sin\alpha y A = \gamma h_C A = p_C A \tag{2.18}$$

式中：h_C 为受压面形心点 C 的水深，$h_C = y_C \sin\alpha$；p_C 为受压面形心点 C 的静水压强，$p_C = \gamma h_C$；A 为受压面面积。

式 (2.18) 是任意形状平面壁上静水总压力的计算公式。它表明，任意形状平面壁上所受静水总压力的大小，等于受压面面积与其形心处静水压强的乘积。

2. 静水总压力的方向和作用点

根据静水压强的特性，静水总压力的方向，必然垂直并指向受压平面。

通常受压面为纵向对称轴的平面，压力中心必然位于对称轴上。具体位置一般用 y_D 表示（图 2.18），可根据合力矩定理推求，即由各分力（微小面积上静水总压力 dP）对 Ox 轴的力矩关系来推求。

2.4 平面壁上的静水总压力计算

图 2.18 所示的受压面，各微小面积上静水总压力 $\mathrm{d}P$ 对 Ox 轴的力矩总和为

$$\int_A y\,\mathrm{d}P = \int_A y\gamma h\,\mathrm{d}A = \int_A y\gamma y\sin\alpha\,\mathrm{d}A = \gamma\sin\alpha\int_A y^2\,\mathrm{d}A = \gamma\sin\alpha I_{Ox}$$

式中的 $I_{Ox} = \int_A y^2\,\mathrm{d}A$ 为受压面对 Ox 轴的惯性矩。

总压力 P 对 Ox 轴的力矩为

$$Py_D = \gamma h_C A y_D = \gamma y_C \sin\alpha A y_D$$

由合力矩定理可得

$$\gamma\sin\alpha I_{Ox} = \gamma y_C \sin\alpha A y_D$$

即

$$y_D = \frac{I_{Ox}}{y_C A}$$

设 I_C 为面积 A 对通过其形心 C 且与 Ox 平行的轴的惯性矩，由工程力学知

$$I_{Ox} = I_C + y_C^2 A$$

代入上式得

$$y_D = y_C + \frac{I_C}{y_C A} \tag{2.19}$$

因为 $\dfrac{I_C}{y_C A}>0$，所以 $y_D>y_C$，即压力中心 D 的位置比受压面形心 C 的位置低 $\dfrac{I_C}{y_C A}$ 值。

对于一定形状尺寸的图形，A、I_C 都是定值。为了便于计算，将几种常见图形的 A、y_C、I_C 值列于表 2.1。

【例 2.8】 如图 2.19 所示，在某一输水渠道中，有一矩形平板闸门，宽度 $b=1.2\text{m}$，闸前水深 $h=1.6\text{m}$。求作用在闸门上的静水总压力。

图 2.19　　　　　　图 2.20

解：首先绘制静水压强分布图，如图 2.19（b）所示的三角形。作用在闸门上的静水总压力大小 P 按式（2.17）计算，即

$$P = \frac{1}{2}\gamma b h^2 = \frac{1}{2}\times 9.8 \times 1.2 \times 1.6^2 = 15.05(\text{kN})$$

压力中心 D 距闸门底缘的距离为

$$e = \frac{1}{3}h = \frac{1}{3}\times 1.6 = 0.53(\text{m})$$

表 2.1 常见平面图形的 A、y_C 及 I_{Cx} 的值

几何图形名称		面积 A	y_C	对通过形心点 Cx 轴的惯性矩 I_{Cx}
矩形		bh	$\dfrac{h}{2}$	$\dfrac{bh^3}{12}$
三角形		$\dfrac{bh}{2}$	$\dfrac{2h}{3}$	$\dfrac{bh^3}{36}$
梯形		$\dfrac{h(a+b)}{2}$	$\dfrac{h}{3}\left(\dfrac{a+2b}{a+b}\right)$	$\dfrac{h^3}{36}\left(\dfrac{a^3+4ab+b^2}{a+b}\right)$
圆		πr^2	r	$\dfrac{1}{4}\pi r^4$
半圆		$\dfrac{1}{2}\pi r^2$	$\dfrac{4r}{3\pi}=0.4244r$	$\dfrac{9\pi^2-64}{72\pi}r^4=0.1098r^4$

【**例 2.9**】 图 2.20 所示为一引水涵洞,闸门为铅直的平板门,闸门高 2m,宽 3m,上方有挡水胸墙。最大洪水位时上游水深为 5m,求闸门上的静水总压力。

解法一:绘制闸门上的静水压强分布图,如图 2.20 所示的梯形。总压力大小 P 按式(2.16)计算,即

$$P = \frac{1}{2}\gamma(h_1+h_2)hb = \frac{1}{2}\times 9.8(3+5)\times 2\times 3 = 235.2(\text{kN})$$

压力中心 D 至上游河底的距离为

$$e = \frac{h}{3}\frac{2h_1+h_2}{h_1+h_2} = \frac{2}{3}\times\frac{2\times 3+5}{3+5} = 0.92(\text{m})$$

解法二:在计算静水总压力时,可将梯形压强分布图划分成一个三角形和一个矩形。梯形面积 S 应等于矩形面积 S_1 与三角形面积 S_2 之和,即

$$P = Sb = S_1b + S_2b = P_1 + P_2$$

式中:P_1 为矩形面积产生的压力;P_2 为三角形面积产生的压力。只要分别计算出这两部分的压力,即可得到总压力 P。

$$P_1 = S_1b = \gamma h_1 hb = 9.8\times 3\times 2\times 3 = 176.4(\text{kN})$$

$$P_2 = S_2b = \frac{1}{2}\gamma h^2 b = \frac{1}{2}\times 9.8\times 2^2\times 3 = 58.8(\text{kN})$$

$$P = P_1 + P_2 = 176.4 + 58.8 = 235.2(\text{kN})$$

压力中心可以应用合力矩定理来求解,即合力对某轴的力矩等于各分力对同轴力矩的代数和。

P_1 距门底的力臂　　　　$e_1 = h/2 = 2/2 = 1.0$（m）

P_2 距门底的力臂　　　　$e_2 = h/3 = 2/3 = 0.667$（m）

设总压力 P 距门底的力臂为 e，则

$$Pe = P_1 e_1 + P_2 e_2$$

即

$$e = \frac{P_1 e_1 + P_2 e_2}{P} = \frac{176.4 \times 1.0 + 58.8 \times 0.667}{235.2} = 0.92(\text{m})$$

总压力作用点 D 距水面的深度为

$$h_D = h_2 - e = 5 - 0.92 = 4.08(\text{m})$$

【例 2.10】 图 2.18 所示为一圆形平板闸门,半径 $r = 0.5$m,$\alpha = 45°$,闸门上边缘距水面深度为 1m,求闸门所受的静水总压力。

解：
$$h_C = 1 + r\sin\alpha = 1 + 0.5 \times \sin 45° = 1.35(\text{m})$$
$$P = \gamma h_C A = 9.8 \times 1.35 \times 0.5^2 \times 3.14 = 10.39(\text{kN})$$
$$I_C = \frac{\pi r^4}{4} = \frac{1}{4} \times 3.14 \times 0.5^4 = 0.049(\text{m}^4)$$
$$y_C = \frac{1}{\sin\alpha} + r = \frac{1}{\sin 45°} + 0.5 = 1.91(\text{m})$$
$$y_D = y_C + \frac{I_C}{y_C A} = 1.91 + \frac{0.049}{1.91 \times 3.14 \times 0.5^2} = 1.94(\text{m})$$

2.5　曲面壁上的静水总压力计算

2.5.1　曲面壁上的静水总压力分析

水工建筑物中,承受静水压力的面除平面外,还有曲面。如弧形闸门、拱坝坝面、闸墩和边墩等。其水压力计算可归为曲面壁静水总压力的求解。因曲面上各点静水压强的方向垂直指向作用面,即曲面上各点的内法线方向,所以各点的压力互不平行,求平面壁静水总压力的方法不再适用。因此,这里采用力学中先把静水总压力 P 分解为水平总压力 P_x 和铅直总压力 P_z［图 2.21（a）］,并分别求出 P_x、P_z 再求合力 P 的方法来求解静水总压力。有时,工程中不一定要计算出合力 P,只要分别求出 P_x、P_z,就可以解决实际问题。下面以弧形闸门为例,讨论静水总压力的大小、方向和作用点。

为确定分力 P_x 和 P_z,先选取宽度为 b（即闸门宽度）、截面为 ABC 的水体为脱离体,如图 2.21（b）所示,研究该水体的平衡。

在图 2.21（b）中：P' 为闸门 AB 对水体的反作用力,与水对闸门的静水总压力 P 大小相等,方向相反；P'_x、P'_z 为 P' 的水平分力和垂直分力；P_{AC}、P_{BC} 分别为作用在 AC 面和 BC 面的静水总压力；G 为脱离体水重。

2.5.2　静水总压力的水平分力计算

因脱离体在水平方向是静止的,故水平方向的合力为零,即

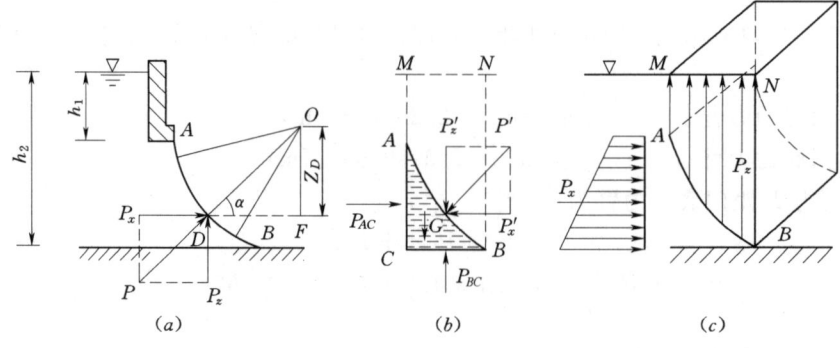

图 2.21

$$P'_x = P_{AC}$$

根据作用力与反作用力大小相等、方向相反的原理,闸门受到的水平分力为

$$P_x = P_{AC} \tag{2.20}$$

式 (2.20) 表明:作用于曲面壁上的静水总压力 P 的水平分力 P_x 等于作用在该曲面的铅垂投影面上的静水总压力。其铅垂投影面为矩形平面,故可利用确定平面壁静水总压力的方法来求 P_x。如用图解法,可按下式求解,即

$$P_x = Sb$$

式中:S 为 AB 曲面的铅垂投影面上的静水压强分布图面积;b 为 AB 曲面的宽度。

P_x 也可用解析法求解,即

$$P_x = P_C A_{AC} \tag{2.21}$$

式中:P_C 为 AB 曲面的铅垂投影面上形心 C 处的压强;A_{AC} 为 AB 曲面的铅垂投影面的面积。

2.5.3 静水总压力的铅垂分力计算

脱离体在铅垂方向是静止的,故铅垂方向合力为零,即

$$P'_z = P_{BC} - G$$

P_{BC} 为 BC 平面上受到的静水总压力。BC 面为一等压面,其面积用 A_{BC} 表示,所处水深为 h_2,故 BC 面上各点的压强都等于 γh_2,则

$$P_{BC} = \gamma h_2 A_{BC} = \gamma V_{MCBN}$$

式中:V_{MCBN} 是以 $MCBN$ 为底面积、b 为高度的水体体积。如以 V_{ACB} 表示以 ACB 为底面积、b 为高度的水体体积,则重力 G 为

$$G = \gamma V_{ACB}$$

故

$$P'_z = P_{BC} - G = \gamma V_{MCBN} - \gamma V_{ACB} = \gamma V_{MABN}$$

由作用力与反作用力大小相等的原理,得

$$P_z = P'_z = \gamma V_{MABN}$$

式中:V_{MABN} 是以 $MABN$ 为底面积、b 为高度的水体体积,通常称为压力体 [图 2.21 (c)]。通常计算中,压力体体积用 V 表示,于是得

$$P_z = \gamma V \tag{2.22}$$

式（2.22）表明：静水总压力的铅垂分力等于压力体内的水重。据此，正确绘制压力体剖面图，则是求解 P_z 的关键。

2.5.4 压力体剖面图的绘制

图 2.22 中，绘制了几种弧形闸门不同受力情况的压力体剖面图形。从这些图形可以看出，压力体是由下列面围成的体积：①顶面，即水面或水面的延长面；②底面，即受压曲面本身；③侧面，即通过曲面四周边缘向水面或水面的延长面所作的铅垂平面。

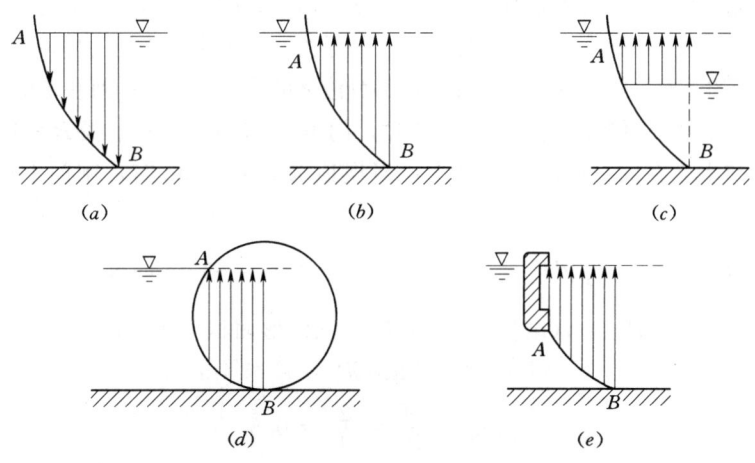

图 2.22

关于垂直分力 P_z 的方向，应根据曲面与压力体的关系而定：当水体和压力体位于曲面的同一侧，即压力体内有水 [图 2.22（a）] 时，P_z 方向向下；当水体及压力体各在曲面之一侧，即压力体内无水 [图 2.22（b）] 时，P_z 方向向上。

当曲面为凹凸相间的复杂柱面时，可在曲面与铅垂面相切处将曲面分段，分别绘出各部分的压力体，并确定出各部分垂直力 P_z 的方向，然后再合成即可得出总的曲面的压力体 [图 2.22（d）]。

2.5.5 静水总压力计算

P_x、P_z 求得后，根据力三角形法得总压力的大小为

$$P = \sqrt{P_x^2 + P_z^2} \tag{2.23}$$

为了确定总压力 P 的方向，可以求出 P 与水平面的夹角 α 值 [图 2.21（a）] 为

$$\alpha = \arctan \frac{P_z}{P_x} \tag{2.24}$$

总压力作用点：总压力作用线和曲面的交点 D 即为总压力的作用点，称为压力中心。D 在铅垂方向的位置以受压曲面曲率中心至该点的铅垂距离 Z_D 表示。一般弧形闸门的面板为圆柱面的一部分，从图 2.21（a）的三角形 ODF 可得

$$Z_D = R\sin\alpha \tag{2.25}$$

式中：R 为圆柱面的半径。

综上所述，曲面壁静水总压力的计算步骤如下：

（1）绘制压力体剖面图。

(2) 计算静水总压力的水平分力 P_x，计算方法和平面壁上静水总压力的计算方法相同。

(3) 计算静水总压力的垂直分力 P_z，P_z 等于压力体内的水重。

(4) 按式（2.23）计算其合力 P。

(5) 按式（2.24）和式（2.25）计算 P 的作用线与水平面的夹角 α 和压力中心 D 的位置 Z_D。

根据曲面壁静水总压力的规律，很容易说明物体在水中所受浮力的大小。任意物体都可看作是由封闭曲面所包围的，封闭曲面上所受的静水总压力，即为物体所受的力。根据压力体定义，作用在封闭曲面上的静水总压力是铅直向上的浮力，其大小等于压力体内的水重。即：物体在液体中所受的浮力，等于物体所排开的那部分液体的重量。这就是阿基米德原理。

【**例 2.11**】 某坝顶弧形闸门（图 2.23），门宽 $b=6\mathrm{m}$，弧的半径 $R=4\mathrm{m}$，闸门绕 O 轴旋转，O 轴和水面在同一高程上。试求：当坝顶水头 $H=2\mathrm{m}$ 时，闸门上所受到的静水总压力。

解：水平分力　$P_x = \dfrac{1}{2}\gamma H^2 b = \dfrac{1}{2} \times 9.8 \times 2^2 \times 6 = 117.6(\mathrm{kN})$

铅直分力　$P_z = \gamma(\text{扇形面积 } AOB - \text{三角形面积 } BOC)b$

已知　　　　　$BC = H = 2\mathrm{m}, OB = R = 4\mathrm{m}$

则　　　　　　$\sin\varphi = \dfrac{H}{R} = \dfrac{2}{4} = 0.5$

即　　　　　　$\varphi = 30°$

扇形面积　$AOB = \dfrac{30°}{360°}\pi R^2 = \dfrac{1}{12} \times 3.14 \times 4^2 = 4.18(\mathrm{m}^2)$

三角形面积　$BOC = \dfrac{1}{2}HR\cos\varphi = \dfrac{1}{2} \times 2 \times 4\cos 30° = 3.46(\mathrm{m}^2)$

则　　　　　$P_z = 9.8 \times (4.18 - 3.46) \times 6 = 42.336(\mathrm{kN})$

总压力　$P = \sqrt{P_x^2 + P_z^2} = \sqrt{117.6^2 + 42.336^2} = 125(\mathrm{kN})$

总压力作用线与水平面的夹角

$$\alpha = \arctan\frac{P_z}{P_x} = \arctan\frac{42.336}{117.6} = 19.8°$$

总压力的作用点 D 与轴心 O 铅直距离

$$Z_D = R\sin\alpha = R\frac{P_z}{P} = 4 \times \frac{42.336}{125} = 1.355(\mathrm{m})$$

图 2.23

 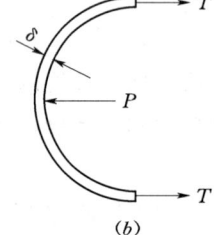

图 2.24

【例 2.12】 有一输水钢管，管中受均匀水压力作用，其压强为 p，管内径为 D，如图 2.24 所示。当管壁允许拉应力为 $[\sigma]$ 时，求管壁厚 δ 为多少（不考虑由于管道自重和水重产生的应力）？

解：因水管在内水压力作用下，管壁将受到拉应力，此时外荷载为水管内壁（曲面）上的水压力。

为了分析水管内力与外荷载的关系，沿管轴方向取单位长度的管段，从直径方向剖开，在该剖面上管壁所受总内力为 $2T$，并且

$$2T = 2 \times \delta \times 1 \times \sigma = 2\delta\sigma$$

式中：σ 为管壁上的拉应力。

令 P 为作用于曲面内壁上总压力沿内力 T 方向的分力，由曲面总压力水平分力计算公式得

$$P = p_c A_x = pD \times 1 = pD$$

外荷载与总内力应相等，即

$$pD = 2\delta\sigma$$

若令管壁所受拉应力恰好等于其允许拉应力 $[\sigma]$，则所需要的管壁厚度为

$$\delta = \frac{pD}{2[\sigma]} \tag{2.26}$$

习 题

2.1 静水压强的定义是什么？它与静水压力有什么区别和联系？

2.2 试述静水压强的两个特性。

2.3 静水压强基本方程 $p = p_0 + \gamma h$、$p_2 - p_1 = \gamma \Delta h$ 和 $Z_1 + \dfrac{p_1}{\gamma} = Z_2 + \dfrac{p_2}{\gamma}$，各式表达的意义是什么？

2.4 图 2.25 中所给出的水平面 A—A、B—B 和 C—C 是否为等压面？

图 2.25

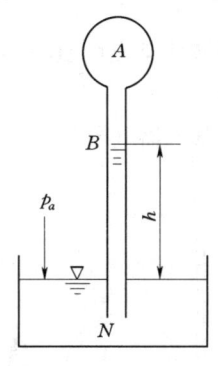

图 2.26

2.5 何为绝对压强、相对压强和真空压强？它们之间是怎样的关系？如图 2.26 所示，为什么管中的液面会高于容器的液面？管中液面上升的高度 h 表示的是什么？

2.6 如图 2.27 所示的几个不同形状的容器，放置在桌面上，容器内的水深 h 是相等

的,容器底面积 A 亦相等。问:(1) 容器底面的静水压强是否相等?(2) 容器底面所受静水总压力是否相等?(3) 桌面上所受的压强与总压力和水对容器底部作用的压强与总压力是否相同?

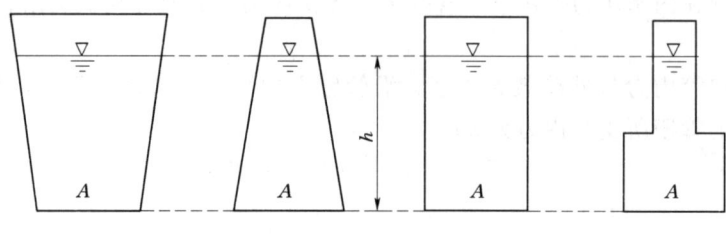

图 2.27

2.7 压强的单位有几种?它们之间怎样换算?

2.8 一圆柱形水箱,直径为 2m,水深为 3m。问:水箱底面的静水压强和所受的静水总压力各是多少?

2.9 受压面形心、压力图形心与压力中心有何区别?

2.10 计算如图 2.28 所示的容器壁面上 1~5 各点的静水压强值(以各种单位表示)。

图 2.28 (尺寸单位:m)

2.11 测得液体某点的真空高度为 200mm 水银柱高。问:若以绝对压强和相对压强表示,其数值为多少?

2.12 已知某容器(图 2.29)中 A 点相对压强为 0.8 个工程大气压,设在此高度上安

图 2.29   图 2.30

装测压管，问至少需要多长的玻璃管？如果改装水银测压计，问水银柱高度 h_p 为多高（已测得 $h'=0.2\text{m}$）？

2.13 测量某容器中 A 点的压强，如图 2.30 所示。已知 $z=1\text{m}$，$h=2\text{m}$。若不计倒 U 形管内空气重量，求 A 点的相对压强、绝对压强和真空高度。

2.14 用水银比压计测量两容器中 1、2 两点的压强值。已知比压计读数 $h=350\text{mm}$，1、2 两点位于同一高度上，试计算 1、2 两点的压强差（图 2.31）。

图 2.31 图 2.32

2.15 当压强差相当小时，为了提高测量精度，有时采用斜管式比压计（图 2.32）。若用斜管式比压计测量两容器中心 A、B 两点的压强差，读得 $h'_m=5\text{cm}$，$\theta=30°$。问：(1) 若将此比压计直立起来（$\theta=90°$），则读得的两管水面差 Δh 应为多少？(2) A、B 两点的压强差 Δp 应为多少？

2.16 现用多级式 U 形水银测压计，测定容器内液面的绝对压强、相对压强。测管内的高度如图 2.33 所示。

图 2.33 图 2.34

2.17 多级 U 形水银比压计与 A、B 两个容器相接（图 2.34）。已知容器内 A 点的相对压强 $p_A=0.25\text{kPa}$，$h_1=0.3\text{m}$，$h_2=0.3\text{m}$，$h_3=0.25\text{m}$。酒精容重 $\gamma_{酒}=7.74\text{kN}/\text{m}^3$。求容器 B 内的空气压强（不计空气重量）。

2.18 试绘制下列各图中挡水面 $ABCD$ 上的压强分布图（图 2.35）。

2.19 有一混凝土坝，坝上游水深 $h=24\text{m}$，求每米宽度坝面所受的静水总压力（图 2.36）。

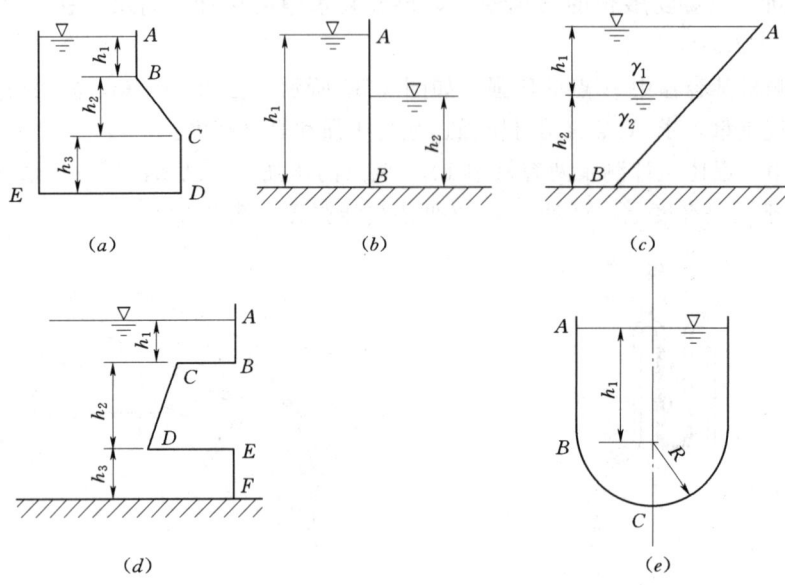

图 2.35

2.20 渠道上设置一平板闸门（图 2.37），宽 $b=4.0\mathrm{m}$，水深 $H=2.5\mathrm{m}$。求：(1) 当闸门斜放 $\theta=60°$ 时受到的静水总压力；(2) 当闸门铅直时所受的静水总压力。

图 2.36　　　　　　　　图 2.37

图 2.38

2.21 如图 2.38 所示一矩形闸门，自重 9.8kN，闸孔高 $h_2=2\mathrm{m}$，闸门宽 $b=2\mathrm{m}$，门高 AB 为 2.5m。为抬高上游水位，闸顶设一高度 $h_1=1.0\mathrm{m}$ 的胸墙，闸门与胸墙铰接于 A 点。若不计门轴摩擦力，试求：(1) 下游无水时启门力 T；(2) 当下游水深 $h_3=\dfrac{1}{2}h_2$ 时启门力 T；(3) 闸门拉至水平位置时的拉力 T。

2.22 输水洞进口设一平板闸门，如图 2.39 所示。坝前水深 $H=4\mathrm{m}$，门高 $a=2.6\mathrm{m}$，门宽 $b=2.0\mathrm{m}$，闸门自重 $G=1960\mathrm{N}$，倾角 $\theta=60°$，闸门与门槽之间滑动摩擦系数 $f=0.3$。试求闸门的静水总压力及拉力 T。

2.23 在管道侧壁上，开有圆形放水孔，其直径 $d=0.5\mathrm{m}$，孔顶至水面深度 $h=2\mathrm{m}$，试求放水孔闸门上的静水总压力（图2.40）。

图2.39

图2.40

2.24 试绘制下列各种柱面的压力体剖面图及铅垂投影面上的压强分布图（图2.41）。

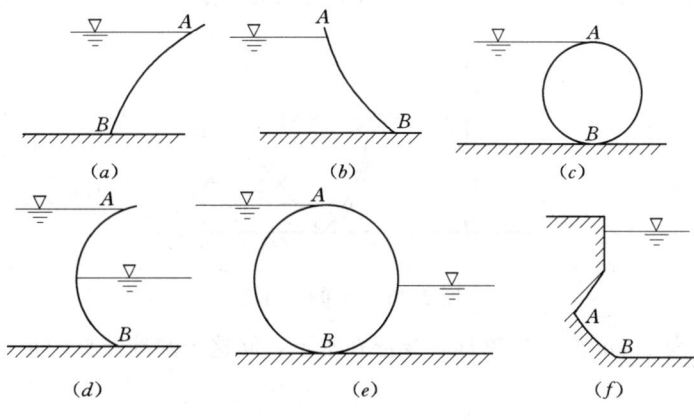

图2.41

2.25 有一弧形闸门AB（图2.42），为半径$R=2.0$m的圆柱面的1/4，闸门宽$b=4$m，圆柱面挡水深$h=2.0$m。求作用在AB面上的静水总压力和压力中心。

2.26 一圆辊闸门，闸门宽$b=10$m，直径D和水深H相等，且$H=D=4$m，求作用在圆辊闸门上的静水总压力及压力中心（图2.43）。

图2.42

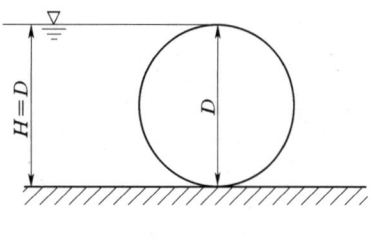

图2.43

2.27 有一扇形闸门（图2.44），已知：$h=3$m，$\alpha=45°$，闸门宽$b=1$m。求作用在扇形闸门上的静水总压力及压力中心。

2.28 试计算作用在弧形闸门上的静水总压力及压力中心。已知：闸门宽$b=12$m，

高 $H=9\text{m}$，半径 $R=11\text{m}$，闸门转轴中心高程和水面高程是不同的，如图 2.45 所示。

图 2.44　　　　　　　　　图 2.45

2.29　某带胸墙的弧形闸门如图 2.46 所示。闸门宽度 $b=10\text{m}$，高 $H=9\text{m}$，半径 $R=12\text{m}$，闸门转轴距底亦为 9m。求弧形闸门上受到的静水总压力和压力中心。

图 2.46　（单位：m）

2.30　直径为 0.4m 的圆球浮标，半浮在水上，问这个圆球浮标的重量是多少？

学习单元 3　水流运动的基本原理介绍

知识内容要求：能陈述描述水流运动的两种方法及区别；能熟练陈述三大方程的基本形式、意义及应用要点；能熟练掌握三大方程的实验论证原理、方法、步骤及实验设备名称。

能力与素质要求：能对水流运动进行描述；能够应用三大方程解决工程实际问题；能熟练地按照三大方程水力实验步骤操作仪器设备进行实验，能够准确填写实验报告。

3.1　描述水流运动的方法

3.1.1　描述水流运动的两种方法

工程水力计算中把水流看作是由无数质点构成的连续介质，水流处于运动状态时，运动要素（流速、压强等）随着时间和空间位置不断发生变化。研究水流运动通常采用的有迹线法和流线法。

1. 迹线法

迹线是水流质点运动时所走过的轨迹线。迹线法又叫拉格朗日（Lagrange）法，是以单个质点作为研究对象，通过对每个水流质点运动轨迹的研究来获得整个水流运动的规律性。这种方法实际上就是力学中用于研究质点系的方法，所以还称为质点系法。

2. 流线法

流线是指某一瞬时在流场中绘出的一条空间曲线，在该曲线上任一水流质点的流速向量都与该曲线相切，所以流线表示出了瞬间的流动方向。流线法又叫欧拉（Euler）法，是以通过流场中固定空间点的水流质点为研究对象，研究水流流经各空间点时的流动特征。水流运动时在同一时刻每个质点都占据一个空间点，只要搞清楚每个空间点上运动要素随时间的变化规律，就可以了解整个水流的运动规律了，所以还将流线法称为流场法。

迹线法与流线法的主要区别在于描述水流运动时着眼点不同。迹线法着眼于水流质点本身的运动特性，而流线法则着眼于水流运动时所占据的空间点的运动属性，也叫空间点处，却不考虑该点是哪个水流质点通过。在实际工程中，一般需要了解在某位置上的水流运动情况，没有必要研究每个质点的运动轨迹，所以水力学中常采用流线法来描述水流运动。

3. 流线

工程水力计算中常采用流线法来描述水流运动，所以以后主要讨论流线。

流线的绘制方法如图 3.1 所示：在某一时刻 t，位于流场 A_1 点水流质点的流速矢量为 u_1，在矢量 u_1 上取微小线段 Δl_1 得到 A_2 点。在同一时刻 t，绘出 A_2 点的流速矢量

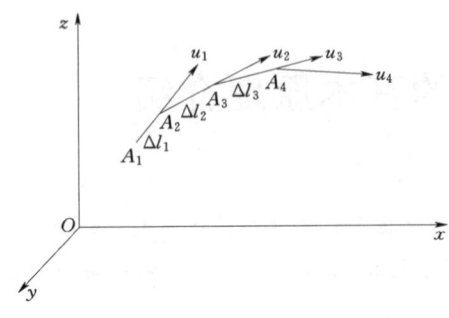

u_2。同样,在流速矢量 u_2 上取微小线段 Δl_2 得到 A_3 点,再绘出 A_3 点在同一时刻 t 的流速矢量 $u_3\cdots$ 依次绘制下去,就得到一条折线 $A_1-A_2-A_3\cdots$ 若折线上相邻各点的距离趋近于零,则该折线将成为一条曲线,此曲线就是 t 时刻通过流场中 A_1 点的一条流线。同样,可以绘出 t 时刻通过流场中另外一些空间点的流线,这一簇流线形象地描绘出该瞬时整个流场的流动趋势。

图 3.1

根据流线的概念,可知流线有以下特征:

(1) 一个水流质点只能有一个流动方向,所以流线不能相交,不能转折,只能是一条光滑的连续曲线。

(2) 恒定流的流线形状不随时间变化,且流线与迹线重合。这是因为在恒定流中,运动要素不随时间变化,故不同时刻的流线,其位置和形状保持不变。而非恒定流由于运动要素随时间变化,其迹线一般与流线不重合。

图 3.2 是水流经过溢流坝时的流线图。由图 3.2 可以看出,流线图形具有两个特点:

(1) 流线的疏密程度反映了流速的大小。流线密的地方流速大,流线稀的地方流速小。

(2) 流线的形状与固体边界的形状有关。离边界越近,边界对流线形状的影响越明显,形状也越一致。

图 3.2

3.1.2 流管、微小流束、总流、过水断面

(1) 流管。在流场中垂直流动方向取一微小封闭曲线,在同一时刻,通过曲线上的每一点可以绘出一条流线。这许多流线构成的封闭管状曲面,称为流管,如图 3.3 所示。因为流线不能相交,所以流管内外的水流不可能穿越管壁流动。

(2) 微小流束。充满以流管为边界的一束水流,称为微小流束或元流。微小流束的横断面是一个无限小的面积微元,用 dA 表示(图 3.4)。因 dA 很小,可近似认为其上各点的运动要素在同一时刻是相等的。

图 3.3   图 3.4

(3) 总流。由无数个微小流束组成的整个水流称为总流,如明渠水流、管道水流等。

(4) 过水断面。与微小流束或总流的流线正交的横断面称为过水断面。过水断面的形状可以是平面,也可以是曲面。当流线互相平行时,过水断面为平面;否则为曲面。

3.1.3 水流的运动要素

1. 流量

单位时间内通过某一过水断面的水流体积,称为流量,用符号 Q 表示,单位为 m^3/s 或 L/s。流量是衡量过水断面输水能力大小的一个物理量。在总流中任取一微小流束,其过水断面面积为 dA,dA 上同一时刻各点的流速相等,都为 u,则单位时间内通过微小流束过水断面的流量为

$$dQ = u dA \tag{3.1}$$

总流的流量 Q,应等于所有微小流束流量 dQ 的总和,即

$$Q = \int_A dQ = \int_A u dA \tag{3.2}$$

若流速 u 在过水断面上的分布已知,则可通过积分求得通过该过水断面的流量。

2. 断面平均流速

在总流中,过水断面上各点的流速 u 一般并不一定相同,且断面流速分布不易确定。为使研究方便,实际工程中通常引入断面平均流速的概念。

设想过水断面上各点的流速都均匀分布,且等于 v(图 3.5),按这一流速计算所得的流量与按各点的真实流速计算所得的流量相等,则把流速 v 定义为该断面的平均流速,即

$$Q = \int_A u dA = v A \tag{3.3}$$

或

$$v = \frac{Q}{A} \tag{3.4}$$

图 3.5

可见,总流的流量 Q 等于断面平均流速 v 与过水断面面积 A 的乘积。

3. 动水压强

液体运动时,液体中任意点的压强称为动水压强。

理想液体流动时与实际液体静止时,均不产生内摩阻力。因此,其任意一点各方向的压强与受压面的方位无关。但对于实际液体的运动,由于黏滞力与压应力同时存在,此时,动水压强的大小一般将不再与作用面的方位无关,即从各方向作用于一点的动水压强并不相等。但动水在各个方向的变化受黏滞力的影响很小,而且从理论上可以证明,对于实际液体,任意一点取彼此垂直三个方向上动水压强的平均值,是一个不随三个彼此垂直方向选取而变化的常数。通常所说的实际液体某点的动水压强,即指三个方向压强的平均值。

3.1.4 水流运动的类型

1. 恒定流与非恒定流

液体运动时,若任何空间点上有一运动要素随时间发生了变化,这种水流称为非恒定流。例如,在水箱侧壁上开有孔口,当箱内水面保持不变(即 H 为常数)时,孔口泄流的形状、尺寸及运动要素均不随时间而变,这就是恒定流(图 3.6)。反之,箱中水位由 H_1 连续下降到 H_2,此时,泄流形状、尺寸、运动要素都随时间而变化,这就是非恒定流(图 3.7)。

图 3.6　　　　　　　　　　　　　图 3.7

由于恒定流时运动要素不随时间而改变，则流线形状也不随时间而变化，此时，流线与迹线重合，水流运动的分析比较简单，本章只研究恒定流。

2. 均匀流与非均匀流

在恒定流中，可根据液流的运动要素是否沿程变化，将液流分为均匀流与非均匀流。

若同一流线上液体质点做匀速直线运动，流速的大小和方向均沿程不变，水流的流线为相互平行的直线时，该水流称为均匀流。实际工程中在直径不变的长直管道内，断面形状尺寸不变且水深不变的长直渠道内的流动即为均匀流。图 3.8 中，在断面 2—2 与断面 3—3 之间的流动属于均匀流。基于上述定义和典型例子，均匀流应具有以下特性：

(1) 均匀流的过水断面为平面，且过水断面的形状和尺寸沿程不变。

(2) 均匀流中，同一流线上不同点的流速应相等，从而各过水断面上的流速分布相同，断面平均流速相等如图 3.9 所示。

图 3.8　　　　　　　　　　　　　图 3.9

(3) 均匀流过水断面上的动水压强分布规律与静水压强分布规律相同，即在同一过水断面上各点测压管水头为一常数即 $z+\dfrac{p}{\gamma}=C$。对于非均匀流来说，同一条流线上各点的流速大小或方向沿程改变；流线不是平行直线。实际工程中，非均匀流多发生在边界沿流程变化的流段内。如图 3.8 所示，断面 1—1 与断面 2—2 之间，断面 3—3 与断面 4—4 之间的流动都是非均匀流。

3. 渐变流与急变流

在非均匀流中，按照流线是否接近于平行直线，又可分为渐变流和急变流两种（图 3.10）。

当流线之间的夹角较小或流线的曲率半径较大，各流线近似是平行直线时，称为渐变

图 3.10

流。它的极限情况就是均匀流。在图 3.8 中,断面 1—1 与断面 2—2 之间的流动可视为渐变流。由于渐变流是一种流线几乎平行又近似是直线的流动,其过水断面可视为平面,但是过水断面的形状和尺寸以及断面平均流速沿程是逐渐改变的,而同一过水断面上动水压强分布规律近似符合静水压强的分布规律。

反之,流线之间的夹角较大或流线的曲率半径较小,这种非均匀流称为急变流。在图 3.8 中,断面 3—3 与断面 4—4 之间的流动应视为急变流。当渐变段直径沿流程变化显著时,断面 1—1 与断面 2—2 之间的流动也是急变流。由于急变流流线已不再是一组平行的直线,因此过水断面为曲面。管道转弯、断面扩大或收缩使水面发生急剧变化处的水流,均为急变流(图 3.10)。

在急变流中,因流线的曲率较大,液体质点做曲线运动而产生的离心惯性力的影响已不能忽略。因此,过水断面上动水压强的分布规律将不再服从静水压强分布规律。

对于以下凸曲面边界的急变流(图 3.11),因离心力的方向与重力方向相反,因而使过水断面上的动水压强比相同水深的静水压强小。反之,对于以下凹曲面边界的急变流(图 3.12),因离心力的方向与重力方向相同,因而使过水断面上的动水压强比相同水深的静水压强大。图 3.11 与图 3.12 中的虚线部分均表示静水压强分布,实线部分均表示实际的动水压强分布。

图 3.11   图 3.12

4. 有压流、无压流、射流

根据液流在流动过程中有无自由表面,可将其分为有压流与无压流。

液体沿流程整个周界都与固体壁面接触,而无自由表面的流动称为有压流。它主要是依靠压力作用而流动,其过水断面上任意一点的动水压强一般与大气压强不等。例如,自来水管和有压涵管中的水流,均为有压流。

若液体沿流程一部分周界与固体壁面接触，另一部分与空气接触，具有自由表面的流动，称为无压流。它主要是依靠重力作用而流动，因无压流液面与大气相通，故又可称为重力流或明渠流。例如，河渠中的水流和无压涵管中的水流，均为无压流。

水流从管道末端的喷嘴流出，射向某一固体壁面的流动，称为射流。射流四周均与大气相接触。

5. 一元流、二元流、三元流

在工程实际中，实际水流的运动一般极为复杂，它的运动要素是空间位置坐标和时间的函数（对于恒定流，则仅是空间位置坐标的函数）。根据液流运动要素依据空间自变量的个数，可将液流分为一元流、二元流和三元流。

如果水流运动要素只与一个空间自变量有关，这种水流称为一元流。例如，微小流束，因它的运动要素只与流程坐标有关，故微小流束为一元流。对于总流，严格地讲，都不是一元流，但若把过水断面上与点的坐标有关的运动要素（如流速、压强等）进行断面平均，如用断面平均流速去代替过水断面上各点的流速，这时总流也可视为一元流。

如果水流运动要素与两个空间自变量有关，这种水流称为二元流。例如一矩形断面的顺直明渠，当渠底宽很大，两侧边界影响可忽略不计时，其运动要素（如点流速）仅在沿程方向和水深方向变化。如图 3.14 所示，水流中任意点的流速只与两个坐标有关，即过水断面的位置坐标 x 和该点的垂直位置坐标 z，而与横向坐标 y 无关。

如果水流运动要素与三个空间自变量有关，这种水流称为三元流。例如，水流经过突然扩散的矩形断面明渠，在扩散后较长的一段距离内，水流中任意质点（如 M 点）的流速，不仅与过水断面的位置坐标 x 有关，还与该点在过水断面上的坐标 y 和 z 有关，如图 3.13 所示。严格地讲，任何实际水流都是三元流，如天然河道以及断面形状、尺寸沿程变化的人工渠道中的水流。

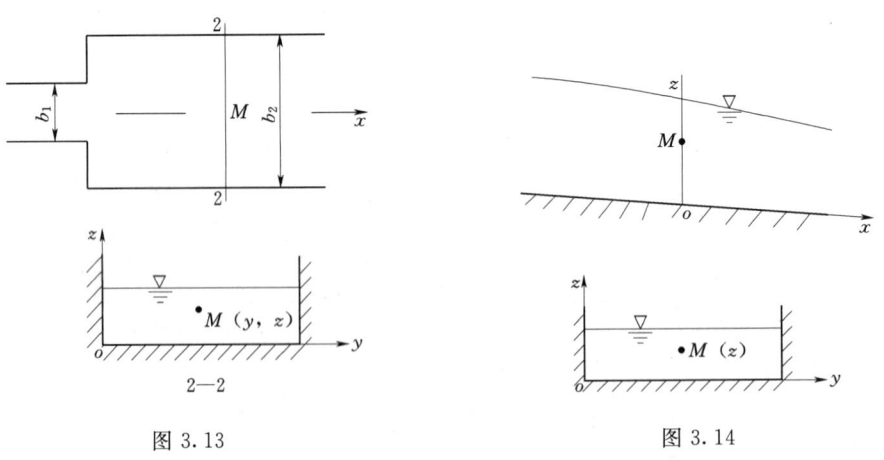

图 3.13   图 3.14

从理论上讲，只有按三元流来分析水流现象才符合实际，但此时水力计算较为复杂，难以求解。因而在实际工程中，常结合具体水流运动特点，采用各种平均方法（如最常见的断面平均法），将三元流简化为一元流或二元流，由此而引起的误差，可通过修正系数来加以校正。

3.2 恒定总流连续性方程

水流同其他物质一样，在运动过程中必须遵循质量守恒定律。恒定总流的连续性方程，实质上就是质量守恒定律的一种特殊形式。

在恒定总流中任取一段元流作为研究对象，如图 3.15 所示。设过水断面 1—1 和断面 2—2 的面积分别为 dA_1 和 dA_2，相应的流速为 u_1 和 u_2。由于恒定流中流线的位置和形状不随时间变化，且流管四周都由流线组成，所以不可能有水流穿越流管，水流只能由两端的过水断面流入或流出。根据质量守恒定律，在 dt 时段内由断面 1—1 流入的水流质量，等于由断面 2—2 流出的水流质量，即

$$\rho u_1 dA_1 dt = \rho u_2 dA_2 dt$$

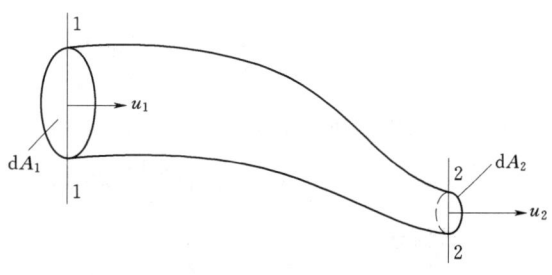

图 3.15

对于不可压缩液体，$\rho_1 = \rho_2$，上式化简后，有

$$u_1 dA_1 = u_2 dA_2$$

或

$$u_1 dA_1 = u_2 dA_2 = dQ \tag{3.5}$$

式（3.5）称为不可压缩液体恒定流微小流束的连续性方程。

由于总流是由无数个微小流束组成的，将微小流束的连续性方程对总流的过水断面面积积分，就可得到恒定总流的连续性方程。设总流过水断面 1—1 和断面 2—2 的面积分别为 A_1 和 A_2，相应的断面平均流速为 v_1 和 v_2 有

$$Q = \int_Q dQ = \int_{A_1} u_1 dA_1 = \int_{A_2} u_2 dA_2$$

所以

$$Q = v_1 A_1 = v_2 A_2 \tag{3.6}$$

或

$$\frac{v_1}{v_2} = \frac{A_2}{A_1}$$

式（3.6）就是不可压缩液体恒定总流的连续性方程。它表明：对于不可压缩的恒定总流，其断面平均流速与过水断面面积成反比；或者说，流量沿程不变。

连续性方程是水动力学的三大方程之一。它反映了水流的过水断面面积与断面平均流速沿流程的改变规律。

上面总流的连续性方程是在流量沿程不变的条件下建立的，若沿程有流量汇入或分出，则连续性方程在形式上需作相应的变化。当有流量汇入时（图 3.16），当有流量分出时（图 3.17），其连续性方程为

$$Q_1 \pm Q_3 = Q_2$$

【例 3.1】 一串联管路如图 3.18 所示，直径分别为 $d_l = 100\text{mm}$，$d_2 = 200\text{mm}$，当 $v_1 = 5\text{m/s}$ 时，试求：(1) 管中的流量 Q；(2) 第二管断面平均流速 v_2；(3) 两个管段断面平均流速之比。

图 3.16

图 3.17

解：(1) 求管中的流量 Q。

$$Q = v_1 A_1 = 5 \times \frac{3.14}{4} \times 0.1^2 = 0.039(\text{m}^3/\text{s}) = 39(\text{L/s})$$

(2) 求流速 v_2。

$$v_2 = \frac{Q}{A_2} = \frac{0.039}{\frac{3.14}{4} \times 0.2^2} = 1.25(\text{m/s})$$

(3) 断面平均流速比。

$\dfrac{v_1}{v_2} = \dfrac{5}{1.25} = 4$，结果表明小管流速是大管的 4 倍。

图 3.18　　　　　　　　图 3.19

【例 3.2】 有一河道在某处分为两支：内江和外江，如图 3.19 所示。为便于引水灌溉农田，在外江设溢流坝一座，用以抬高上游水位。已测得上游河道流量 $Q=1400\text{m}^3/\text{s}$，通过溢流坝的流量 $Q_1=350\text{m}^3/\text{s}$。内江的过水断面面积 $A_2=380\text{m}^2$，求通过内江的流量 Q_2 及断面 2—2 的平均流速。

解：根据连续性方程，通过内江的流量为

$$Q_2 = Q - Q_1 = 1400 - 350 = 1050(\text{m}^3/\text{s})$$

则断面 2—2 的平均流速为

$$v_2 = \frac{Q_2}{A_2} = \frac{1050}{380} = 2.76(\text{m/s})$$

3.3　恒定总流能量方程的建立

恒定流的连续性方程虽然揭示了液流断面平均流速与过水断面面积之间的关系，但工

程实际中常涉及的作用力和能量问题却不能解决。为此，还需进一步研究液体运动所遵循的其他规律。恒定流的能量方程就是应用能量转化与守恒原理，分析液体运动时动能、压能和位能三者之间的相互关系，它为解决实际工程的水力计算问题奠定了理论基础。

由物理学动能定理可知：运动液体动能的增量，等于同一时段内作用于运动液体上各外力对液体作功的代数和，即

$$\Delta E = \frac{1}{2}mu_2^2 - \frac{1}{2}mu_1^2$$

式中：ΔE 为所有外力对物体作功的总和；u_1 为物体处于起始位置时的速度；u_2 为在外力作用下，物体运动到新位置时的速度；m 为运动物体的质量。

3.3.1 微小流束的能量方程

下面就根据动能定理来分析恒定流微小流束的能量方程。

在理想液体恒定流中任取一个微小流束，并截取断面 1—1 和断面 2—2 之间的 dl 流段来研究（图 3.20）。将流段近似看作柱体，它沿着流动方向 l 流动，其过水断面面积为：

$$dA_1 = dA_2 = dA$$

根据牛顿第二定律，作用在 dl 流段上的外力沿 l 方向的合力，应等于该流段的质量 dm 与其沿 l 方向的加速度 $\dfrac{du}{dt}$ 的乘积。作用在流段上的外力有

图 3.20

过水断面上的动水压力、流段的自重。因为是理想液体，不考虑黏滞力，所以流段表面的摩阻力忽略不计。下面逐个分析作用在流段上的力。

作用在断面 1—1 上的动水压力：$P_1 = pdA$

作用在断面 2—2 上的动水压力：$P_2 = (p+dp)dA$

自重沿 l 方向的分力：$dG\cos\alpha = \gamma dAdl\cos\alpha = \gamma dAdl\dfrac{dz}{dl} = \gamma dAdz$

流段的质量为：$dm = \dfrac{\gamma}{g}dAdl$，对微分流段应用牛顿第二定律，有

$$pdA - (p+dp)dA - \gamma dAdz = \frac{\gamma}{g}dAdl\frac{du}{dt} \tag{3.7}$$

对恒定一元流，$u = u(l)$，所以

$$\frac{du}{dt} = \frac{du}{dl}\frac{dl}{dt} = u\frac{du}{dl} = \frac{d}{dl}\left(\frac{u^2}{2}\right) \tag{3.8}$$

将式（3.8）代入式（3.7），整理后可得

$$d\left(z + \frac{p}{\gamma} + \frac{u^2}{2g}\right) = 0$$

将上式积分，有

$$z + \frac{p}{\gamma} + \frac{u^2}{2g} = c$$

对于元流的任意两个断面，可写成

$$z_1 + \frac{p_1}{\gamma} + \frac{u_1^2}{2g} = z_2 + \frac{p_2}{\gamma} + \frac{u_2^2}{2g} \tag{3.9}$$

式（3.9）就是不可压缩理想液体微小流束的能量方程，是由瑞士科学家伯努利（Bernoulli）在1738年最先提出的，又称为理想液体微小流束的伯努利方程。由于微小流束的过水断面面积很小，所以微小流束的能量方程对流线同样适用。由于实际液体具有黏滞性，并在运动过程中以摩擦力形式表现出来，要克服摩擦力必然要损失机械能。因此，液体在运动过程中机械能会沿程减小。假设单位重量液体从断面1—1运动到断面2—2的能量损失为 h'_w，则式（3.9）变为

$$z_1 + \frac{p_1}{\gamma} + \frac{u_1^2}{2g} = z_2 + \frac{p_2}{\gamma} + \frac{u_2^2}{2g} + h'_w \tag{3.10}$$

式（3.10）就是不可压缩实际液体微小流束的能量方程（伯努利方程）。

3.3.2 恒定总流的能量方程

实际上，我们研究的水流一般都是总流而不是微小流束。总流是无数个微小流束的总和，可将微小流束的能量方程对总流的过水断面积分，从而推广为总流的能量方程。

若通过微小流束过水断面的流量为 dQ，则单位时间内通过微小流束过水断面的液体重量为 γdQ。给式（3.10）各项分别乘以 γdQ，并分别积分，有

$$\int_Q \left(z_1 + \frac{p_1}{\gamma} + \frac{u_1^2}{2g}\right)\gamma dQ = \int_Q \left(z_2 + \frac{p_2}{\gamma} + \frac{u_2^2}{2g}\right)\gamma dQ + \int_Q h'_w \gamma dQ$$

设总流过水断面1—1和断面2—2的面积分别为 A_1 和 A_2，上式可改写为

$$\gamma \int_Q \left(z_1 + \frac{p_1}{\gamma}\right) dQ + \gamma \int_{A_1} \frac{u_1^2}{2g} u_1 dA_1 = \gamma \int_Q \left(z_2 + \frac{p_2}{\gamma}\right) dQ + \gamma \int_{A_2} \frac{u_2^2}{2g} u_2 dA_2 + \int_Q h'_w \gamma dQ \tag{3.11}$$

上式有三种形式的积分，下面分别进行讨论。

1. 第一类积分：$\gamma \int_Q \left(z + \frac{p}{\gamma}\right) dQ$

这一类积分与各点的单位势能在过水断面上的分布有关。如果总流的过水断面为渐变流，则断面上各点的单位势能 $z + \frac{p}{\gamma} =$ 常数，所以

$$\gamma \int_Q \left(z + \frac{p}{\gamma}\right) dQ = \gamma \left(z + \frac{p}{\gamma}\right) \int_Q dQ = \gamma \left(z + \frac{p}{\gamma}\right) Q \tag{3.12}$$

2. 第二类积分：$\gamma \int_A \frac{u^3}{2g} dA$

这一类积分与流速在过水断面上的分布有关。实际水流中，流速在过水断面上的分布是不均匀的，且分布规律不易确定。若采用断面平均流速 v 来代替 u，由于 u 的立方和大于 v 的立方和，即 $\int_A u^3 dA > \int_A v^3 dA$，故不能直接把积分号内 u 换成 v。若引入修正系数 α，且令 $\alpha = \dfrac{\int_A u^3 dA}{v^3 A}$，于是有

$$\gamma \int_A \frac{u^3}{2g} \mathrm{d}A = \gamma \frac{\alpha v^2}{2g} Q \tag{3.13}$$

式中：α 为动能修正系数。流速分布愈均匀，α 愈接近 1。当水流为渐变流时，一般取 $\alpha = 1.05 \sim 1.1$。为计算方便，通常取 $\alpha = 1.0$。

3. 第三类积分：$\gamma \int_Q h'_w \mathrm{d}Q$

这一类积分代表单位时间内总流过水断面 1—1 和断面 2—2 之间的总机械能损失。由于各单位重量水体沿流程的能量损失不同，所以它的直接积分很难得到。若令 h_w 为单位重量水体由断面 1—1 到断面 2—2 之间能量损失的平均值，则

$$\gamma \int_Q h'_w \mathrm{d}Q = \gamma h_w Q \tag{3.14}$$

式中：h_w 为总流单位重量液体的能量损失或水头损失。影响 h_w 的因素比较复杂，将在后面讨论。

将式 (3.12)、式 (3.13) 及式 (3.14) 代入式 (3.11) 中的对应项，有

$$\gamma \left(z_1 + \frac{p_1}{\gamma} \right) Q + \gamma \frac{\alpha_1 v_1^2}{2g} Q = \gamma \left(z_2 + \frac{p_2}{\gamma} \right) Q + \gamma \frac{\alpha_2 v_2^2}{2g} Q + \gamma h_w Q$$

将上式各项除以 γQ，得

$$z + \frac{p_1}{\gamma} + \frac{\alpha_1 v_1^2}{2g} = z_2 + \frac{p_2}{\gamma} + \frac{\alpha_1 v_2^2}{2g} + h_w \tag{3.15}$$

式 (3.15) 就是实际液体恒定总流的能量方程 (伯努利方程)。它反映了总流中不同过水断面上动能与势能之间的转化规律，是水力计算中三大基本方程之一。实际液体恒定总流能量方程与微小流束能量方程相比，形式上很类似，但两者又存在差别。总流能量方程中用断面平均流速 v 代替了微小流束过水断面上的点流速 u，相应地引入了动能修正系数 α 来加以修正。同时，又以两流段间平均水头损失 h_w 代替了微小流束的水头损失 h'_w。

3.3.3 能量方程的意义

1. 能量方程的物理意义、几何意义

总流能量方程式中各项的意义如下：

Z——总流过水断面上单位重量液体所具有的位能，简称为单位位能，几何上称为位置高度或位置水头；

$\dfrac{p}{\gamma}$——总流过水断面上单位重量液体所具有的压能，简称为单位压能，几何上称为测压管高度或压强水头；

$z + \dfrac{p}{\gamma}$——总流过水断面上单位重量液体所具有的平均势能，几何上称为测压管水头，通常又称 $z + \dfrac{p}{\gamma} = H_p$；

$\dfrac{\alpha v^2}{2g}$——总流过水断面上单位重量液体所具有的平均动能，几何上称为流速水头；

$H = z + \dfrac{p}{\gamma} + \dfrac{\alpha v^2}{2g}$——总流过水断面上单位重量液体的总能量，即总机械能，几何上称为

总水头；

h_w——总流单位重量液体在始末两断面间沿流程的平均能量损失，即机械能损失，几何上称为水头损失。

以上各项水头的单位都是长度单位，一般用 m 来表示。式（3.15）揭示了水流在运动过程中各种能量之间的相互转化关系，其物理意义是：总流各过水断面上单位重量液体所具有的总机械能沿程减小，水流在运动过程中部分机械能转化为热能而损失；其几何意义是，对不可压缩恒定流动，在不同的过水断面上，位置水头、压强水头和流速水头之间可以互相转化，在转化的过程中有损失。

设 H_1 和 H_2 分别表示总流中任意两过水断面上液流所具有的总水头，根据能量方程式

$$H_1 = H_2 + h_w$$

即

$$H_1 - H_2 = h_w$$

可见，因为水流在流动过程中要产生能量损失，所以水流只能从总机械能大的地方流向总机械能小的地方。

对于理想液体 $h_w = 0$，则 $H_1 = H_2$，即总流中任何过水断面上总水头保持不变。

2. 能量方程的几何图示——水头线

总流能量方程中的各项都具有长度的量纲，因此可以用几何线段来表示各项的值。为了更直观地反映总流沿流程各种能量的变化规律及相互规律，可以把能量方程沿流程变化规律用几何线段来表示。

图 3.21 为一段总流能量方程的图示。在实际液体恒定总流中取一个流段，以 0—0 为基准面，以水头为纵坐标，按一定比例尺沿流程将各过水断面的位置水头 z、压强水头 $\frac{p}{\gamma}$ 及流速水头 $\frac{\alpha v^2}{2g}$ 分别绘于图上，而且每个过水断面的 z、$\frac{p}{\gamma}$ 及 $\frac{\alpha v^2}{2g}$ 是由基准面开始沿铅垂线向上依次连接的。

图 3.21

由于过水断面上各点的位置水头之值不等，对于管流，一般选取断面形心点的 z 值来作为过水断面的 z 值来描绘。所以，总流各断面中心点距基准面的高度就是位置水头 z，管流的轴线就表示了位置水头 z 沿流程的变化，也称为位置水头线。

各过水断面的压强水头 $\frac{p}{\gamma}$ 亦选用形心点的动水压强来描绘。从断面形心点沿铅垂线向上量取高度等于 $\frac{p}{\gamma}$ 的线段,得到测压管水头 $z+\frac{p}{\gamma}$,它就是测压管液面距基准面的高度。连接各断面的测压管水头 $z+\frac{p}{\gamma}$ 得到的线,就是测压管水头线,它反映了水流中势能的沿流程变化规律。测压管水头线在位置水头线以上,压强为正;反之为负。

从过水断面的测压管水头沿铅垂线再向上量取高度等于 $\frac{\alpha v^2}{2g}$ 的线段,就得到该断面的总水头 $H=z+\frac{p}{\gamma}+\frac{\alpha v^2}{2g}$。连接各断面的总水头得到的线,就是总水头线,它反映了水流总机械能沿流程的变化规律。总水头线与测压管水头线之间的铅垂距离反映了各断面流速水头的沿流程变化。

对于实际液体,随着流程的增加,水头损失不断增加,所以实际液体的总水头线一定是沿流程下降的。任意两个过水断面之间总水头线的降低 h_w 值,就是这两个断面之间的水头损失值。总水头线的坡度称为水力坡度,用 J 表示。当总水头线为直线时,水力坡度可用下式计算

$$J=\frac{H_1-H_2}{l}=\frac{h_w}{l} \tag{3.16}$$

当总水头线为曲线时,水力坡度可用下式计算

$$J=\frac{\mathrm{d}h_w}{\mathrm{d}l}=-\frac{\mathrm{d}H}{\mathrm{d}l} \tag{3.17}$$

因为总水头的增量 $\mathrm{d}H$ 沿流程始终为负值,为使 J 为正值,故在式(3.17)中加负号。

由于动能和势能之间可以互相转化,测压管水头线沿流程可升可降,甚至可能是一条水平线。如果测压管水头线坡度用 J_p 表示,当测压管水头线为直线时

$$J_p=\frac{\left(z_1+\frac{p_1}{\gamma}\right)-\left(z_2+\frac{p_2}{\gamma}\right)}{l} \tag{3.18}$$

当测压管水头线为曲线时

$$J_p=-\frac{\mathrm{d}\left(z+\frac{p}{\gamma}\right)}{\mathrm{d}l} \tag{3.19}$$

因为沿流程测压管水头线可任意变化,所以 J_p 值可正、可负或者为零。

能量方程的几何图示,可以清晰地反映水流运动时各项能量沿流程的转化情况,在长距离有压输水管道的设计中,常用这种方法来分析压强水头的沿程变化情况。

3.4 恒定总流能量方程的应用

3.4.1 能量方程的应用条件及注意事项

1. 能量方程的应用条件

总流能量方程应用广泛,能够解决很多方程的实际问题,但在推导过程中引入了一些

限制条件,故能量方程在应用时需满足以下条件:

(1) 水流必须是恒定流,并且是均质不可压缩的。

(2) 建立能量方程时,两个计算过水断面应满足均匀流或渐变流的条件(只受重力这一质量力作用,无惯性力存在),但两个过水断面之间的水流也可为急变流。

(3) 两个过水断面间,无流量的分出与加入。

(4) 两过水断面间,水流没有能量的输出与输入。

但因总流能量方程中各项,均指单位重量液体的能量,所以在水流有分支或汇合的情况下,仍可分别对每一支水流建立能量方程式。对于汇流情况(图 3.22)可建立断面 1—1 与断面 3—3 和断面 2—2 与断面 3—3 的能量方程如下

$$z_1 + \frac{p_1}{\gamma} + \frac{\alpha_1 v_1^2}{2g} = z_3 + \frac{p_3}{\gamma} + \frac{\alpha_3 v_3^2}{2g} + h_{w1-3}$$

$$z_2 + \frac{p_2}{\gamma} + \frac{\alpha_2 v_2^2}{2g} = z_3 + \frac{p_3}{\gamma} + \frac{\alpha_3 v_3^2}{2g} + h_{w2-3}$$

图 3.22

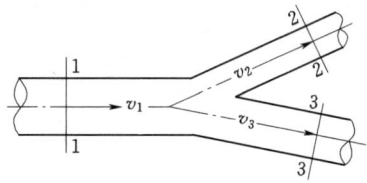

图 3.23

对于分流情况(图 3.23)可建立断面 1—1 与断面 2—2 和断面 1—1 与断面 3—3 的能量方程如下

$$z_1 + \frac{p_1}{\gamma} + \frac{\alpha_1 v_1^2}{2g} = z_2 + \frac{p_2}{\gamma} + \frac{\alpha_2 v_2^2}{2g} + h_{w1-2}$$

$$z_1 + \frac{p_1}{\gamma} + \frac{\alpha_1 v_1^2}{2g} = z_3 + \frac{p_3}{\gamma} + \frac{\alpha_3 v_3^2}{2g} + h_{w1-3}$$

2. 能量方程应用注意事项

为了更好地应用能量方程进行有关的水力计算,还应注意以下几点:

(1) 基准面的选取。基准面原则上可任意选取,但必须为水平面,同时考虑到计算方便。另外,对于两个不同的过水断面,必须选取同一基准面。

(2) 计算断面的选取。计算断面必须满足均匀流或渐变流条件,还应注意要把计算断面选在已知条件较多,含有待求未知量的断面上。

(3) 计算点的选取。由于计算断面选在了均匀流或渐变流断面上,此时断面上各点的 $z + \frac{p}{\gamma} = C$,而且动能 $\frac{\alpha v^2}{2g}$ 为断面上的平均值。所以,计算点原则上也可任意选取,但考虑到计算方便,一般情况下,管流取管轴中心为代表点,明渠则取自由表面上的点为代表点。

(4) 压强计算标准的选取。方程中的动水压强 p_1 和 p_2 可采用绝对压强作为计算标准,也可采用相对压强作为计算标准,但同一能量方程的两个断面必须采用同一计算标

准。考虑到计算方便,一般多采用相对压强。

(5) 动能修正系数值的选取。严格地讲,方程两边的 α_1 与 α_2 通常并不相等,也不等于 1.0。但因它们的数值相差不大,对均匀流或渐变流,大多数情况下取 $\alpha_1 = \alpha_2 = 1.0$。

应用能量方程时还应具体问题具体分析,若方程中同时出现较多的未知量,应考虑与其他方程联立求解。

3.4.2 有能量输入或输出的能量方程

在实际工程中,有时会遇到沿程两个断面间有能量输入或输出的情况,此时能量方程的形式应进行修改。

1. 有能量输入时的能量方程

若在管道系统中有一水泵(图 3.24)。水泵工作时,通过水泵叶片转动对水流作功,使水流能量增加。设单位重量水体通过水泵后所获得的外加能量为 H_t,则总流的能量方程式(3.15)修改为

$$z_1 + \frac{p_1}{\gamma} + \frac{\alpha_1 v_1^2}{2g} + H_t = z_2 + \frac{p_2}{\gamma} + \frac{\alpha_2 v_2^2}{2g} + h_{w1-2} \tag{3.20}$$

式中:H_t 为水泵的扬程,即单位重量液体从水泵获得的能量。

图 3.24

当不计上、下游水池流速,以 0—0 为基准面,列断面 1—1 和断面 2—2 能量方程,有

$$z_1 + \frac{p_1}{\gamma} = 0, \quad z_2 + \frac{p_2}{\gamma} = z, \quad \frac{\alpha_1 v_1^2}{2g} \approx \frac{\alpha_2 v_2^2}{2g} \approx 0$$

则
$$H_t = z + h_{w1-2} \tag{3.21}$$

式中:z 为提水高度,即上下游水面高差;h_{w1-2} 为断面 1—1 和断面 2—2 之间全部管道的水头损失,但不包括水泵内部水流的能量损失。

因为单位时间内动力机械给予水泵的功称为水泵的轴功率 N_p,单位时间内通过水泵的水流总重量为 γQ,所以水流在单位时间内由水泵获得的总能量为 $\gamma Q H_t$,称为水泵的有效功率。由于水流通过水泵时有漏损和水头损失,再加上水泵本身的机械磨损,所以水泵的有效功率小于轴功率,两者的比值称为水泵的效率 η_p,水泵的轴功率 N_p 为

$$N_p = \frac{\gamma Q H_t}{\eta_p} \tag{3.22}$$

2. 有能量输出时的能量方程

若在管道系统中有一水轮机（图 3.25）。由于水流驱使水轮机转动，对水力机械做功，使水流能量减少。设单位重量水体给予水轮机的能量为 H_t，则总流的能量方程式（3.23）可修改为

$$z_1 + \frac{p_1}{\gamma} + \frac{\alpha_1 v_1^2}{2g} - H_t = z_2 + \frac{p_2}{\gamma} + \frac{\alpha_2 v_2^2}{2g} + h_{w1-2} \tag{3.23}$$

当不计上、下游水池流速，则有

$$H_t = z - h_{w1-2} \tag{3.24}$$

式中：H_t 为水轮机的作用水头；h_{w1-2} 为断面 1—1 和断面 2—2 之间全部管道的水头损失，但不包括水轮机系统内的损失。

图 3.25

由水轮机主轴发出的功率又称为水轮机的出力 N_t。单位时间内通过水轮机的水流总重量为 γQ，所以单位时间内水流对水轮机作用的总能量为 $\gamma Q H_t$。由于水流通过水轮机时同样有漏损和水头损失，再加上水轮机本身的机械磨损，所以水轮机的出力要小于水流给水轮机的功率。两者的比值称为水轮机的效率 η_t，故水轮机的出力 N_t 为

$$N_t = \eta_t \gamma Q H_t \tag{3.25}$$

【例 3.3】 一水位不变的敞口水箱，通过下部一条直径 $d=200\text{mm}$ 的管道向外供水（图 3.26），已知水箱水位与管道出口断面中心的高差为 3.5m，管道水头损失为 3m。试求管道出口的流速和流量。

解：以通过出口断面中心的水平面 0—0 为基准面，选取水箱自由表面断面 1—1 和管道出口断面 2—2 作为计算断面，计算点分别选在断面 1—1 的水面上和断面 2—2 的轴线上，列断面 1—1 和断面 2—2 的能量方程

$$z_1 + \frac{p_1}{\gamma} + \frac{\alpha_1 v_1^2}{2g} = z_2 + \frac{p_2}{\gamma} + \frac{\alpha_2 v_2^2}{2g} + h_{w1-2}$$

图 3.26

其中：$z_1=3.5\text{m}$；$\dfrac{p_1}{\gamma}=0$；$z_2=0$；$\dfrac{p_2}{\gamma}=0$；$h_w=3\text{m}$。

由于水箱水面比管道出口断面大得多，其断面平均流速比管道出口平均流速小得多，故可认为$\dfrac{\alpha_1 v_1^2}{2g}\approx 0$，取$\alpha_2=1.0$代入能量方程，得

$$3.5+0+0=0+0+\dfrac{v_2^2}{2g}+3$$

整理后 $\dfrac{v_2^2}{2g}=0.5$

管道出口流速为 $v_2=\sqrt{2g\times 0.5}=\sqrt{2\times 9.8\times 0.5}=3.13(\text{m/s})$

管中流量 $Q=v_2 A_2=v_2\cdot\dfrac{\pi}{4}d^2=3.13\times\dfrac{3.14}{4}\times 0.2^2=0.0983(\text{m}^3/\text{s})$

【例 3.4】 图 3.27 为水流经溢流坝前后的水流纵断面图。设坝的溢流段较长，上下游每米宽的流量相等。当坝顶水头为 1.5m 时，上游断面 1—1 的流速 $v_1=0.8$m/s，坝址断面 2—2 处的水深为 0.42m，下游断面 3—3 处的水深为 2.2m。

（1）分别求断面 1—1、断面 2—2、断面 3—3 处单位重量水体的势能、动能和总机械能。

图 3.27 （尺寸单位：m）

（2）求断面 1—1 至断面 2—2 的水头损失和断面 2—2 至断面 3—3 的水头损失。

解：（1）列断面 1—1 和断面 2—2 连续性方程：$v_1 A_1=v_2 A_2$。

$$v_2=\dfrac{A_1}{A_2}v_1=\dfrac{bh_1}{bh_2}v_1=\dfrac{4.5}{0.42}\times 0.8=8.57(\text{m/s})$$

列断面 1—1 和断面 3—3 连续性方程：$v_1 A_1=v_3 A_3$。

$$v_3=\dfrac{A_1}{A_3}v_1=\dfrac{bh_1}{bh_3}v_1=\dfrac{4.5}{2.2}\times 0.8=1.64(\text{m/s})$$

以河床底部为基准面，计算点选在自由表面上，取 $\alpha_1=\alpha_2=\alpha_3=1.0$，计算各断面能量

断面 1—1：

单位势能 $z_1+\dfrac{p_1}{\gamma}=4.5+0=4.5(\text{m})$

单位动能 $\dfrac{v_1^2}{2g}=\dfrac{0.8^2}{2\times 9.8}=0.0326(\text{m})$

单位总机械能 $H_1=z_1+\dfrac{p_1}{\gamma}+\dfrac{v_1^2}{2g}=4.5+0.0326=4.53(\text{m})$

断面 2—2：

单位势能 $z_2 + \dfrac{p_2}{\gamma} = 0.42 + 0 = 0.42(\text{m})$

单位动能 $\dfrac{v_2^2}{2g} = \dfrac{8.57^2}{2 \times 9.8} = 3.75(\text{m})$

单位总机械能 $H_2 = z_2 + \dfrac{p_2}{\gamma} + \dfrac{v_2^2}{2g} = 0.42 + 3.75 = 4.17(\text{m})$

断面 3—3：

单位势能 $z_3 + \dfrac{p_3}{\gamma} = 2.2 + 0 = 2.2(\text{m})$

单位动能 $\dfrac{v_3^2}{2g} = \dfrac{1.64^2}{2 \times 9.8} = 0.137(\text{m})$

单位总机械能 $H_3 = z_3 + \dfrac{p_3}{\gamma} + \dfrac{v_3^2}{2g} = 2.2 + 0.137 = 2.34(\text{m})$

(2) 计算水头损失。

$$h_{w1-2} = H_1 - H_2 = 4.53 - 4.17 = 0.36(\text{m})$$
$$h_{w2-3} = H_2 - H_3 = 4.17 - 2.34 = 1.83(\text{m})$$

图 3.28

【例 3.5】 一水泵（图 3.28）的抽水量 $Q = 30\text{L/s}$，吸水管的直 $d = 150\text{mm}$，水泵进口允许真空值 $p_真 = 6.8\text{m}$，吸水管内的水头损失 $h_w = 1.0\text{m}$，试求此水泵在水面以上的安装高度 h_s。

解：取水池断面 0—0 为基准面，以断面 1—1 和水泵进口处断面 2—2 作为计算断面，计算点分别选在水池水面和断面 2—2 的中心点上，列出其能量方程：

$$z_1 + \frac{p_1}{\gamma} + \frac{\alpha_1 v_1^2}{2g} = z_2 + \frac{p_2}{\gamma} + \frac{\alpha_2 v_2^2}{2g} + h_{w1-2}$$

其中：$z_1 = 0$；$\dfrac{\alpha_1 v_1^2}{2g} \approx 0$；$z_2 = h_s$；取 $\alpha_2 = 1.0$。

按相对压强计算 $\dfrac{p_1}{\gamma} = 0$；$\dfrac{p_2}{\gamma} = -6.8\text{m}$。

将以上条件代入能量方程 $0 + 0 + 0 = h_s - 6.8 + \dfrac{v_2^2}{2g} + h_{w1-2}$

$$v_2 = \frac{Q}{A_2} = \frac{Q}{\dfrac{\pi}{4}d^2} = \frac{0.03}{\dfrac{3.14}{4} \times 0.15^2} = 1.699(\text{m})$$

所以水泵的安装高度 $h_s = 6.8 - \dfrac{1.699^2}{2 \times 9.8} - 1.0 = 5.653(\text{m})$

3.4.3 孔口和管嘴出流

1. 孔口恒定出流

在盛有液体的容器上开孔后，液体会通过孔口流出容器，这种水流现象称为孔口出流。例如，水利工程中水库多级卧管的放水孔，船闸闸室的充水或放水孔，给水排水工程中的各类取水、泄水孔口中的水流等。当容器中的液面保持恒定不变时（有液体补充），通过孔口的流动是恒定流。在工程上，通常需要确定孔口的过水能力，即孔口出流的流量。应用恒定总流的能量方程即可确定孔口恒定出流的流量。

如图 3.29 所示，在水箱侧壁上开一个直径为 d 的孔口，在水头 H 的作用下，水流从孔口流出。当水箱的容积很大时，远离孔口的地方流速较小，而且流线近似于平行直线，水流流向孔口时流线发生急剧收缩。如果水箱壁厚较小，孔壁与水股的接触面只有一条周界线，孔壁厚度不影响孔口出流，这种孔口称为薄壁孔口。水流通过孔口时，由于流线不能是折线，水股继续收缩。若水流经孔口后直接流入大气（自由出流），水股在距孔口 $\frac{1}{2}d$ 的断面 c—c 处收缩到最小值。随后由于空气阻力的影响，流速减小，水股断面又开

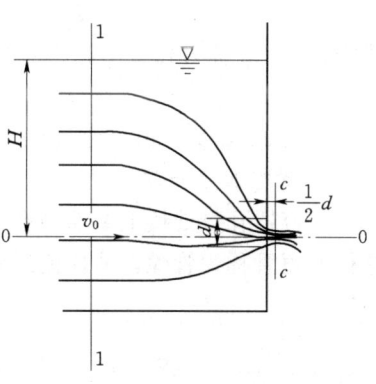

图 3.29

始扩散。断面 c—c 称为收缩断面，该断面上流线是近似平行直线，可视为渐变流断面。当水箱水位保持不变时，属孔口恒定出流，以通过孔口中心的水平面为基准面 0—0，选渐变流过水断面 1—1 及断面 c—c，写出能量方程，即

$$z_1 + \frac{p_1}{\gamma} + \frac{\alpha_1 v_1^2}{2g} = z_c + \frac{p_c}{\gamma} + \frac{\alpha_c v_c^2}{2g} + h_{w1-c}$$

对断面 1—1，取自由面上一点计算，$z_1 = H$，$\frac{p_1}{\gamma} = 0$。断面 c—c 取中心点计算，$z_c = 0$，对于小孔口 $\left(\frac{d}{H} \leq 0.1\right)$ 断面 c—c 上各点压强近似等于大气压强，于是 $\frac{p_c}{\gamma} = 0$，上式可写为

$$H + \frac{\alpha_1 v_1^2}{2g} = \frac{\alpha_c v_c^2}{2g} + h_{w1-c} \tag{3.26}$$

式中：h_{w1-c} 为孔口出流的水头损失，一般可用一个系数与流速水头的乘积来表示，即

$$h_{w1-c} = \zeta_c \frac{v_c^2}{2g} \tag{3.27}$$

ζ_c 称为孔口出流的水头损失系数。

令

$$H + \frac{\alpha_1 v_1^2}{2g} = H_0 \tag{3.28}$$

H_0 又称为孔口总水头。将式 (3.27)、式 (3.28) 代入式 (3.26)，得

$$H_0 = (\alpha_c + \zeta_c) \frac{v_c^2}{2g}$$

或

$$v_c = \frac{1}{\sqrt{\alpha_c + \zeta_c}} \sqrt{2gH_0} = \varphi \sqrt{2gH_0} \tag{3.29}$$

其中，$\varphi = \frac{1}{\sqrt{\alpha_c + \zeta_c}} \approx \frac{1}{\sqrt{1 + \zeta_c}}$ 称为流速系数，表示无能量损失时断面 c—c 的流速值

$\sqrt{2gH_0}$ 与实际流速 v_c 之比。设 A 为孔口面积，A_c 为收缩断面 c—c 的面积，两者之比 $\frac{A_c}{A}$ =ε<1.0，称 ε 为孔口收缩系数。因此，利用式（3.29）孔口出流的流量为

$$Q = A_c v_c = \varepsilon A \varphi \sqrt{2gH_0} = \mu A \sqrt{2gH_0} \tag{3.30}$$

式中：$\mu = \varepsilon \varphi$ 称为孔口出流的流量系数。对于小孔口的自由出流，通过实验测得 ε=0.63～0.64，φ=0.97～0.98，μ=0.61～0.63。一般可取流量系数 μ=0.62。不同边界形式孔口出流的 ε、φ 及 μ 值可通过实验确定或参考有关手册选取。

2. 管嘴恒定出流

在容器孔口处接上断面与孔口形状相同，长度为（3～4）d 的短管（d 为短管内径），这样的短管称为管嘴。液体流经管嘴并且在出口断面满管流出的流动现象称为管嘴出流。

图 3.30

在与孔口直径相同的情况下，管嘴的过水能力比孔口要大。所以，在实际工程中，常用管嘴来增加泄流量。如坝内的泄水孔，渠道侧壁上的放水孔及水力机械喷枪中的流动等。若容器内液面保持不变，则为管嘴恒定出流。

在图 3.29 中接一个直径为 d 的圆柱形外管嘴，如图 3.30 所示。与孔口出流类似，水流进入管嘴后流线继续收缩，在断面 c—c 处形成收缩断面，然后流股再逐渐扩散到全断面，从管嘴出口满管流出。在断面 c—c 处，流股与管壁脱离形成环状真空区，动水压强 p_c 小于大气压强 p_a。现采用孔口出流的分析方法，以过管嘴中心的水平面为基准面 0—0 写出断面 1—1 及断面 c—c 的能量方程

$$H + \frac{p_a}{\gamma} + \frac{\alpha_1 v_1^2}{2g} = 0 + \frac{p_c}{\gamma} + \frac{\alpha_c v_c^2}{2g} + \zeta \frac{v_c^2}{2g}$$

同样令 $H + \frac{\alpha_1 v_1^2}{2g} = H_0$，$\frac{1}{\sqrt{\alpha_c + \zeta_c}} = \varphi$，$\frac{A_c}{A} = \varepsilon$，$\varepsilon \varphi = \mu$，则从上式解出

$$v_c = \varphi \sqrt{2g\left(H_0 + \frac{p_a - p_c}{\gamma}\right)} \tag{3.31}$$

通过管嘴的流量为

$$Q = A_c v_c = \varepsilon A \varphi \sqrt{2g\left(H_0 + \frac{p_a - p_c}{\gamma}\right)} = \mu A \sqrt{2g\left(H_0 + \frac{p_a - p_c}{\gamma}\right)} \tag{3.32}$$

将管嘴出流的式（3.32）与孔口出流的式（3.30）进行比较。在水头 H 一定，孔口的形状、面积相同的情况下，其收缩系数 ε、流速系数 φ 及流量系数 μ 基本相同，而管嘴的有效水头增大了 $\frac{p_a - p_c}{\gamma}$，故管嘴出流的流量比孔口出流要大。因 $\frac{p_a - p_c}{\gamma}$ 是断面 c—c 上的真空度，可见管嘴流量增大的原因，是由于管内存在真空区，对水箱来流产生抽吸作用的结果。为了保证收缩断面处有真空存在，管嘴必须有一定长度。但如果管嘴过长，由于管段的阻力加大，管嘴增大流量的作用会减弱。为了保持管嘴正常出流，管嘴长度应取（3～4）d。

对于圆柱形外管嘴,理论分析及实验研究的结果表明$\frac{p_a-p_c}{\gamma}=0.75H_0$。可见,收缩断面的真空度随作用水头$H_0$的增大而增加。当$\frac{p_a-p_c}{\gamma}$小于饱和蒸汽压的真空值一定数值时,水流便开始出现真空化。此外,当收缩断面压强较低时,将会从管嘴出口处吸入空气,从而使收缩断面处的真空值遭到破坏,管嘴内的流动变为孔口自由出流,出流能力降低。根据实验研究,管嘴正常工作时收缩断面的最大真空度$\frac{p_a-p_c}{\gamma}\leqslant 7\text{m}$。因此,作用水头应该满足的条件为$H_0\leqslant 9.33\text{m}$。

3.4.4 能量方程的应用举例

水流在运动过程中总是符合能量转化与守恒规律的。由于实际水流复杂多样,以下通过几个应用实例来说明如何利用能量方程分析和解决具体水力学问题。

(1) 毕托管测流速。毕托管是一种常用的测量液体点流速的仪器。它是亨利·毕托(Henri Pitot)在1730年首创的,其测量流速的原理就是液体的能量转化与守恒原理。

当欲测明渠水流中某一点A的流速时,可在A点装一测压管(图3.31),测出A点的测压管高度为$\frac{p_A}{\gamma}$;在过A点的同一水平面的下游,取一与A点非常接近的B点,在B点安装一弯成直角的测压管,将它的前端对准来流,且置于B点处,另一端垂直向上。这时,B点处的水流质点沿细管进入,受弯管的阻挡流速变为零,动能全部转化为压能,使得测压管中水面上升至高度$\frac{p_B}{\gamma}$。若以通过B点的水平面为基准面,$\frac{p_B}{\gamma}$代表了B点处水流的总能量。由于A、B两点很近,忽略了两者间能量损失,根据理想液体微小流束的能量方程,有

$$\frac{p_A}{\gamma}+\frac{u^2}{2g}=\frac{p_B}{\gamma}$$

即

$$\frac{p_B}{\gamma}-\frac{p_A}{\gamma}=\frac{u^2}{2g}=\Delta h$$

所以

$$u=\sqrt{2g\Delta h} \tag{3.33}$$

式中:Δh为两根测压管的液面差。

图 3.31

图 3.32

实际测量时,是把两根测压管并入同一弯管中,如图 3.32 所示。考虑液体具有黏滞性,能量转化时有损失;另外,毕托管顶端小孔与侧壁小孔的位置不同,因而测得的不是同一点上的能量;再加上考虑毕托管放入水中时产生的扰动影响,使得测压管液面差 Δh 可能与实际值有误差,所以要对式(3.33)加以修正,修正的办法是乘以修正系数 c,即

$$u = c\sqrt{2g\Delta h} \tag{3.34}$$

式中:c 为毕托管校正系数,需通过对毕托管进行专门的率定来确定,一般约为 0.98~1.0。

图 3.33

(2) 文德里流量计。文德里流量计是用于测量管道中流量大小的一种装置,包括收缩段、喉管和扩散段三部分,安装在需要测定流量的管道当中。在收缩段进口前断面 1—1 和喉管断面 2—2 上分别装测压管,如图 3.33 所示。通过测量断面 1—1 和断面 2—2 测压管水头差 Δh 值,就能计算出管道通过的流量 Q,其基本原理就是恒定总流的能量方程。

因为管轴线是水平的,取管轴线所在的水平面 0—0 为基准面,对渐变流断面 1—1 和断面 2—2 写能量方程(取 $\alpha_1 = \alpha_2 = 1.0$,暂不考虑水头损失),有

$$z_1 + \frac{p_1}{\gamma} + \frac{u_1^2}{2g} = z_2 + \frac{p_2}{\gamma} + \frac{u_2^2}{2g} + 0$$

其中 $z_1 = z_2 = 0$,$\frac{p_1}{\gamma} = h_1$,$\frac{p_2}{\gamma} = h_2$,$h_1 - h_2 = \Delta h$,则

$$\frac{p_1}{\gamma} - \frac{p_2}{\gamma} = \frac{v_2^2}{2g} - \frac{v_1^2}{2g} = \Delta h$$

根据连续性方程,有

$$v_2 = \frac{A_1 v_1}{A_2} = \left(\frac{d_1}{d_2}\right)^2 v_1$$

将 v_1 与 v_2 的关系式代入前式,得

$$\Delta h = \frac{v_1^2}{2g}\left[\left(\frac{d_1}{d_2}\right)^4 - 1\right]$$

或

$$v_1 = \frac{1}{\sqrt{\left(\frac{d_1}{d_2}\right)^4 - 1}}\sqrt{2g\Delta h} = \frac{d_2^2}{\sqrt{d_1^4 - d_2^4}}\sqrt{2g\Delta h}$$

因此,通过文德里流量计的流量为

$$Q = A_1 v_1 = \frac{\pi d_1^2 d_2^2}{4\sqrt{d_1^4 - d_2^4}}\sqrt{2g\Delta h}$$

令

$$K = \frac{\pi d_1^2 d_2^2}{4\sqrt{d_1^4 - d_2^4}}\sqrt{2g}$$

则

$$Q = K\sqrt{\Delta h} \tag{3.35}$$

实际上，液体存在水头损失，通过文德里流量计的实际流量要比式（3.35）计算出的流量要小。通常给式（3.35）乘以一个小于1的系数 μ 来修正，则实际流量为

$$Q = \mu K \sqrt{\Delta h} \tag{3.36}$$

式中：μ 为文德里流量计的流量系数，一般为 0.95～0.98。

如果断面 1—1 和断面 2—2 的动水压强很大，这时可在文德里管上直接安装水银压差计，如图 3.34 所示。由压差计原理可知

$$\frac{p_1}{\gamma} - \frac{p_2}{\gamma} = \frac{\gamma_m - \gamma}{\gamma} = 12.6\Delta h$$

式中的 Δh 为水银压差计两支管中水银面的高差，此时文德里流量计的流量为

$$Q = \mu K \sqrt{12.6\Delta h} \tag{3.37}$$

【例 3.6】 如图 3.34 所示，文德里管进口直径 $d_1 = 100\text{mm}$，喉管直径 $d_2 = 50\text{mm}$，若已知文德里管的流量系数 $\mu = 0.98$，水银差压计读数 $\Delta h = 4.5\text{cm}$。试求管道中水的实际流量 Q。

解：根据已知条件，可计算出该文德里管的常数为

$$K = \frac{\pi d_1^2 d_2^2}{4\sqrt{d_1^4 - d_2^4}}\sqrt{2g} = \frac{3.14 \times 0.1^2 \times 0.05^2}{4 \times \sqrt{0.1^4 - 0.05^4}} \times \sqrt{2 \times 9.8} = 0.00897$$

$$Q = \mu K \sqrt{12.6\Delta h} = 0.98 \times 0.00897 \times \sqrt{12.6 \times 0.045} = 0.00662(\text{m}^3/\text{s}) = 6.62\text{L/s}$$

图 3.34 图 3.35

（3）文德里量水槽。文德里量水槽用来量测渠道和河道中的流量，它的形状与文德里管相似，由上游做成喇叭口的收缩段、中间束窄的喉道以及下游放宽到原有渠宽的扩散段三部分组成（图 3.35）。两者的区别在于：在文德里管中，喉管部分的压能转化为动能，通过量测由此而产生的压力差来确定流量；而在文德里量水槽中，是位能转化为动能，通过量测由此而产生的水位差来确定流量。

3.5 恒定总流的动量方程

联合应用恒定总流的连续性方程和能量方程，可以解决许多水力计算问题。但是，由于它们没有反映液体与边界作用力之间的关系，不能求解水流对边界的作用力问题。例

如，水流对弯管的作用力、水流对平板闸门的推力以及明渠中水跃的计算等问题都无法用连续性方程和能量方程求解。而恒定总流的动量方程恰好弥补了上述不足。连续性方程、能量方程及动量方程又统称为水力计算三大基本方程。

3.5.1 动量方程式的推导

由物理学可知，动量定律可表述为：运动物体单位时间内动量的变化等于物体所受所有外力的合力。若以 m 表示物体的质量，以 v 表示物体运动的速度，以 $\sum \vec{F}$ 表示作用于物体上所有外力的合力，动量定律可写为

图 3.36

$$\sum \vec{F} = \frac{m\vec{v}_2 - m\vec{v}_1}{\Delta t} = \frac{\Delta \vec{K}}{\Delta t} \quad (3.38)$$

下面依据动量定理推导恒定总流的动量方程。在恒定总流中，任取一渐变流流段 1—2。设断面 1—1 及断面 2—2 的面积分别为 A_1 及 A_2，断面平均流速为 v_1 和 v_2。经过 Δt 时段后，液体由断面 1—2 运动到断面 1′—2′，两断面间没有汇流或分流，如图 3.36 所示。Δt 时段内该流段动量的变化为

$$\Delta \vec{K} = (\vec{K}_{1'-2} + \vec{K}_{2-2'}) - (\vec{K}_{1-1'} + \vec{K}_{1'-2}) = \vec{K}_{2-2'} - \vec{K}_{1-1'}$$

考虑到断面上各点流速大小分布的不均匀性，计算两个动量 $\vec{K}_{2-2'}$ 和 $\vec{K}_{1-1'}$ 时，需乘以修正系数 β 所以有

$$\Delta \vec{K} = \beta_2 m\vec{v}_2 - \beta_1 m\vec{v}_1 = \rho Q \Delta t \beta_2 \vec{v}_2 - \rho Q \Delta t \beta_1 \vec{v}_1 = \rho Q \Delta t (\beta_2 \vec{v}_2 - \beta_1 \vec{v}_1) \quad (3.39)$$

将式 (3.39) 代入式 (3.38)，得到总流的动量方程

$$\sum \vec{F} = \frac{\Delta \vec{K}}{\Delta t} = \rho Q (\beta_2 \vec{v}_2 - \beta_1 \vec{v}_1) \quad (3.40)$$

式中：β_1、β_2 为动量修正系数。这就是不可压缩液体恒定总流的动量方程。它表示两个控制断面之间的恒定总流，在单位时间内流出该段的动量与流入该段的动量之差，等于作用在所取控制体上各外力的合力。对于渐变流或均匀流断面，一般取 $\beta=1.02\sim1.05$，近似计算时取 $\beta=1.0$。$\sum \vec{F}$ 为作用在所取流段上的所有外力的总和（矢量和）。总流的动量方程式 (3.40) 是一个矢量式，为了计算方便，在直角坐标中常采用分量形式，即

$$\left. \begin{array}{l} \sum \vec{F}_x = \rho Q (\beta_2 v_{2x} - \beta_1 v_{1x}) \\ \sum \vec{F}_y = \rho Q (\beta_2 v_{2y} - \beta_1 v_{1y}) \\ \sum \vec{F}_z = \rho Q (\beta_2 v_{2z} - \beta_1 v_{1z}) \end{array} \right\} \quad (3.41)$$

式中：ρ 为液体的密度；v_{1x}、v_{1y}、v_{1z} 和 v_{2x}、v_{2y}、v_{2z} 分别为 $\vec{v}_1$、$\vec{v}_2$ 在 x、y、z 轴方向的分量；$\sum \vec{F}_x$、$\sum \vec{F}_y$、$\sum \vec{F}_z$ 为作用在控制体上所有外力分别在 x、y、z 轴投影的代数和，不考虑 β 在 x、y、z 轴方向的变化。

从恒定总流动量方程的推导过程可知，该方程的应用条件为：

(1) 不可压缩液体，恒定流。

(2) 两端的控制断面必须选在均匀流或渐变流区域，但两个断面之间可以有急变流存在。

(3) 在所取的控制体中，有动量流进流出的过水断面各自只有一个，否则，动量方程式（3.41）不能直接应用。

图 3.37 为一个分叉管道，取控制体如图 3.37 中虚线所示，可见，有动量流出的断面是两个，即断面 2—2 及断面 3—3，有动量流入的是断面 1—1，在这种情况下，动量方程可以修改成

$$(\rho\beta_2 \vec{v}_2 Q_2 + \rho\beta_3 \vec{v}_3 Q_3) - \rho\beta_1 \vec{v}_1 Q_1 = \sum \vec{F} \quad (3.42)$$

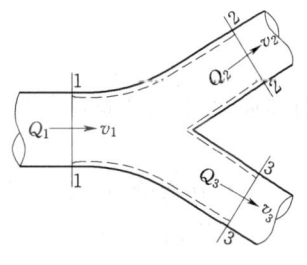

图 3.37

式（3.42）也可写成坐标轴上的投影形式。

3.5.2 动量方程应用

动量方程是水力计算中最主要的基本方程之一。由于它是一个矢量方程，在应用中要注意以下几点：

(1) 首先要选取控制体。一般是取总流的一段来研究，其过水断面应选在均匀流或渐变流区域，动水压强一般用相对压强计算。

(2) 全面分析控制体的受力情况。既要做到所有的外力一个不漏，又要考虑哪些外力可以忽略不计。对于待求的未知力，可以预先假定一个方向，若计算结果得该力的数值为正，表明原假设方向正确；当所求得的数值为负时，表明实际方向与原假设方向相反。为了便于计算，应在控制体上标出全部作用力的方向。

(3) 实际计算中，一般采用动量方程在坐标轴的投影形式。所以写动量方程时，必须先确定坐标轴，然后要弄清流速和作用力投影的正负号。凡是与坐标轴的正向一致者取正号，反之取负号。坐标轴是可以任意选择的，以计算简便为宜。

(4) 方程式中的动量差，必须是流出的动量减去流入的动量，两者切不可颠倒。

(5) 动量方程只能求解一个未知数。当有两个以上未知数时，应借助于连续方程及能量方程联合求解。在计算中，一般可取 $\beta_1 = \beta_2 = 1.0$。

下面举例说明动量方程的应用。

1. 确定水流对弯管的作用力

【例 3.7】 某有压管道中有一段渐缩弯管，如图 3.38（a）所示。弯管的轴线位于水平面内，已知断面 1—1 形心点的压强 $p_1 = 98 \text{kN/m}^2$，管径 $d_1 = 200 \text{mm}$，管径 $d_2 = 150 \text{mm}$，转角 $\theta = 60°$，管中流量 $Q = 100 \text{L/s}$。若不计弯管的水头损失，求水流对弯管的作用力。

解：由连续方程 $v_1 A_1 = v_2 A_2 = Q$，得

$$v_1 = \frac{Q}{A_1} = \frac{100 \times 10^{-3}}{\frac{3.14}{4} \times 0.2^2} = 3.18 (\text{m/s})$$

$$v_2 = \frac{Q}{A_2} = \frac{100 \times 10^{-3}}{\frac{3.14}{4} \times 0.15^2} = 5.66 (\text{m/s})$$

取过水断面 1—1 和断面 2—2，以过管轴线的水平面为基准面，写出能量方程为

$$0 + \frac{p_1}{\gamma} + \frac{\alpha_1 v_1^2}{2g} = 0 + \frac{p_2}{\gamma} + \frac{\alpha_2 v_2^2}{2g} + 0$$

取 $\alpha_1 = \alpha_2 = 1.0$，得

$$\frac{p_2}{\gamma} = \frac{p_1}{\gamma} + \frac{(v_1^2 - v_2^2)}{2g} = \frac{98}{9.8} + \frac{3.18^2 - 5.66^2}{2 \times 9.8} = 8.88(\text{m})$$

故断面 2—2 形心点的压强

$$p_2 = 8.88 \times 9.8 = 87.04(\text{kN/m}^2)$$

（1）在弯管内，取过水断面 1—1 与断面 2—2 之间的水体为控制体，且选取水平面为 xoy 坐标平面，如图 3.38（b）所示。

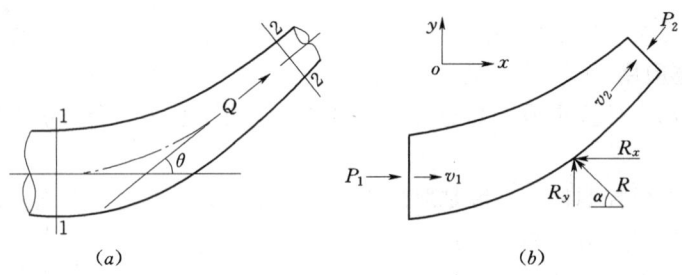

图 3.38

（2）分析控制体所受的全部外力，并且在控制体上标出各力的作用方向。因控制体的重力 G 沿铅垂方向，故在 xoy 平面上的投影为零。两端过水断面上的动水压力 P_1 及 P_2 为

$$P_1 = p_1 A_1 = 98 \times \frac{\pi}{4} \times 0.2^2 = 3.077(\text{kN})$$

$$P_2 = p_2 A_2 = 87.04 \times \frac{\pi}{4} \times 0.15^2 = 1.537(\text{kN})$$

管壁对控制体的作用力 R，这是待求力的反作用力，以相互垂直的分量 R_x、R_y 表示，假定其方向如图 3.38 所示。

（3）用动量方程计算管壁对控制体的作用力 R。

写 x 方向的动量方程，有

$$\rho Q(\beta_2 v_2 \cos\theta - \beta_1 v_1) = P_1 - P_2 \cos\theta - R_x$$

取 $\beta_1 = \beta_2 = 1.0$，得

$$R_x = P_1 - P_2 \cos\theta - \rho Q(v_2 \cos\theta - v_1)$$
$$= 3.077 - 1.537\cos 60° - 1 \times 0.1 \times (5.66\cos 60° - 3.18) = 1.575(\text{kN})$$

写 y 方向的动量方程，有

$$\rho Q(\beta_2 v_2 \sin\theta - 0) = -P_2 \sin\theta + R_y$$

取 $\beta_2 = 1.0$，得

$$R_y = \rho Q v_2 \sin\theta + P_2 \sin\theta$$
$$= 1 \times 0.1 \times 5.66\sin 60° + 1.537\sin 60° = 1.82(\text{kN})$$

R_x、R_y 的计算结果均为正值，说明管壁对控制体作用力的实际方向与假定方向相同。合

力的大小
$$R = \sqrt{R_x^2 + R_y^2} = \sqrt{1.575^2 + 1.82^2} = 2.41(\text{kN})$$
合力与 x 轴的夹角
$$\alpha = \arctan\frac{R_y}{R_x} = \arctan\frac{1.82}{1.575} = 57.3°$$

（4）计算水流对弯管的作用力 F。F 与 R 大小相等，方向相反，而且作用线相同。作用力 F 直接作用在弯管上，对管道有冲击破坏作用。为此应在弯管段设置混凝土支座来抵抗这种冲击力。

2. 水流对平板闸门的作用力

【例 3.8】　在某平底矩形断面渠道中修建水闸，闸门与渠道同宽，采用矩形平板闸门且垂直启闭，如图 3.39（a）所示。已知闸门宽度 $b=6\text{m}$，闸前水深 $H=5\text{m}$，当闸门开启高度 $e=1\text{m}$ 时，闸后收缩断面水深 $h_c=0.6\text{m}$，水闸泄流量 $Q=33.47\text{m}^3/\text{s}$。若不计水头损失，求过闸水流对平板闸门的推力。

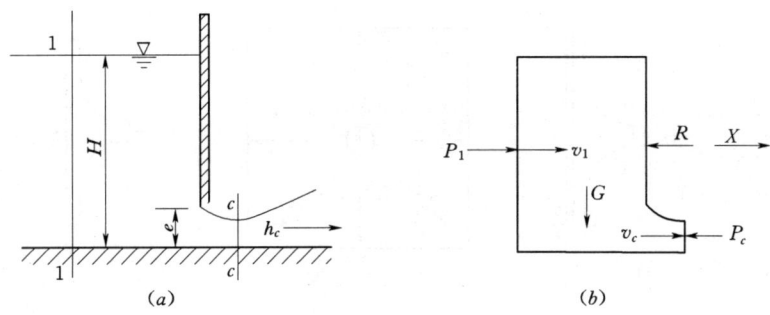

图 3.39

解：取渐变流过水断面 1—1 及断面 $c—c$，根据连续方程 $v_1 A_1 = v_c A_c = Q$，可得
$$v_1 = \frac{Q}{bH} = \frac{33.47}{6 \times 5} = 1.12(\text{m/s})$$
$$v_c = \frac{Q}{bh_c} = \frac{33.47}{6 \times 0.6} = 9.3(\text{m/s})$$

（1）取过水断面 1—1、断面 $c—c$ 之间的全部水流为控制体，沿水平方向选取坐标 x 轴，如图 3.39（b）所示。

（2）分析控制体的受力，并标出全部作用力的方向。重力 G 沿垂直方向，故在 x 轴上无投影。

断面 1—1 动水压力
$$P_1 = \frac{1}{2}\gamma H^2 b = \frac{1}{2} \times 9.8 \times 5^2 \times 6 = 735(\text{kN})$$
$$P_c = \frac{1}{2}\gamma h_c^2 b = \frac{1}{2} \times 9.8 \times 0.6^2 \times 6 = 10.584(\text{kN})$$

设闸门对水流的反作用力为 R，方向水平向左。

（3）利用动量方程计算反作用力 R。写 x 方向的动量方程，有

$$\rho Q(\beta_2 v_c - \beta_1 v_1) = P_1 - P_c - R$$

取 $\beta_1 = \beta_2 = 1.0$，得

$$R = P_1 - P_c - \rho Q(v_c - v_1) = 735 - 10.584 - 1 \times 33.47 \times (9.3 - 1.12) = 450.63(\text{kN})$$

因为求得的 R 为正值，说明假定的方向即为实际方向。

（4）确定水流对平板闸门的推力 R'。

R' 与 R 大小相等，方向相反，即 $R' = 450.63 \text{kN}$，方向水平向右。

3. 射流冲击固定表面的作用力

【例 3.9】 如图 3.40 (a) 所示，水流从管道末端的喷嘴水平射出，以速度 v 冲击某铅垂固定平板，水流随即在平板上转 90°后向四周均匀散开。若射流量为 Q，不计空气阻力及能量损失，求射流冲击固定平板的作用力。

解：射流转向以前取过水断面 1—1，射流完全转向以后取过水断面 2—2 [是一个圆筒面，如图 3.40 (b) 所示]，取断面 1—1 与断面 2—2 之间的全部水体为控制体。沿水平方向取 x 轴，如图 3.40 (c) 所示。

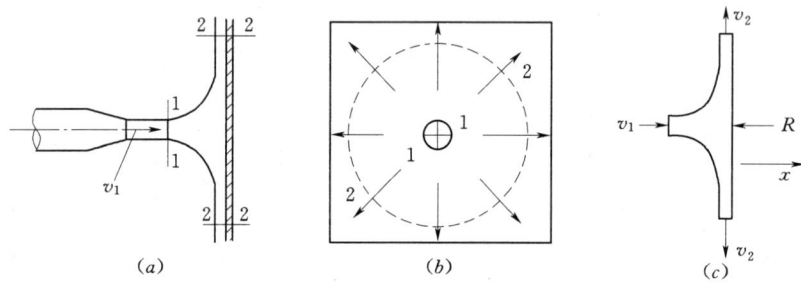

图 3.40

写 x 方向的动量方程，有

$$\rho Q(\beta_2 v_{2x} - \beta_1 v_{1x}) = \sum F_x$$

因不计能量损失，由能量方程可得 $v_1 = v_2 = v$，流速在 x 轴上的投影 $v_{1x} = v$，$v_{2x} = 0$。

分析控制体的受力，由于射流的周界及转向后的水流表面都处在大气中，可认为断面 1—1 与断面 2—2 的动水压强等于大气压强，故动水压力 $P_1 = P_2 = 0$。不计水流与空气、水流与平板的摩擦阻力。重力 G 与 x 轴垂直，设平板作用于水流的反力为 R，方向水平向左，取 $\beta_1 = \beta_2 = 1.0$。因此可得

$$\rho Q(0 - v) = -R$$

即

$$R = \rho Q v$$

因计算结果 R 为正值，说明原假定方向即为实际方向。射流作用在固定平板上的冲击力 R' 与 R 大小相等，方向相反，即 R' 水平向右且与射流速度 v 的方向一致。

习　题

3.1　欧拉法与拉格朗日法都是用来描述液体运动的，两者有何区别？

3.2　流线与迹线有何区别？

3.3　有人认为均匀流和渐变流一定是恒定流，急变流一定是非恒定流，这种说法对

否？并说明理由。

3.4 有一变直径圆管，已知断面1—1、断面2—2的直径分别是d_1和d_2，问两断面平均流速之比为1∶2时，其直径成什么比例？

3.5 已知圆管中流速为轴对称分布（图3.41），其分布函数为$u=u_m(1-R^2/R_0^2)$，式中的R_0为管道半径，u为距管轴中心为R处的流速，u_m为管轴上的流速，若已知$R_0=3\text{cm}$，$u_m=0.15\text{m/s}$，试计算通过管中的流量Q及断面平均流速v。

图 3.41　　　　　　　　　　图 3.42

3.6 在一压力管中（图3.42），已知$d_1=200\text{mm}$，$d_2=150\text{mm}$，$d_3=100\text{mm}$，第三段管中平均流速$v_3=2\text{m/s}$。试求管中的流量Q及第一、第二两段管中的平均流速v_1和v_2。

3.7 如图3.43所示，某主河道的总流量$Q_1=1890\text{m}^3/\text{s}$，上游两个支流的断面平均流速为$v_3=1.30\text{m/s}$，$v_2=0.95\text{m/s}$。若两个支流过水断面面积之比为$A_2/A_3=4$，求两个支流的断面面积$A_2$及$A_3$。

图 3.43　　　　　　　　　　图 3.44

3.8 一变直径的管段AB（图3.44），$d_A=0.2\text{m}$，$d_B=0.4\text{m}$，高差$\Delta z=1.5\text{m}$，今测得$p_A=30\text{kN/m}^2$，$p_B=40\text{kN/m}^2$，B点处断面平均流速$v_B=1.5\text{m/s}$，求A、B两断面的总水头差及管中水流流动方向。

3.9 某管道如图3.45所示，直径$d=0.15\text{m}$，测得水银压差计中液面差$\Delta h=0.2\text{m}$，若断面平均流速$v=0.78u_{\max}$，求管中通过的流量。

3.10 某水管（图3.46），已知管径$d=100\text{mm}$，当阀门全关时，压力计读数为0.5个大气压，而当阀门开启后，保持恒定流，压力计读数降至0.2个大气压，若压力计前段的总水头损失为$2\dfrac{v^2}{2g}$，试求管中的流速和流量。

3.11 矩形断面平底渠道，其宽度$b=27\text{m}$，河床在某断面处抬高$\Delta=0.15\text{m}$，抬高前的水深$h_1=1.8\text{m}$，抬高后水面降低$\Delta h=0.12\text{m}$（图3.47）。若水头损失h_w为尾渠流速

水头的一半，问流量 Q 等于多少？

图 3.45　　　　　　　　　　　图 3.46

3.12　有一铅直输水管（图 3.48），上游为一水池，出口接一管嘴，已知管径 $D=25$ cm，出口管径 $d=5$ cm，流入大气，其他尺寸如图 3.48 所示。若不计水头损失，求管中 A、B、C 三点的压强。

图 3.47　　　　　　　　　　　图 3.48　（尺寸单位：m）

3.13　有一文德里流量计（图 3.49），$d_1=15$ cm，喉部直径 $d_2=10$ cm，水银压差计高差 $\Delta h=20$ cm，实测管中流量 $Q=60$ L/s，试求文德里流量计的流量系数 μ。

图 3.49　　　　　　　　　　　图 3.50

3.14　一引水管的渐缩弯管（图 3.50）已知入口直径 $d_1=250$ mm，出口直径 $d_2=200$ mm，流量 $Q=150$ L/s，断面 1—1 的相对压强 $p_1=196$ kN/m^2。管子中心位于水平面内，转角 $\alpha=90°$。若不计水头损失，试求固定此弯管所需的力。

3.15 矩形断面的平底渠槽上，装置一平板闸门（图3.51），已知闸门宽度 $b=2$m，闸前水头 $H=4$m，闸门开度 $e=0.8$m，闸孔后收缩断面水深 $h_c=0.62e$。当泄流量 $Q=8$m³/s 时，若不计摩擦力，试求作用于平板闸门上的动水总压力。

3.16 有一管道出口处的针形阀门全开时为射流（图3.52），已知出口直径 $d_2=15$cm，流速 $v_2=30$m/s，管径 $d_1=35$cm。若不计水头损失，当测得针阀的拉杆受拉力 $F=4900$N 时，试求：

（1）连接管道出口段的螺栓所受的水平总力为多少？

（2）所受的是拉力还是压力？

图 3.51

图 3.52

学习单元 4 水头损失计算

知识内容要求：能熟练陈述水头损失产生原因、概念、类型、判别方法；能熟练陈述水流形态的类型及划分方法；能熟练陈述水头损失的计算方法。

能力与素质要求：能区分并确定水头损失的类型及大小；能熟练地按照水头损失实验步骤操作仪器设备进行实验，能够准确填写实验报告；能对水工建筑物进行水头损失计算。

前面已经讨论了实际液体的能量转换规律，并给出了能量方程式。在能量方程式的应用中水头损失的计算是不可缺少的，因此本单元先从水流的物理特征出发，弄清产生水头损失的原因，以及它与水流形态的关系，进一步讨论水头损失的影响因素和计算方法。

4.1 水头损失的类型

4.1.1 产生水头损失的原因

实际液体存在黏滞性。因此，运动过程中液体内部各液团或相邻各液层之间必然会产生抵抗相对运动的内摩擦力，这种内摩擦力称为水流阻力。液流在运动过程中必须要克服这一阻力做功，引起运动液体的部分机械能转化为热能，逸散于空气之中，造成液流的能量损失。所以黏滞性的存在是液流水头损失产生的内因，是产生水头损失的根源。

从另一方面考虑，液流总是在一定的固体边界条件下流动，固体边界的形状、尺寸以及沿程变化情况同样要对液流运动过程中水头损失的大小产生影响，这种影响称为外界几何形状的影响，是影响液流运动状态、产生水头损失的外因。

4.1.2 水头损失的分类

可以将水流阻力和水头损失分成沿程水头损失和局部水头损失。

图 4.1

（1）沿程水头损失。在均匀流或渐变流中，由于固体边界的形状和尺寸沿流程方向基本不变，流线近于平行直线，由各流层之间的相对运动而产生的阻力均匀地分布在水流的整个流程上，故又称为沿程阻力。为克服沿程阻力而引起单位重量水体在运动过程中的能量损失，称为沿程水头损失，用 h_f 表示，如输水管道、隧洞和河渠中的均匀流及渐变流流段内的水头损失，就是沿程水头损失。

（2）局部水头损失。当流动边界沿程发生急剧变化时，由于水流在突变处脱离边界流动或形成漩涡，水流的扩散和漩涡运动，使局部流段内的水流产生了附加的阻力，额外消耗了大量的机械能,通常称这种附加的阻力为局部阻力,克服局部阻力而造成单位重量水体的机械能损失为局部水头损失(图4.1),用h_j表示。在边界突然扩大、突然缩小、转弯、阀门等处,局部水头损失是在边界发生改变处的一段流程内产生并完成的,为了计算方便,常将局部水头损失看成是集中在边界突然改变的某一个概化断面上产生的水头损失。

(3)水头损失的叠加原理。实际水流中,整个流程既存在着各种局部水头损失又有各流段的沿程水头损失,某一流段沿程水头损失与局部水头损失的总和称为该流段的总水头损失,如其相邻两局部水头损失互不影响,则全流程(图4.2)总水头损失h_w,就等于流段内各种局部水头损失和各流段的沿程水头损失之和,即

$$h_w = \sum h_f + \sum h_j \tag{4.1}$$

式中:$\sum h_f$为整个流程中各均匀流段或渐变流段的沿程水头损失之和;$\sum h_j$为整个流程中各种局部水头损失之和。

图4.2

4.1.3 液流边界几何条件对水头损失的影响

既然产生水头损失的原因与液流外部的边界几何条件有关,下面就分析固体边界纵、横向的几何条件(即边界轮廓的形状和尺寸)对水头损失的影响。

1. 液流边界横向轮廓的形状和尺寸对水头损失的影响

液流边界横向轮廓的形状和尺寸对水流的影响,可用过水断面的水力要素来表示,如过水断面的面积A、湿周χ及水力半径R等。液流过水断面与固体边界接触的周界叫做湿周,常用χ表示。例如三个不同形状的断面,分别为矩形和半圆形,如图4.3(a)、(b)、(c)所示,其过水断面面积相等,水流条件也相同,但矩形渠槽中的液流的湿周要长些,所受到的阻力就要大些,水头损失也要大些。因此在液流过水断面面积相同,由于

图4.3
(a)矩形断面Ⅰ;(b)矩形断面Ⅱ;(c)半圆形断面

形状不同，湿周就成为对水头损失影响的重要水力要素之一。

同样，三个过水断面的湿周相等，而形状不同，过水断面面积一般是不相等的。当通过同样大小的流量时，产生的水流阻力和水头损失也不相等。这是因为面积较小的过水断面，液流通过时流速较大，相应的水流阻力及水头损失也较大。

看来，用过水断面面积或湿周 χ 中的任何一个水力要素单独来表示过水断面的水力特征对水头损失的影响都是不全面的，只有把两者相互结合起来，即用过水断面的面积 A 与湿周 χ 的比值 R 来表示，才是较为全面的，这里 R 称为水力半径，即

$$R = \frac{A}{\chi} \tag{4.2}$$

水力半径是过水断面的一个非常重要的水力要素，单位为米（m）或厘米（cm）。例如，直径为 d 的圆管，当充满液流时 $A = \frac{\pi d^2}{4}$，$\chi = \pi d$，故水力半径 $R = \frac{A}{\chi} = \frac{d}{4}$。

2. 液流边界纵向轮廓对水头损失的影响

根据液流边界纵向轮廓的不同，会产生两种不同的液流形式，即均匀流与非均匀流。均匀流中沿程各过水断面的水力要素及断面平均流速都是不变的。所以均匀流时只有沿程水头损失。非均匀渐变流时其沿程水头损失为主，而局部水头损失较小，有时可以忽略不计；非均匀急变流时液流边界急骤变化，液流脱离边界并伴随有漩涡运动，所以沿程和局部两种水头损失都占有一定比例。

4.2 水流运动的两种形态

4.2.1 雷诺试验

早在 19 世纪初期，人们在长期的工程实践中，发现管道的沿程阻力与管道水流的流速之间的对应关系有其特殊性。当流速较小时，沿程水头损失与流速一次方成正比；当流速较大时，沿程水头损失与流速平方成正比，这一现象，促使英国物理学家雷诺（Reynolds）于 1883 年进行了实验，并揭示了实际液体运动存在着两种不同流动形态，即层流和紊流。

图 4.4 为雷诺试验装置的示意图。试验过程中，使水箱内的静置水位维持一定的高度保持不变，在长直的玻璃圆管中保证试验时试验管段内的水流为恒定均匀流。

试验开始时，先将试验管末端的阀门 A 慢慢开启，使试验段管中水流的流动速度较小，然后打开装有颜色液体的细管上的阀门 B，此时，在试验段的玻璃管内出现一条细而直的鲜明的着色流束，此着色流束并不与管内不着色的水流相混杂，如图 4.5（a）所示。水流分层次流动，称这种流动为层流。

将阀门 A 逐渐开大，试验管段中水流的流速也相应地逐渐增大，此时可以看到，玻璃管中的着色流束开始颤动，并弯曲成波形，如图 4.5（b）所示。随着阀门 A 的继续开大，着色的波状流束先在个别地方出现间歇状断裂，如果用灯

图 4.4

图 4.5

光照亮液体，可以看见水流中开始出现小涡体沿水流方向运动，使水流失去了着色流束的清晰形状。最后在流速达到某一定值时，水流出现了许多小涡体，液体质点的运动轨迹极不规则，不仅有沿轴线方向的位移，而且还有垂直于管轴方向的位移，各点的瞬时速度随时间无规律地变化，其方向和大小具有明显的随机性。后来，着色流束便完全破裂，并很快地扩散到整个试验管子，而使管中水流全部着色，如图 4.5（c）所示，这种水流称为紊流。

上述试验表明，在管中流动的水流，当其流速不同时，水流具有两种不同的流动形态。当流速较小时，各流层的水流质点是有条不紊、互不混掺地作层流运动。当水流中的流速较大时，各流层中的水流质点已形成漩涡，在流动中互相混掺，称作紊流运动。

4.2.2 水流流动形态和水头损失关系

在雷诺试验中，试验按层流转变为紊流和紊流转变为层流两种程序进行，改变管中流速，多次重复试验，将试验所得结果（不同流速时的沿程水头损失值）绘在双对数坐标纸上，纵坐标表示 $\lg h_f$，横坐标表示 $\lg v$，如图 4.6 所示图的关系曲线，此曲线说明：

（1）层流时，沿程水头损失 h_f 与流速 v 按 AB 直线变化，因为直线 AB 的倾角 $\theta_1 = 45°$，所以沿程水头损失与流速的一次方成正比。

（2）紊流时，沿程水头损失与流速的关系按 DE 曲线变化，曲线 DE 的倾角 $\theta_2 > 45°$，成 $60°$ 左右，往上略呈弯曲，然后角度又稍稍加大，DE 的斜率 $m = 1.75 \sim 2.0$，这说明沿程水头损失与流速的 $1.75 \sim 2.0$ 次方成正比。上述沿程水头损失与流速的关系，可用统一的指数形式表示，即

$$h_f = kv^m \tag{4.3}$$

当水流为层流时，指数 $m = 1$；当水流为紊流时，指数 $m = 1.75 \sim 2.0$。

图 4.6

（3）当水流处于流态转变的 BD 段时，从层流的 AB 沿 BCD 曲线在 C 点转变成紊流，C 点是层流转变成紊流的上临界流速 v'_k，若紊流向层流转变时，沿 DB 曲线，在 B 点转变为层流，B 点是紊流向层流转变的下临界流速 v_k，试验结果表明：下临界流速 v_k 小于上临界流速 v'_k。

4.2.3 水流形态的判别

1. 雷诺数

对不同液体，在不同温度下，流经不同管径的管道进行试验，结果表明，液体流动形

态的转变，取决于液体流速 v 和管径 d 的乘积与液体运动黏滞性系数 ν 的比值。因此称 $\dfrac{vd}{\nu}$ 为雷诺数，用 Re 表示，即

$$Re = \frac{vd}{\nu} \qquad (4.4)$$

2. 临界雷诺数

雷诺试验又发现，同一形状的边界中流动的各种液体，雷诺数随流速 v、管径 d 和运动黏滞系数 ν 的变化而变化，是一个无量纲的变量。尽管流速 v、管径 d 和运动黏滞系数 ν 变化，但流动形态转变时的雷诺数是一个无量纲常数，称为临界雷诺数。所以常用临界雷诺数作为流态的判别数。

上临界雷诺数 $\qquad\qquad Re'_k = \dfrac{v'_k d}{\nu}$

下临界雷诺数 $\qquad\qquad Re_k = \dfrac{v_k d}{\nu}$

紊流变层流时的雷诺数称为下临界雷诺数，层流变紊流的雷诺数称为上临界雷诺数。下临界雷诺数比较稳定，而上临界雷诺数的数值极不稳定，随着流动的起始条件和实验条件不同，外界干扰程度不同，其值差异很大。实践中，只根据下临界雷诺数判别流态，把下临界雷诺数称为临界雷诺数，以 Re_k 表示。实际判别液体流态时，当液流的雷诺数 $Re < Re_k$ 时，为层流；当液流的雷诺数 $Re > Re_k$ 时，则为紊流。

雷诺数之所以能够作为流态判别数，是其表达式分子中的流速反映了水流惯性力的大小，分母中的运动黏滞系数反映了黏滞力的大小，雷诺数本身是反映惯性力与黏滞力之比的特征参数，不同边界形状下流动的临界雷诺数大小不同。

实验测得圆管中临界雷诺数 $Re_k = 2000 \sim 3000$，常取 2320 为判别值。

在明槽流动中，雷诺数常用水力半径 R 作为特征长度来替代直径 d，$Re = \dfrac{vd}{\nu}$。

明槽流动的临界雷诺数为 $300 \sim 600$，常取 580 为判别值。

水利工程中所遇到的流动绝大多数属于紊流，就是流速和管径皆较小的生活供水管中的水流，通常也是紊流，层流是很少发生的，只有在地下水流动及水库坝前、沉砂池中和高含沙的浑水中，才可能遇到层流。

【例 4.1】 试判别下述液流的流动形态：(1) 输水管管径 $d = 0.1\text{m}$，通过流量 $Q = 5\text{L/s}$，水温 20℃；(2) 输油管管径 $d = 0.1\text{m}$，通过流量 $Q = 3\text{L/s}$，已知油的运动黏滞性系数 $\nu = 4 \times 10^{-5} \text{m}^2/\text{s}$。

解：(1) 输水管 $d = 0.1\text{m}$。

$$A = \frac{\pi}{4}d^2 = \frac{3.14}{4} \times 0.1^2 = 7.85 \times 10^{-3} (\text{m}^2)$$

$$v = \frac{Q}{A} = \frac{5 \times 10^{-3}}{7.85 \times 10^{-3}} = 0.637 (\text{m/s})$$

由表 1.1 查得当水温为 20℃时，$\nu = 1.003 \times 10^{-6} \text{m}^2/\text{s}$，则

$$Re = \frac{vd}{\nu} = \frac{0.637 \times 0.1}{1.003 \times 10^{-6}} = 63509 > Re_k = 2320$$

因此，输水管内水流为紊流。

（2）输油管 $d=0.1\text{m}$，$A=7.85\times 10^{-3}\text{m}^2$。

$$v=\frac{Q}{A}=\frac{3\times 10^{-3}}{7.85\times 10^{-3}}=0.328(\text{m/s})$$

$$Re=\frac{vd}{\nu}=\frac{0.382\times 0.1}{4\times 10^{-5}}=995<Re_k=2320$$

因此，输油管内液流为层流。

【例 4.2】 某试验室的矩形试验明槽，底宽为 $b=0.2\text{m}$，水深 $h=0.1\text{m}$，今测得其断面平均流速 $v=0.15\text{m/s}$，室内的水温为 20℃，试判别槽内水流的流态。

解：（1）计算明槽过水断面的水力要素。

$$A=bh=0.2\times 0.1=0.02(\text{m}^2)$$
$$\chi=b+2h=0.2+2\times 0.1=0.4(\text{m})$$
$$R=\frac{A}{\chi}=\frac{0.02}{0.4}=0.05(\text{m})$$

（2）判别水流的流态。

由水温为 20℃，查表 1.1 得，$\nu=1.003\times 10^{-6}\text{m}^2/\text{s}$，则

$$Re=\frac{vR}{\nu}=\frac{0.15\times 0.05}{1.003\times 10^{-6}}=7478>Re_k=580$$

明槽中的水流为紊流。

4.3 均匀流沿程水头损失与切应力的关系

因均匀流时只有沿程水头损失，所以研究均匀流的沿程水头损失就可以了。

在管道或明渠均匀流中，任取一段总流来研究，如图 4.7 所示。设总流与水平面成一角度 α，过水断面面积为 A，流段长度为 l。设 p_1 和 p_2 分别表示作用于断面 1—1 和断面 2—2 形心的动水压强，Z_1、Z_2 分别表示两断面形心距基准面的高度。作用在该总流流段上有下列各力：

（1）作用在断面 1—1 和断面 2—2 上的动水压力分别为 $P_1=p_1A$，$P_2=p_2A$，其方向均垂直指向作用面。

图 4.7

(2) 重力 $G=\gamma Al$，其方向垂直向下。

(3) 摩擦阻力。因作用在各个流束之间的内摩擦力是成对地彼此相等而方向相反的，所以可不考虑。这里仅考虑不能抵消的总流与黏着在壁面上的液体质点之间的内摩擦力。设 τ_0 为总流边界上的平均切应力，则整个流段的总摩擦力 $T=\tau_0 l\chi$（χ 为湿周），其方向与水流的方向相反。

因为是恒定均匀流，流段无加速度，所以各外力沿流向必须符合力的平衡条件，写出各力沿流动方向的平衡方程式为

$$P_1 - P_2 + G\sin\alpha - T = 0$$

即

$$p_1 A - p_2 A + \gamma Al\sin\alpha - \tau_0 l\chi = 0$$

由图 4.7 可知，$\sin\alpha = \dfrac{z_1 - z_2}{l}$，代入上式，并给各项除以 γA，整理可得

$$\left(Z_1 + \frac{p_1}{\gamma}\right) - \left(Z_2 + \frac{p_2}{\gamma}\right) = \frac{l\chi}{A} \frac{\tau_0}{\gamma} \tag{4.5}$$

再以 0—0 为基准面，对断面 1—1 和断面 2—2 列能量方程，得

$$Z_1 + \frac{p_1}{\gamma} + \frac{\alpha v_1^2}{2g} = Z_2 + \frac{p_2}{\gamma} + \frac{\alpha v_2^2}{2g} + h_f$$

对均匀流而言有 $v_1 = v_2$，上式化简为

$$\left(Z_1 + \frac{p_1}{\gamma}\right) - \left(Z_2 + \frac{p_2}{\gamma}\right) = h_f \tag{4.6}$$

将式（4.6）及 $R = \dfrac{A}{\chi}$ 代入式（4.5），整理得

$$h_f = \frac{l}{R} \frac{\tau_0}{\gamma} \tag{4.7}$$

又因 $\dfrac{h_f}{l} = J$，于是式（4.7）改写为

$$\tau_0 = \gamma RJ \tag{4.8}$$

式中，水力坡度 J 在均匀流里是一个常数。

式（4.7）和式（4.8）表明了均匀流中水流阻力与沿程水头损失之间的关系，但尚不能用以计算沿程水头损失 h_f，因式中的切应力尚不知道。为了能计算均匀流中的沿程水头损失，还必须先研究水流的两种流态——层流和紊流。

4.4 紊 流 运 动

水利工程中绝大多数水流都是紊流。由于紊流运动比较复杂，虽然近几十年来做了很多研究工作，但对紊流的内部规律仍未完全掌握，尚待今后进一步探讨。这里仅对紊流的形成过程及运动特征等问题作一简要介绍。

4.4.1 紊流的形成

由雷诺试验知道，紊流与层流的主要区别是紊流各流层之间液体质点有不断地互相混掺作用，而层流则无。引起液体质点混掺的根源在于紊流中产生了大小不等的涡体，它们

进一步互相混掺而形成了紊流。下面讨论涡体的形成过程。

当水流为层流时，液流内任一流层的上下面均有方向相反的摩阻切力，因而在流层上作用着摩阻力矩。当液流偶然受到外界的轻微干扰时，流层会发生微微的波动，如图4.8（a）所示。此时在波峰处，上部流线压紧，过流断面有所减小，流速增大，压强减小；在波峰下部则流速减小，压强增大，这样在波峰处产生了一个向着峰顶方向的压力。相反，在其邻近波谷处产生了一个向着波谷方向的压力。这两个垂直于流层的压力形成一个力矩，方向与摩阻力矩相同。在它们的共同作用下，原有的波动和波幅出现加剧增大的趋势，促使波峰和波谷的上下压力及所产生的力矩继续增大，如图4.8（b）、（c）所示。在合力矩和流层扭曲的相互促进下，形成一系列微小的旋转的涡体。这些涡体的分布是不规则的，其形成是随机的，它们散布在液流中。

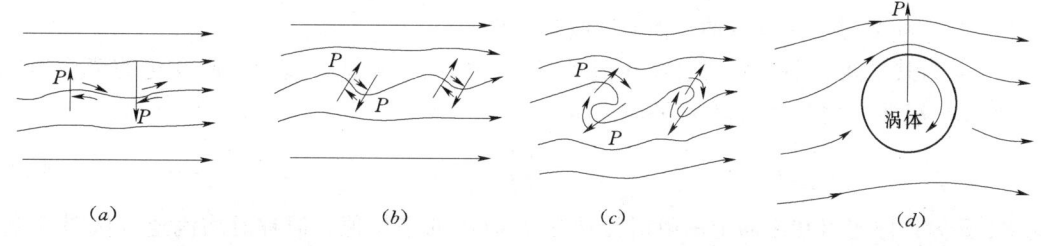

图 4.8

如图4.8（d）所示，涡体在旋转的过程中，旋转方向和上部流速方向一致，和下部流速方向相反。在涡体上部，流速加大而压强变小，下部流速减小而压强增大，产生了上下的一个压差即升力 P，迫使涡体从一个流层进入另一流层而混掺。漩涡的形成并不一定能使层流立即变成为紊流，只有当漩涡本身的惯性作用比黏滞作用大到某一定程度的时候（$Re > Re_k$），漩涡才能发生向其他流层的混掺，形成紊流。

由上述分析可知，产生紊流的条件，首先是水流中有涡体形成；其次是涡体必须脱离原来流层而进入邻层，即水流质点要混掺。

4.4.2 紊流运动的基本特征

前面讲过，紊流内部是由许多大小不等的漩涡组成的，这些无规则运动的漩涡，除了随水流的总趋势向某一方向运动外，其自身还在不停地旋转、震荡。水的各质点便随着这些漩涡运动、旋转、震荡、相互混掺，其运动轨迹非常紊乱，没有规则的几何迹线可寻。即使在恒定流中，某一质点的运动要素（如流速、压强等）的数值也不是常数，而是以某一常数值为中心，随时间不断地波动，如图4.9所示。这种波动现象，称为运动要素的脉动现象。混掺和脉动是紊流运动的基本特征。当我们进行能量方程演示实验或用毕托管在水槽中测量流速时，可以看出玻璃管内的水面不停地上下摆动，这些现象都反映了紊流的运动要素在瞬息变化之中。

图4.9是用专门仪器实测的恒定流[图4.9（a）]与非恒定流[图4.9（b）]时某空间点在水流方向上的瞬时流速随时间而变化的曲线。对上述实测成果进行研究后可以发现，瞬时流速虽然表面看是不断变化的，但是它始终是围绕着某个平均值（如图4.9中的 AB、CD 线）上下波动。当所取的观测时段足够长时，瞬时速度在该时段的平均值线

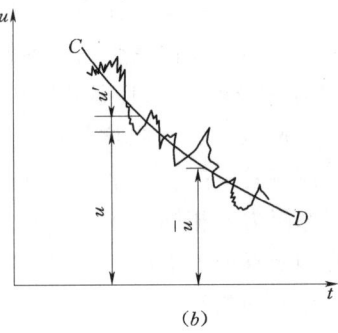

图 4.9

（AB 线）在所取时段是不变的，而 CD 线是变化的。

设 u 为某空间固定点处的水流在流动方向上的瞬时流速，其随时间变化的情况如图 4.9 所示。若将 u 对某一时段 T 平均，即

$$\bar{u} = \frac{1}{T}\int_0^T u\,dt \qquad (4.9)$$

式中：$\bar{u}$ 为该固定点在流向上的瞬时流速在 T 时段的平均值，简称时均流速。从图 4.10 可知，所取的平均值 $\bar{u}$（AB 线），应使此值以上的曲线 $u=f(t)$ 的面积和此值以下的曲线 $u=f(t)$ 的面积相等。如果时段 T 取得太短，则 $\bar{u}$ 值不稳定。只要时段 T 足够长，对恒定流而言，$\bar{u}$ 才是不随时间变化的常数。因此，水文测验中用流速仪测速，一般要求流速仪在测点停留的时间不得少于 100s。

根据时均值的概念，瞬时流速 u 可以看作是时均流速 $\bar{u}$ 和脉动流速 u' 之和，即

$$u = \bar{u} \pm u' \qquad (4.10)$$

脉动流速 u' 是随时间而变化的，时大时小、时正时负，但在较长的时段 T 中，它的时均值为零，即

图 4.10

$$\bar{u}' = \frac{1}{T}\int_0^T u'\,dt = 0 \qquad (4.11)$$

同理可得动水压强 p 也有类似的关系，即

$$\bar{p} = \frac{1}{T}\int_0^T p\,dt$$

$$p = \bar{p} \pm p'$$

$$\bar{p}' = \frac{1}{T}\int_0^T p'\,dt = 0$$

值得注意的是，水流各处的脉动压强是不一样的。河渠中水面附近的水流脉动频率较高，但振幅 u' 值较小；而河底附近，脉动的频率较低，振幅 u' 值较大，如图 4.10 所示。

由紊流运动的分析可知：紊流中不存在真正的恒定流，没有瞬时流线。但从时均运动看，是存在时均恒定流和时均流量的。因此，前面所讲的关于水流运动的一些概念和方程都适用于时均恒定流动。工程实践中，通常对水流的计算都是按时均值考虑的，水流的流量、流速、压强等运动要素都是指它的时均值，只是把"时均"二字略去了，Q、u、p

等字母上面不再加平均号。以后所说紊流中的恒定流,就是指时均恒定流动。

必须指出,对大型工程,只研究时均运动是不够的。因为时均法描述的水流运动,只能表明水流总体(时均)运动的情况,而不能反映脉动运动的影响。例如,水流压强的脉动增大了建筑物的瞬时荷载,还可能引起建筑物的振动,产生空蚀现象;紊流使河渠水流挟带泥沙,引起河床冲刷,而紊流减弱又会使河渠中、下游或水库中泥沙淤积。所以,在研究时均运动的同时,要考虑脉动运动对工程的影响。

4.4.3 紊流的附加切应力

层流运动时,水流质点有条不紊地运动着,因此层流的切应力只有黏滞切应力,其大小可由牛顿内摩擦定律 $\tau = \mu \dfrac{\mathrm{d}u}{\mathrm{d}y}$ 计算。

但紊流运动则不同,除了各流层间因相对运动(黏滞性)而引起的切应力外,还有横向的质点相互混掺碰撞而引起的附加切应力。因此,紊流中的全部切应力 τ 应由黏滞切应力 τ_1 和附加切应力 τ_2 两部分组成,即

$$\tau = \tau_1 + \tau_2 \tag{4.12}$$

紊流黏滞切应力 τ_1 与层流时一样,符合牛顿内摩擦定律,即

$$\tau_1 = \mu \frac{\mathrm{d}u}{\mathrm{d}y} \tag{4.13}$$

式中:$\dfrac{\mathrm{d}u}{\mathrm{d}y}$ 是用时均流速表示的流速梯度。

紊流附加切应力 τ_2,许多学者对其做了大量的研究工作,其中应用较广的是普朗特的动量传递理论。它的基本出发点是脉动引起动量传递,根据这一理论可推导出水流质点混掺时附加切应力 τ_2 的公式为

$$\tau_2 = \rho l^2 \left(\frac{\mathrm{d}u}{\mathrm{d}y}\right)^2 \tag{4.14}$$

式中:ρ 为液体的密度;$\dfrac{\mathrm{d}u}{\mathrm{d}y}$ 为用时均流速表示的流速梯度;l 为混掺长度,与水流质点的自由混掺位移长度成正比。

故紊流时的总切应力为

$$\tau = \tau_1 + \tau_2 = \mu \frac{\mathrm{d}u}{\mathrm{d}y} + \rho l^2 \left(\frac{\mathrm{d}u}{\mathrm{d}y}\right)^2 \tag{4.15}$$

这两种切应力 τ_1 和 τ_2 在紊流总切应力中所占的比重,随雷诺数 Re 的值而变化。当 Re 较小时,水流的紊动较弱,黏滞切应力的比重较大;当 Re 较大时,水流紊动程度剧烈,附加切应力的比重较大。当水流的紊动程度相当充分,如有些天然河槽中的水流,其黏滞切应力已小到可以忽略不计时,则紊流总切应力就等于附加切应力,即

$$\tau = \tau_2 = \rho l^2 \left(\frac{\mathrm{d}u}{\mathrm{d}y}\right)^2 \tag{4.16}$$

4.4.4 紊流的流速分布

在紊流中,由于液体质点之间发生相互混掺,互相碰撞,因而产生了液体内部各质点间的动量交换,动量大的质点将动量传递给动量小的质点,而动量小的质点影响动量大的质点,其结果必然造成了断面流速分布的均匀化。

根据式（4.16），并依据实验资料假定：

（1）在边壁附近，因受边壁的限制，混掺长度与距边壁距离 y 成正比，即
$$l = ky$$
式中：k 为比例常数，亦称卡门常数，由试验确定。对于清水圆管，$k=0.4$；对于河渠，$k=0.5$；对于含有其他介质的水流，k 与介质浓度有关。

（2）在边壁附近的水流，可近似地认为紊流切应力等于边壁上的切应力 τ_0，即
$$\tau = \tau_0 = \rho k^2 y^2 \left(\frac{du}{dy}\right)^2 \tag{4.17}$$

上式可改写成
$$\frac{du}{dy} = \frac{1}{ky}\sqrt{\frac{\tau_0}{\rho}}$$

设 $u_* = \sqrt{\dfrac{\tau_0}{\rho}}$ 称为摩阻流速。因为它具有流速的单位，反映边壁阻力的影响，将上式整理可得
$$du = \frac{u_*}{k}\frac{dy}{y}$$

对上式积分可得流速分布的对数公式为
$$u = \frac{u_*}{k}\ln y + C \tag{4.18}$$

式中：C 为积分常数，由管道或河渠的边界条件确定。

式（4.18）就是流速分布的对数曲线公式。该式说明，在管道或河渠的紊流运动中，其过水断面上的流速是按对数曲线规律分布的，如图 4.11 所示。它比作层流运动时的抛物线规律分布（图中的虚线）均匀得多。

 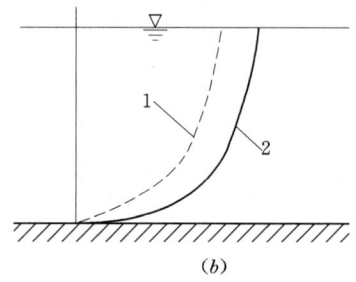

图 4.11
(a) 管道；(b) 明渠
1—层流时抛物线分布；2—紊流时对数曲线分布

式（4.18）虽是在一定的假定条件下推导出来的，但根据试验和实测的结果，适用于整个紊流流区，是水文测验中常用的公式。

4.4.5 紊流中的黏性底层

在紊流中，紧靠固体边界附近的地方，因液体质点受固体边界的限制，不能产生横向运动，没有混掺现象，因此在边界附近有一极薄的流层处于层流状态，通常称该流层为黏性底层或边界层流层，如图 4.12 (a) 所示。在黏性底层外还有一层很薄的过渡层。过渡

层以外的大部分水流才是紊流,称为紊流流核区。

因过渡层对工程的实际意义不大,所以可不加考虑。而黏性底层虽然很薄,但对阻力的影响却极大,因此必须加以研究。

黏性底层处于层流状态,其流速分布应为抛物线。但因其厚度很薄,通常只有十分之几毫米,可以近似地认为该层内的流速按直线分布。黏性底层的厚度用 δ_0 表示,其值可由经验公式计算,即

$$\delta_0 = 32.8 \frac{d}{Re\sqrt{\lambda}} \tag{4.19}$$

式中:λ 为待定的无量纲数。该式表明黏性底层的厚度 δ_0 随雷诺数的增加而减小。

图 4.12

固体边界的表面尽管加工得较平整,但实际上仍是凸凹不平的,将固体表面凸出的高度叫做绝对粗糙度,常用 Δ 表示,如图 4.12 所示。为减少研究问题的难度,认为沿固体表面的 Δ 值是相同的且是均匀分布的。根据黏性底层厚度 δ_0 和绝对粗糙度 Δ 的相对大小,可将固体表面分为以下三类:

(1) Re 较小时,δ_0 比 Δ 大得多。绝对粗糙度完全被黏性底层所掩没,紊流就像在完全光滑的壁面上流动一样,紊流时的沿程水头损失不受绝对粗糙度的影响,如图 4.12 (b) 所示。这种壁面称为水力光滑面。如果是管道,则称为水力光滑管。

(2) 当 Re 较大时,δ_0 比 Δ 小得多时,绝对粗糙度完全暴露在黏性底层之外,伸入至紊流流核区,对紊流时的沿程水头损失将产生显著的影响,如图 4.12 (d) 所示。这种壁面称为水力粗糙面。这样的管道称为粗糙管。

(3) 当 Re 和 Δ 相差不多,Re 值介于以上两者之间的情况时,黏性底层的厚度已不足以完全淹没住绝对粗糙度,绝对粗糙度对紊流时的沿程水头损失还没有起决定性作用,而黏性底层的影响也不能忽略,如图 4.12 (c) 所示。这种壁面称为过渡粗糙面。这样的管道称为过渡粗糙管。

需注意的是,对于某种壁面来说,绝对粗糙度 Δ 值是不变的。而黏性底层的厚度 δ_0 却随雷诺数变化。因此同一个粗糙度的壁面,根据雷诺数的大小,可能是水力光滑面、过渡粗糙面或粗糙面。

4.5 沿程水头损失的分析与计算

4.5.1 沿程水头损失的经验公式

早在200多年以前，人们就已在生产实践中总结出一套计算沿程水头损失 h_f 的经验公式。虽然这些公式在理论上不够完善，但一直在生产实践中被采用，并在一定的范围内满足生产上的需要，所以至今仍在水利工程中被广泛采用。

沿程水头损失计算的经验公式，最常用的是1769年谢才（Chezy）在总结了明渠均匀流的实测资料后提出来的公式，又称谢才公式。其形式为

$$v = C\sqrt{RJ} \tag{4.20}$$

式中：v 为断面平均流速，m/s；R 为水力半径，m；J 为水力坡度，$J=\dfrac{h_w}{l}=\dfrac{h_f}{l}$；$C$ 为谢才系数，$m^{1/2}/s$。

将 $J=\dfrac{h_f}{l}$ 代入式（4.20）得

$$h_f = \dfrac{v^2}{C^2 R}l \tag{4.21}$$

确定谢才系数 C 的公式有：
（1）曼宁公式。

$$C = \dfrac{1}{n}R^{1/6} \tag{4.22}$$

式中：n 为粗糙系数，简称糙率，它是衡量边壁阻力影响的一个综合系数。目前，对 n 值已积累了较多的资料，并普遍为工程界所采用。不同输水渠道边壁的 n 值列于表4.1中，以供查用。

曼宁公式形式简单，计算方便，在管道及较小河渠中应用较广。

将式（4.22）代入式（4.20）中，则谢才公式可变为

$$v = \dfrac{1}{n}R^{2/3}J^{1/2} \tag{4.23}$$

（2）巴甫洛夫斯基公式。

$$C = \dfrac{1}{n}R^y \tag{4.24}$$

式中 y 值可按下式确定：

$$y = 2.5\sqrt{n} - 0.13 - 0.75\sqrt{R}(\sqrt{n} - 0.10)$$

作近似计算时，y 值可用下列简式：

当 $R < 1.0 \text{m}$ 时，$y = 1.5\sqrt{n}$；

当 $R > 1.0 \text{m}$ 时，$y = 1.3\sqrt{n}$。

该式的适用范围为 $0.1 \leqslant R \leqslant 3.0 \text{m}$，$0.011 \leqslant n \leqslant 0.04$。

糙率 n 值，在实际工程中较难确定，如管子有新有旧，有生锈的也有清洁的；天然河道中的糙率更为复杂。因此对 n 值的选取，一定要慎重，对大、中型水利工程可进行有关

试验后再确定其值。

表 4.1　　　　　　　　　粗 糙 系 数 n 值

壁 面 种 类 及 状 况	n	$\frac{1}{n}$
特别光滑的黄铜管、玻璃管，涂有珐琅质或其他釉料的表面	0.009	111
精致水泥浆抹面，安装及连接良好的新制的清洁铸铁管及钢管，精刨木板	0.011	90.9
很好地安装的未刨木板，正常情况下无显著水锈的给水管，非常清洁的排水管，最光滑的混凝土面	0.012	83.3
良好的砖砌体，正常情况的排水管，略有积污的给水管	0.013	76.9
积污的给水管和排水管，中等情况下渠道的混凝土砌面	0.014	71.4
良好的块石圬工，旧的砖砌体，比较粗制的混凝土砌面，特别光滑、仔细开挖的岩石面	0.017	58.8
坚实黏土的渠道，不密实淤泥层（有的地方是中断的）覆盖的黄土、砾石及泥土的渠道，良好养护情况下的大渠道	0.0225	44.4
良好的干砌圬工，中等养护情况的土渠，情况良好的天然河流（河床清洁、顺直、水流通畅、无塌岸及深潭）	0.025	40.0
养护情况在中等标准以下的土渠	0.0275	36.4
情况比较不良的土渠（如部分渠底有水草、卵石或砾石、部分边岸崩塌等），水流条件良好的天然河流	0.030	33.3

【**例 4.3**】　有一混凝土衬砌的矩形渠道，水流作均匀流动，水深 $h=2$m，底宽 $b=6$m，如流动属紊流水力粗糙区，试用各经验公式求谢才系数 C 值。

解：先根据已知条件计算各水力要素。

过水断面面积　　　　　$A = bh = 6 \times 2 = 12 (\text{m}^2)$

湿周　　　　　　　　　$\chi = b + 2h = 6 + 2 \times 2 = 10 (\text{m})$

水力半径　　　　　　　$R = \frac{A}{\chi} = \frac{12}{10} = 1.2 (\text{m})$

根据中等的、没抹灰的混凝土渠道查表 4.1，选 $n = 0.014$。

（1）按曼宁公式。

$$C = \frac{1}{n} R^{\frac{1}{6}} = \frac{1}{0.014} \times 1.2^{\frac{1}{6}} = 73.6 (\text{m}^{1/2}/\text{s})$$

（2）按巴甫洛夫斯基公式。

$$C = \frac{1}{n} R^y$$

而　　　$y = 2.5\sqrt{n} - 0.13 - 0.75\sqrt{R}(\sqrt{n} - 0.1)$

$\quad\quad\quad = 2.5\sqrt{0.014} - 0.13 - 0.75\sqrt{1.2}(\sqrt{0.014} - 0.10)$

$\quad\quad\quad = 0.151$

因而　　　$C = \frac{1}{n} R^y = \frac{1}{0.014} \times 1.2^{0.151} = 73.4 (\text{m}^{1/2}/\text{s})$

4.5.2　沿程水头损失计算的理论公式

前面已建立了均匀流沿程水头损失与边界切应力的关系式为

$$h_f = \frac{l}{R} \cdot \frac{\tau_0}{\gamma}$$

若应用该式求沿程水头损失 h_f，必须先知道 τ_0，因此问题就归结到水流阻力规律的探讨了。

由于水流运动情况的复杂性，目前还不能完全从理论上推得沿程水头损失的计算公式，主要通过试验来解决。根据水流阻力的理论分析和许多水力学家试验研究表明，边界切应力为

$$\tau_0 = \varphi \rho v^2 \qquad (4.25)$$

式中：φ 为比例系数，$\varphi = f\left(Re, \frac{\Delta}{R}\right)$。 $\qquad (4.26)$

将式（4.25）代入式 $h_f = \frac{l}{R}\frac{\tau_0}{\gamma}$，进行变换后可得

$$h_f = \lambda \frac{l}{4R} \frac{v^2}{2g} \qquad (4.27)$$

式（4.27）为均匀流沿程水头损失计算的基本公式，式中 $\lambda = 8\varphi$，因该式最早是由达西和魏斯巴哈根据试验结果提出的，所以常称达西—魏斯巴哈公式。

对于圆管，水力半径 $R = \frac{d}{4}$，即 $d = 4R$，故式（4.27）也可写成

$$h_f = \lambda \frac{l}{d} \frac{v^2}{2g} \qquad (4.28)$$

令

$$\lambda = \frac{8g}{C^2} \quad \text{或} \quad C = \sqrt{\frac{8g}{\lambda}}$$

谢才公式与达西公式其实是一致的，只是表现形式不同，通过以下数学推导可以说明这一点，即式（4.27）可改写成

$$h_f = \frac{8g}{C^2} \frac{l}{4R} \frac{v^2}{2g} = \frac{v^2}{C^2 R} l$$

则式（4.28）就成为式（4.21）的形式。

式（4.27）和式（4.28）是在均匀流条件下建立的，所以只要是在均匀流下的层流和紊流都适用。由于水流流动形态的不同对沿程水头损失的影响，在沿程阻力系数 λ 中得到反映，所以称沿程水头损失计算的理论公式为通用公式，又称达西—魏斯巴哈公式。

【例 4.4】 试求直径 $d = 200$mm、长度 $l = 1000$m 的铸铁管在流量 $Q = 50$L/s 时的水头损失。

解： 已知直径 $d = 200$mm $= 0.2$m，流量 $Q = 50$L/s $= 0.05$m³/s，则可求水力要素。

$$A = \frac{\pi}{4} d^2 = 0.785 \times 0.2^2 = 0.0314 (\text{m}^2)$$

$$v = \frac{Q}{A} = \frac{0.05}{0.0314} = 1.6 (\text{m/s})$$

$$R = \frac{d}{4} = \frac{0.2}{4} = 0.05 (\text{m})$$

根据中等粗糙程度的铸铁管，由表 4.1 查得 $n = 0.0125$，所以

$$C = \frac{1}{n} R^{1/6} = \frac{1}{0.0125} \times 0.05^{1/6} = 48.5 (\mathrm{m}^{1/2}/\mathrm{s})$$

$$\lambda = \frac{8g}{C^2} = \frac{8 \times 9.8}{48.5^2} = 0.0333$$

$$h_f = \lambda \frac{l}{d} \frac{v^2}{2g} = 0.0333 \times \frac{1000}{0.2} \times \frac{1.6^2}{19.6} = 21.8 (\mathrm{m})$$

若不求 λ 值，在求得 C 值后，根据式（4.21），则

$$h_f = \frac{v^2}{C^2 R} l = \frac{1.6^2}{48.5^2 \times 0.05} \times 1000 = 21.8 (\mathrm{m})$$

4.5.3 沿程阻力系数的分析与确定

沿程阻力系数 λ 的变化规律，可由试验成果分析得出，试验装置如图 4.13 所示。试验要求水箱内水位应保持某一高度不变，量测段 AB 的两个断面距管道的阀门应有一定距离，并在 AB 段两端设置测压管。首先测出管长 l 及管径 d，用管道末端阀门来调节管流量并用体积法测算流量。

图 4.13

试验时，先打开阀门调节流量，当水流稳定后，可由比压计读数，得到相应于某一流量下的两断面间的测压管水头差 Δh。

因 AB 段管径不变，所示 A、B 断面流速相等，没有局部水头损失。根据能量方程可得

$$h_\omega = h_f = \left(Z_A + \frac{p_A}{\gamma}\right) - \left(Z_B + \frac{p_B}{\gamma}\right) = h_1 - h_2 = \Delta h$$

上式说明了 A、B 两断面间的沿程水头损失 h_f 在数值上就等于两断面间的测压管水头差 Δh。根据实测的 h_f、l、d 和 Q 值，就可计算出 λ 值。对不同相对粗糙度 $\frac{\Delta}{d}$ 的管道，在不同流量下进行试验，可得到相应的沿程阻力系数 λ 值。

$$\lambda = \frac{h_f}{\frac{l}{d} \frac{v^2}{2g}} = \frac{h_f}{\frac{l}{d} \frac{Q^2}{2gA^2}}$$

为了探讨沿程阻力系数 λ 的变化规律，1933 年尼库拉兹采用人工均匀粗糙管通过试验来确定 λ 随 Re 及相对粗糙度 $\frac{\Delta}{d}$ 的变化规律。后来蔡格士达对人工矩形渠槽也做了类似的

试验。1944年,摩迪对实际工业管道进行了试验研究,并绘制了系数 λ 与 Re、$\dfrac{\Delta}{d}$ 的关系曲线,简称摩迪图,如图 4.14 所示。

图 4.14

该图的纵坐标为 λ,横坐标为 Re,参变量相对粗糙度用 $\dfrac{\Delta}{d}$ 表示,d 为管道直径。上述这些试验结果都表明:在管道(或明渠)中流动的液体随着雷诺数 Re 和相对粗糙度 $\dfrac{\Delta}{d}$(或 $\dfrac{\Delta}{R}$)的不同,出现层流区、紊流水力光滑区、紊流过渡区和紊流粗糙区等四个不同的流区,如图 4.15 所示。在不同的流区中,系数 λ 遵循着不同的规律。现以圆管为例,结合摩迪图加以说明并给出系数 λ 计算的经验公式。

(1)层流区($Re<2320$)。在 $Re<2320$ 时,各种相对粗糙度的试验点都集中在同一条直线上,整个断面水流都是层流,壁面绝对粗糙度 Δ 完全淹没在层流中。这说明层流时 λ 只与 Re 有关,而与 $\dfrac{\Delta}{d}$ 无关,即 $\lambda = f(Re)$。

$$\lambda = \frac{64}{Re} \tag{4.29}$$

这与层流理论得出的 λ 公式完全一致。因为 $Re = \dfrac{vd}{\nu}$,所以

$$h_f = \lambda \frac{l}{d} \frac{v^2}{2g} \propto v^{1.0}$$

这说明,在层流中沿程水头损失与断面平均流速的一次方成正比。

4.5 沿程水头损失的分析与计算

图 4.15

层流进入紊流的过渡区，称为临界区。此区试验点较乱，因它的范围很窄，实用意义不大。

(2) 紊流水力光滑区 $\left(\dfrac{\Delta}{\delta_0}<0.4\right)$。该区又称水力光滑管，这时的水流形态是紊流，但相对粗糙度 $\dfrac{\Delta}{d}$ 较小的一些试验点都聚集在一条曲线上，这说明 $\dfrac{\Delta}{d}$ 对 λ 仍没有影响，即 $\lambda = f(Re)$。

当 $Re < 10^5$ 时，常用伯拉休斯公式计算

$$\lambda = \dfrac{0.3164}{Re^{1/4}} \tag{4.30}$$

Re 较大时，可用普朗特公式计算

$$\dfrac{1}{\sqrt{\lambda}} = 2\lg(Re\sqrt{\lambda}) - 0.8 \tag{4.31}$$

由试验曲线可以看出，相对粗糙度较大的管道不出现此流区，相对粗糙度较小的管道，在 Re 较高时才离开此区。这时

$$h_f = \lambda \dfrac{l}{d} \dfrac{v^2}{2g} \propto v^{1.75}$$

即在紊流水力光滑区，水头损失与断面平均流速的 1.75 次方成正比。

(3) 紊流过渡区 $\left(0.4<\dfrac{\Delta}{\delta_0}<6\right)$。该区左边以光滑区为界，右边以虚线为界。由图 4.15 可见，不同相对粗糙度的试验点分属各自的曲线。这说明 λ 随 Re 及 $\dfrac{\Delta}{d}$ 而变化，即 $\lambda = f\left(Re, \dfrac{\Delta}{d}\right)$。这是因为随着流速增大，即雷诺数的增大，水流紊动加剧，δ_0 已不能完全遮盖 Δ，所以 Δ 的大小直接影响紊流核心区的流动。这时

$$h_f = \lambda \dfrac{l}{d} \dfrac{v^2}{2g} \propto v^{1.75 \sim 2.0}$$

即水头损失与断面平均流速的 1.75～2.0 次方成正比。系数 λ 通常根据柯列布鲁克—怀特经验公式计算

$$\frac{1}{\sqrt{\lambda}} = -2\lg\left(\frac{\Delta}{3.7d} + \frac{2.51}{Re\sqrt{\lambda}}\right) \tag{4.32}$$

式 (4.32) 适用范围为 $3000 < Re < 10^6$。

(4) 紊流粗糙区 $\left(\frac{\Delta}{\delta_0} > 6\right)$。该区在虚线的右方，是一组接近水平的直线，不同相对粗糙度的试验点分别位于不同的水平直线上。这说明 λ 与 Re 无关，只与 $\frac{\Delta}{d}$ 有关，即 $\lambda = f\left(\frac{\Delta}{d}\right)$。因为这时流速和雷诺数都相当大，水流紊动激烈，黏性作用相对很小。该区沿程阻力系数常用尼库拉兹经验公式计算

$$\lambda = \frac{1}{\left[2\lg\left(3.7\frac{d}{\Delta}\right)\right]^2} \tag{4.33}$$

上式适用于 $Re > \frac{382}{\sqrt{\lambda}}\left(\frac{r_0}{\Delta}\right)$，$r_0$ 为管道半径。

因 λ 与 Re 无关，所以

$$h_f = \lambda \frac{l}{d}\frac{v^2}{2g} \propto v^2$$

由于沿程水头损失与断面平均流速的平方成正比。因此，水力粗糙区又称为阻力平方区。

人工砂粒可用砂粒直径来代表绝对粗糙度。但实际管道壁面的绝对粗糙度是不均匀的，也无法直接进行量测。通常的办法是通过管子的沿程水头损失试验，将试验结果与人工砂粒加糙结果比较，把具有同一沿程阻力系数 λ 值的砂粒粗糙度作为实际管子的当量粗糙度。表 4.2 是基谢列夫提供的当量粗糙值，可供使用。

表 4.2 当 量 粗 糙 度 Δ

序号	边界条件	当量粗糙度 Δ (mm)	序号	边界条件	当量粗糙度 Δ (mm)
1	铜或玻璃的无缝管	0.0015～0.01	8	磨光的水泥管	0.33
2	涂有沥青的钢管	0.12～0.24	9	未刨光的木槽	0.35～0.7
3	白铁皮管	0.15	10	旧的生锈金属管	0.60
4	一般状况的钢管	0.19	11	污秽的金属管	0.75～0.97
5	清洁的镀锌铁管	0.25	12	混凝土初砌渠道	0.8～9.0
6	新的生铁管	0.25～0.4	13	土渠	4～11
7	木管或清洁的水泥面	0.25～1.25	14	卵石河床（$d=70\sim80$mm）	30～60

【例 4.5】 某水电站引水管采用新铸铁管，管长 $l=100$m，管径 $d=250$mm。试计算当管道引水流量 $Q=50$L/s 时的沿程水头损失 h_f 与水力坡度 J（水温为 20℃）。

解： 当 $Q=50\times 10^{-3} \mathrm{m^3/s}$，流速 $v = \dfrac{Q}{\dfrac{1}{4}\pi d^2} = \dfrac{50\times 10^{-3}}{\dfrac{3.14}{4}(0.25)^2} = 1.02(\mathrm{m/s})$

当水温为 20℃ 的运动黏滞性系数 $\nu=1.011\times 10^{-6}\mathrm{m^2/s}$，则

$$Re = \frac{vd}{\nu} = \frac{1.02\times 0.25}{1.011\times 10^{-6}} = 2.52\times 10^5$$

因 $Re>2320$，为紊流。

由表 4.2 看出，一般钢管的当量粗糙度为 $0.25\sim 0.4\mathrm{mm}$，近似取 $\Delta=0.3\mathrm{mm}$，由 $\dfrac{\Delta}{d}=\dfrac{0.3}{250}=0.0012$ 及 $Re=2.52\times 10^5$，查摩迪图 4.14 得 $\lambda=0.021$。

求出 λ 值后，可得沿程水头损失为

$$h_f = \lambda \frac{l}{d}\frac{v^2}{2g} = 0.021\times \frac{100}{0.25}\times \frac{1.02^2}{2\times 9.8} = 0.446(\mathrm{m})$$

水力坡度 $$J = \frac{h_f}{l} = \frac{0.446}{100} = 0.00446$$

4.6 局部水头损失的分析与计算

前面已经介绍，由于水流边界突然变化，水流随着发生剧烈变化而引起的水头损失，称为局部水头损失。边界突然变化的形式是多种多样的，但在水流结构上具有以下两个特点：

（1）水流边界突变处，水流因受惯性作用，主流脱离边界，在主流与边界之间产生漩涡。漩涡的分裂和互相摩擦要损失大量的机械能，因此，漩涡区的大小和漩涡的强度直接影响局部水头损失的大小。

（2）流速分布的急剧改变。由于主流脱壁形成漩涡区，主流受到压缩，随着主流沿程不断扩散，流速分布急剧改变。如图 4.16（a）所示为一突然扩大的圆管，断面 1—1 的流速分布图，经过不断改变，约经距离 $(5\sim 8)d_2$ 以后在断面 2—2 上才接近于下游正常

图 4.16

水流的流速分布图。在流速改变的过程中，液体质点间的位置不断相互调整，由此造成水流内部相对运动的加强，液体碰撞、摩擦作用加剧，从而造成较大的能量损失。

局部水头损失的计算用理论来解决是有很大难度的，因为在急变流情况下，作用在边界上的动水压强不易计算。目前还只能用试验方法来解决。通常的方法是用一个系数和流速水头的乘积来计算局部水头损失，即

$$h_j = \zeta \frac{v^2}{2g} \tag{4.34}$$

式中：局部水头损失系数 ζ 值由试验测定；v 为发生局部水头损失以后（或以前）的断面平均流速。查资料时必须注意，有些资料在给出 ζ 值时已注明相应的流速位置。若不加特殊标明者，ζ 值通常指相应于发生局部阻力后的流速而言。

现将管道及明渠中常用的一些局部水头损失系数 ζ 值列于表 4.3 中，供使用时参考。

表 4.3　局部水头损失系数 ζ 值（公式：$h_j = \zeta \frac{v^2}{2g}$，式中 v 如图说明）

名称	简图		局部水头损失系数 ζ 值								
断面突然扩大			$\zeta' = \left(1 - \frac{A_1}{A_2}\right)^2$ （应用公式 $h_j = \zeta' \frac{v_1^2}{2g}$） $\zeta'' = \left(\frac{A_2}{A_1} - 1\right)^2$ （应用公式 $h_j = \zeta'' \frac{v_2^2}{2g}$）								
断面突然缩小			$\zeta = 0.5\left(1 - \frac{A_2}{A_1}\right)$								
进口		完全修圆	0.05～0.10								
		稍微修圆	0.20～0.25								
		没有修圆	0.50								
出口		流入水库（池）	1.0								
		流入明渠	A_1/A_2	0.1	0.2	0.3	0.4	0.5	0.6	0.7	0.8	0.9
			ζ	0.81	0.64	0.49	0.36	0.25	0.16	0.09	0.04	0.01
急转弯管		圆形	α (°)	30	40	50	60	70	80	90		
			ζ	0.20	0.30	0.40	0.55	0.70	0.90	1.10		
		矩形	α (°)	15	30	45	60	90				
			ζ	0.025	0.11	0.26	0.49	1.20				

4.6 局部水头损失的分析与计算

续表

名称	简图		局部水头损失系数 ζ 值											
弯管	(90°弯管图)	90°	R/d	0.5	1.0	1.5	2.0	3.0	4.0	5.0				
			$\zeta_{90°}$	1.20	0.80	0.60	0.48	0.36	0.30	0.29				
	(任意角度弯管图)	任意角度	\multicolumn{13}{l}{$\zeta_\alpha = a\zeta_{90°}$}
			α (°)	20	30	40	50	60	70	80	90	100	120	140	160	180
			a	0.40	0.55	0.65	0.75	0.83	0.88	0.95	1.00	1.05	1.13	1.20	1.27	1.33

闸阀（圆形管道）

当全开时（$a/d=1$）

d (mm)	15	20~50	80	100	150	200~250
ζ	1.5	0.5	0.4	0.2	0.1	0.08

d (mm)	300~450	500~800	900~1000
ζ	0.07	0.06	0.05

当各种开启度时

a/d	7/8	6/8	5/8	4/8	3/8	2/8	1/8
$A_{开启}/A_{总}$	0.948	0.856	0.740	0.609	0.466	0.315	0.159
ζ	0.15	0.26	0.81	2.06	5.52	17.0	97.8

截止阀 全开：4.3~6.1

莲蓬头（滤水网）

无底阀：2~3

有底阀：

d (mm)	40	50	75	100	150	200	250	300	350	400	500	750
ζ	12	10	8.5	7.0	6.0	5.2	4.4	3.7	3.4	3.1	2.5	1.6

平板门槽：0.05~0.20

拦污栅：

$$\zeta = \beta \left(\frac{S}{b}\right)^{4/3} \sin\alpha$$

式中 S—栅条宽度；
　　b—栅条间距；
　　α—倾角；
　　β—栅条形状系数，用下表确定。

栅条形状	1	2	3	4	5	6
β	2.42	1.83	1.67	1.035	0.92	0.76

【例 4.6】 从水箱接出一管路，布置如图 4.17 所示。若已知：$d_1=150$m，$l_1=25$m，$\lambda_1=0.037$，$d_2=125$mm，$l_2=10$m，$\lambda_2=0.039$。闸阀开度 $a/d_2=0.5$，需要输送流量 $Q=25$L/s，求：(1) 沿程水头损失 h_f；(2) 局部水头损失 h_j；(3) 水箱的水面高 H 的大小。

图 4.17

解：(1) 沿程水头损失。

第一段　　　　　$Q=25\text{L/s}=0.025\text{m}^3/\text{s}$

断面平均流速

$$v_1=\frac{Q}{A_1}=\frac{Q}{\frac{\pi}{4}d_1^2}=\frac{4\times0.025}{3.14\times0.15^2}=1.42(\text{m/s})$$

$$h_{f1}=\lambda_1\frac{l_1}{d_1}\frac{v_1^2}{2g}=0.037\times\frac{25}{0.15}\times\frac{1.42^2}{19.6}=0.63(\text{m})$$

第二段　　$$v_2=\frac{Q}{A_2}=\frac{Q}{\frac{\pi}{4}d_2^2}=\frac{4\times0.025}{3.14\times0.125^2}=2.04(\text{m/s})$$

$$h_{f2}=\lambda_2\frac{l_2}{d_2}\frac{v_2^2}{2g}=0.039\times\frac{10}{0.125}\times\frac{2.04^2}{19.6}=0.66(\text{m})$$

(2) 局部水头损失。

1) 进口损失。由于进口没有修圆，由表 4.3 查得 $\zeta_{进口}=0.5$，故

$$h_{j1}=\zeta_{进口}\frac{v_1^2}{2g}=0.5\times\frac{1.42^2}{19.6}=0.051(\text{m})$$

2) 缩小损失。根据 $\left(\frac{A_2}{A_1}\right)=\left(\frac{d_2}{d_1}\right)^2=\left(\frac{0.125}{0.15}\right)^2=0.695$，查表 4.3 知

$$\zeta_{缩小}=0.5\times\left(1-\frac{A_2}{A_1}\right)=0.15$$

$$h_{j2}=\zeta_{缩小}\frac{v_2^2}{2g}=0.15\times\frac{2.04^2}{19.6}=0.032(\text{m})$$

3) 闸阀损失。由于闸阀半开，即 $a/d_2=0.5$，由表 4.3 查得 $\zeta_{阀}=2.06$，故

$$h_{j3}=\zeta_{阀}\frac{v_2^2}{2g}=2.06\times\frac{2.04^2}{19.6}=0.436(\text{m})$$

因此，总的沿程水头损失为

$$\sum h_f=h_{f1}+h_{f2}=0.63+0.66=1.29(\text{m})$$

总的局部水头损失为

$$\sum h_j=h_{j1}+h_{j2}+h_{j3}=0.051+0.032+0.436=0.519(\text{m})$$

输水所需要的水头，根据大水箱与管出口列能量方程得

$$H=\sum h_f+\sum h_j+\frac{v_2^2}{2g}=1.29+0.519+0.212=2.02(\text{m})$$

【例 4.7】 如图 4.18 所示，中间用钢筋混凝土管连接的两水位不同的水池，已知管长 $l=100$m，管径 $d=1.5$m，两水池的水位差 $z=2.5$m，求管中通过的流量 Q。

解：以下游水池的水面为基准面，在两水池内各取一过水断面 1—1 和断面 2—2。由于水池内的过水断面很大，流速很小，其流速水头 $\frac{\alpha_1 v_1^2}{2g}$ 和 $\frac{\alpha_2 v_2^2}{2g}$ 可以忽略不计，则对断面 1—1 和断面 2—2 列能量方程得 $z = h_w = h_f + \sum h_j$，沿程水头损失可用式（4.21）计算，即

图 4.18

$$h_f = \frac{v^2}{C^2 R} l = \frac{2g}{C^2} \frac{l}{R} \frac{v^2}{2g}$$

局部水头损失有进口损失 $h_{j1} = \zeta_{进口} \frac{v^2}{2g}$ 和出口损失 $h_{j2} = \zeta_{出口} \frac{v^2}{2g}$，代入能量方程中，得

$$z = \zeta_{进口} \frac{v^2}{2g} + \zeta_{出口} \frac{v^2}{2g} + \frac{2g}{C^2} \frac{l}{R} \frac{v^2}{2g} = \left(\zeta_{进口} + \zeta_{出口} + \frac{2gl}{C^2 R}\right) \frac{v^2}{2g}$$

则管中流速为

$$v = \frac{\sqrt{2gz}}{\sqrt{\zeta_{进口} + \zeta_{出口} + \frac{2gl}{C^2 R}}}$$

流量为流速与过水断面面积（$A = \frac{\pi}{4} d^2$）的乘积，则流量的计算公式为

$$Q = \frac{\pi}{4} d^2 \frac{\sqrt{2gz}}{\sqrt{\zeta_{进口} + \zeta_{出口} + \frac{2gl}{C^2 R}}}$$

查表 4.3 得 $\zeta_{进口} = 0.5$，$\zeta_{出口} = 1.0$。对钢筋混凝土管，取 $n = 0.014$，$R = d/4 = 0.375$，因而

$$C = \frac{1}{n} R^{\frac{1}{6}} = \frac{1}{0.014} \times 0.375^{\frac{1}{6}} = 60.66 (\text{m}^{1/2}/\text{s})$$

$$\frac{2gl}{C^2 R} = \frac{19.6 \times 100}{60.66^2 \times 0.375} = 1.42$$

将上述已知数值代入流量公式得

$$Q = \frac{\pi}{4} d^2 \frac{\sqrt{2gz}}{\sqrt{\zeta_{进口} + \zeta_{出口} + \frac{2gl}{C^2 R}}} = \frac{3.14}{4} \times 1.5^2 \times \frac{\sqrt{19.6 \times 2.5}}{\sqrt{0.5 + 1 + 1.42}} = 7.24 (\text{m}^3/\text{s})$$

习 题

4.1 产生水头损失的原因是什么？

4.2 水头损失是怎样分类的？

4.3 为什么要研究水流的形态？怎样判别层流和紊流？

4.4 管流和明渠的雷诺数分别是怎样表示的？它们的临界雷诺数分别是多少？

4.5 何谓紊流脉动现象？紊流有脉动现象，但又有恒定流，两者有无矛盾？为什么？

4.6 为什么在用流速仪测定某点的流速时，流速仪在测点停留的时间要长一些？

4.7 紊流的流区是怎样划分的？它是用什么来判别的？

4.8 当输水管的流量一定时,随管径的加大,雷诺数是加大还是减少?

4.9 有一圆形输水管的直径为 1.0cm,管中水流的断面平均流速 v 为 0.25m/s,水温为 10℃,试判别水流流态。若直径为 2.5cm,水温和断面平均流速不变,管中的流态又怎样?

4.10 水管直径为 100mm,管中流速为 1.0m/s,水温为 10℃,试判断流态,并求流态改变时的流速。

4.11 某矩形水槽,底宽为 0.2m,水深为 0.15m,流速为 0.5m/s,水温为 20℃,试判别流态。

4.12 工地生活用水,用直径 $d=15$cm 的铸铁圆管引水,长 $l=500$m,当水温为 20℃ 时,通过流量 $Q=35$L/s,试计算该管的沿程水头损失。

4.13 混凝土衬砌的压力隧洞,直径 $d=5$m,通过流量 $Q=200$m³/s,长度 $l=500$m,试计算其沿程水头损失。

图 4.19

4.14 某浆砌块石护面的矩形渠道,糙率 $n=0.014$,底宽 $b=6$m,水深 $h=3.2$m,水力坡降 $J=1/4000$,试计算该渠道的流速和流量。

4.15 为测定 90° 弯管的局部阻力系数 ζ,可采用如图 4.19 所示的装置。已知 AB 管断长为 10m,管径 $d=50$mm,弯管曲率半径 $R=d$,该管段的沿程水头损失系数 $\lambda=0.03$,今测得实验数据:①A、B 两端测压管水头差为 0.629m;②经 2min 流入水箱的水量为 0.329m³。试求弯管的局部水头损失系数 ζ 值。

4.16 如图 4.20 为一水塔输水管路,已知铸铁管的管长 $l=250$m,管径 $d=100$mm,管路进口为直角进口,有一个弯头和一个闸阀,弯头的局部损失系数 $\zeta_{弯}=0.8$,当闸门全开时,管路出口流速 $v=1.6$m/s,求水塔水面高度 H。

图 4.20

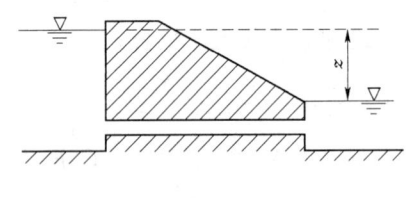

图 4.21

4.17 某水库的混凝土放水涵管,进口为直角进口,管径 $d=1.5$m,管长 $l=50$m,上下游水面差 $z=8$m,如图 4.21 所示,当管道出口的河道中流速仅为管中流速的 0.2 倍时,求管中通过的流量 Q。

学习单元5 有压管流水力计算

知识内容要求：能熟练陈述管流的类型与构造；能熟练陈述管流水力计算的类型、原理、方法、步骤；能熟练陈述管流测压管水头线与总水头线的绘制原理及方法。

能力与素质要求：能对不同管流进行水力计算，确定泄流量、断面尺寸、压强等；能准确绘制不同管流的测压管水头线与总水头线，为工程设计提供参考；能够指导管道的设计与施工。

5.1 管流认知

5.1.1 有压管流的概念

在水利工程和日常生活中，为了输水常需要设置各种管道，如为了农田灌溉和生活用水而修建的抽水（水泵）站管道、水电站的引水管道或引水隧洞、水库的有压泄洪隧洞、放水管以及虹吸管和倒虹吸管等。这种充满整个管道断面的水流，称为有压管流。有压管流的特征是没有自由水面，管中过水断面任一点的动水压强一般都不等于大气压强，管道边壁上的各点都受到水流动水压强的作用，因此，有压管流又称为压力流。输送压力流的管道叫做压力管道。如果管内存在自由水面，即水只占有管道断面的一部分，如城市雨水、污水排水管、涵管等，这种管道为无压管道，无压管道中的水流叫做无压流，无压流当作明渠水流研究。压力管道的水流又分恒定流和非恒定流两种。本单元重点讨论有压管流的恒定流水力计算问题。

5.1.2 恒定有压管流的分类

根据管道出口水流特点，有压管流可分为自由出流和淹没出流两种出流形式。自由出流指管道出口水流流入大气中；淹没出流指管道出口在下游水面以下。

实际工程中的有压管道，根据其布置情况可分为简单管路和复杂管路。简单管路是指管径和糙率不变，无分支，流量在管路的全程上保持不变的管路，如图5.1所示。复杂管路是指由两根以上的管道所组成的管路，它又可分为串联管道、并联管道、分支管道及环状管网，如图5.2所示。

图5.1

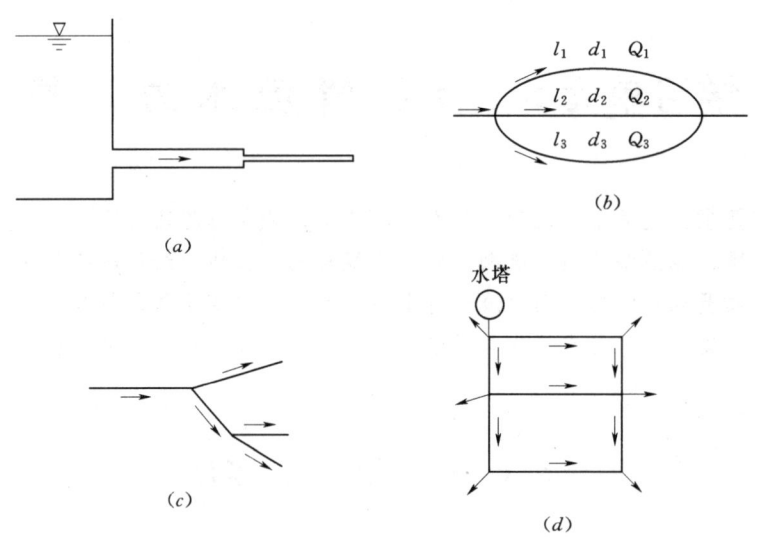

图 5.2

根据压力管道中水流的沿程水头损失、局部水头损失及流速水头所占比重的大小，将有压管道分为长管及短管两类：长管是指水头损失以沿程水头损失为主，其局部水头损失和流速水头值很小（两项之和只占沿程水头损失的 5% 以下），计算时可以忽略不计的管道；短管是指管道中局部水头损失和流速水头值较大（约占沿程水头损失的 5% 以上），计算时不能忽略的管道。必须注意，长管和短管并不是从管道的长短来区分的。如果没有忽略局部水头损失及流速水头的充分依据，应按短管计算，以免造成错误。通常情况下，水泵的吸水管、虹吸管、倒虹吸管、坝内泄水管等，都应按短管计算；一般自来水管、喷灌水管可视为长管。

5.1.3 有压管流水力计算的基本任务

压力管道水力计算，主要有以下几个方面的问题：

（1）管道输水能力的计算。在给定水头、管线布置和断面尺寸的情况下，计算管道通过的流量。

（2）当管线布置、管道尺寸和输水能力一定时，计算水头损失，即要求确定通过一定流量时所必需的水头。

（3）管线布置、作用水头已定，当要求输送一定流量时，计算所需的断面尺寸（圆形管道即计算管道直径）。

（4）给定断面尺寸、作用水头和流量，要求确定管道各断面压强的大小。

5.2 简单短管水力计算

5.2.1 简单短管水力计算的基本公式

前面已经介绍，简单管路的水力计算可分为自由出流和淹没出流两种情况。

1. 自由出流

如图 5.3 所示为一短管自由出流。以通过管道出口断面中心点的水平面作为基准面

5.2 简单短管水力计算

图 5.3

0—0，对断面 1—1 和断面 2—2 列能量方程式

$$H + \frac{p_1}{\gamma} + \frac{\alpha_1 v_1^2}{2g} = 0 + \frac{p_2}{\gamma} + \frac{\alpha_2 v_2^2}{2g} + h_w$$

上式中，$p_1 = p_2 = p_a$，令 $\alpha_1 = \alpha_2 = 1.0$，$v_1 = v_0$，$v_2 = v$，并以总水头 $H_0 = H + \frac{\alpha v_0^2}{2g}$ 代入上式得

$$H_0 = \frac{v^2}{2g} + h_w$$

该式表明管道的总水头 H_0 的一部分转化为出口的流速水头；另一部分则在流动过程中形成水头损失。

又因

$$h_w = h_f + \sum h_j = \left(\lambda \frac{l}{d} + \sum \zeta\right) \frac{v^2}{2g}$$

故

$$H_0 = \frac{v^2}{2g} + \left(\lambda \frac{l}{d} + \sum \zeta\right) \frac{v^2}{2g} \tag{5.1}$$

式中：v_0 为上游水池中的流速，称为行近流速；H 为管路出口断面中心与上游水池水面的高差，称为水头；H_0 为包括行近流速水头在内的总水头。

于是从式（5.1）中可得管道断面平均流速为

$$v = \frac{1}{\sqrt{1 + \lambda \frac{l}{d} + \sum \zeta}} \sqrt{2gH_0} \tag{5.2}$$

设管道过水断面面积为 A，则管道通过的流量为

$$Q = Av = \frac{1}{\sqrt{1 + \lambda \frac{l}{d} + \sum \zeta}} A \sqrt{2gH_0}$$

令 $\mu_c = \dfrac{1}{\sqrt{1 + \lambda \frac{l}{d} + \sum \zeta}}$，称为管道的流量系数，则上式又可写为

$$Q = \mu_c A \sqrt{2gH_0} \tag{5.3}$$

式（5.3）就是短管自由出流的流量计算公式，它表达了短管的过水能力、作用水头和阻力的相互关系。

行近流速如很小,$\frac{v_0^2}{2g}$ 可忽略不计,则式(5.3)可写为

$$Q = \mu_c A \sqrt{2gH} \tag{5.4}$$

2. 淹没出流

图 5.4 所示为一短管淹没出流。以下游水面为 0—0 基准面,对断面 1—1 和断面 2—2 列能量方程,得

图 5.4

$$Z + \frac{p_1}{\gamma} + \frac{\alpha_0 v_0^2}{2g} = 0 + \frac{p_2}{\gamma} + \frac{\alpha_2 v_2^2}{2g} + h_w$$

式中:$p_1 = p_2 = p_a$,令 $Z_0 = Z + \frac{\alpha_0 v_0^2}{2g}$,当断面 2—2 面积较大时,$\frac{\alpha_2 v_2^2}{2g}$ 可以忽略不计,则得

$$Z_0 = h_w \tag{5.5}$$

式(5.5)说明,短管在淹没出流时,它的上下游水头差 Z_0 全部消耗在沿程水头损失和局部水头损失上。

将 $h_w = h_f + \sum h_j = (\lambda \frac{l}{d} + \sum \zeta) \frac{v^2}{2g}$ 代入式(5.5),整理后得管中流速为

$$v = \frac{1}{\sqrt{\lambda \frac{l}{d} + \sum \zeta}} \sqrt{2gZ_0} \tag{5.6}$$

故流量等于

$$Q = \mu_c A \sqrt{2gZ_0} \tag{5.7}$$

式中:$\mu_c = \frac{1}{\sqrt{\lambda \frac{l}{d} + \sum \zeta}}$,亦称短管淹没出流的流量系数。

当行近流速水头很小可忽略不计时,则式(5.7)可写成

$$Q = \mu_c A \sqrt{2gZ} \tag{5.8}$$

式(5.7)和式(5.8)就是短管淹没出流的流量计算公式。

自由出流和淹没出流的不同之处在于:自由出流时的水头 H 为管道出口断面中心至上游水面的高差,而淹没出流时的水头 Z 则为上、下游水面高差。它们的计算公式,形式上都是一样的。

5.2.2 总水头线和测压管水头线的绘制

在有压管流中,一般情况下管内动水压强不应出现负值,以避免空蚀破坏危及管道安全。因此在管道设计中必须计算各断面压强,绘制出管线的测压管水头线,以便了解并控制各断面上的压强大小。

1. 绘制总水头线和测压管水头线的方法步骤

(1)已知各管段的流量 Q_i,计算相应的流速 v_i、沿程水头损失 h_{fi} 和局部水头损 h_{ji}。第 i 控制断面前后的总水头为

$$H_{i前} = H_{(i-1)后} - h_{fi}$$

$$H_{i后} = H_{i前} - h_{ji}$$

(2) 自管道进口至出口,计算出每一管段两端控制断面的总水头值,并绘出总水头线。

(3) 因为任一断面的测压管水头总比总水头低一个流速水头值,即

$$\left(Z + \frac{p}{\gamma}\right)_i = \left(Z + \frac{p}{\gamma} + \frac{\alpha v^2}{2g}\right)_i - \frac{\alpha v_i^2}{2g} = H_i - \frac{\alpha v_i^2}{2g}$$

所以在绘出总水头线后,由各断面的总水头减去相应断面的流速水头,即可得到测压管水头线。

当然也可以直接算出各断面的测压管水头值。如图 5.5 所示,以管道出口中心的水平面为基准面,管道进口前的总水头为 H_0,由进口至任一断面 i 之间的水头损失为 h_{wi},该断面的平均流速为 v_i,位置高度为 Z_i,则由能量方程可得任一断面 i 的测压管水头

$$Z_i + \frac{p_i}{\gamma} = H_0 - h_{wi} - \frac{\alpha v_i^2}{2g} \tag{5.9}$$

算出各断面的测压管水头后,即可给出管道的测压管水头线。

图 5.5

2. 绘制总水头线和测压管水头线应注意的问题

(1) 在等直径管中测压管水头线与总水头线相互平行。

(2) 等直径管段的沿程水头损失 h_f 沿程是均匀分布的。局部水头损失 h_j 实际上产生于局部管段上,但为了绘制上的方便,假设 h_j 集中产生在该局部边界突变的概化断面上,因此在该断面上有两个总水头值,一个是局部损失前的,一个是局部损失后的。

(3) 在绘制水头线时,应注意管道进口的边界条件。当上游行近流速水头 $\frac{\alpha_0 v_0^2}{2g} \approx 0$ 时,总水头线与测压管水头线重合,即为进口前的水面线,如图 5.6 (a) 所示;当 $\frac{\alpha_0 v_0^2}{2g} \neq 0$ 时,总水头线较进口前的水面线高出 $\frac{\alpha_0 v_0^2}{2g}$ 值,如图 5.6 (b) 所示。

(4) 还应注意管道出口的边界条件。如果管道出口为自由出流,测压管水头线的末端与出口断面的中心重合,如图 5.7 (a) 所示。如果管道出口为淹没出流,在下游流速水头 $\frac{\alpha_2 v_2^2}{2g} \approx 0$ 时,测压管水头线末端与下游水面齐平,如图 5.7 (b) 所示;在下游流速水

图 5.6

头 $\frac{\alpha_2 v_2^2}{2g} \neq 0$ 时,测压管水头线末端在一般情况下,低于下游水面,如图 5.7 (c) 所示。

(5) 由于总水头沿程总是减少的,所以总水头线沿程只能下降。而流速水头与压强水头之间,沿程可以相互转化,所以,测压管水头线沿程可以上升、水平或下降。

图 5.7

3. 负压段的判别与调整

由总水头线、测压管水头线和基准面(线)三者的相互关系可以明确地反映出管道任一断面各种水头值的大小。测压管水头线与管轴线之间的铅垂距离表示压强水头的大小。如果某断面的测压管水头线位于管轴线的上方,其中心点压强为正值,即正压;反之,测压管水头线位于管轴线下方,则中心点压强为负值,即负压(见图 5.5 中的阴影部分)。这是因为该断面的测压管水头 $\left(Z+\frac{P}{\gamma}\right)$ 小于其位置高度 Z,所以该点的压强必为负值。

由图 5.5 可知,管道中任一断面的压强水头为

$$\frac{p_i}{\gamma} = H_0 - \frac{\alpha v_i^2}{2g} - h_{\omega i} - Z_i$$

式中,当 H_0 一定时,影响压强水头值为后三项,即可以改变其中任一项的值来控制管中压强的大小。例如当 Q 一定时,增大管径可以减少水头损失和流速水头;较为显著的方法是降低管线的高度,以增大压强水头值,避免管道中产生负压。

【例 5.1】 有一简单管路(图 5.8),水管为铸铁管,水管直径 $d=100$mm,管长 $l=100$m,作用水头 $H=15$m,中间有两个弯头,每个弯头的局部水头损失系数为 $\zeta_{弯}=0.2$,进口水头损失系数 $\zeta_{进口}=0.5$,沿程水头损失系数 $\lambda=0.03$,要求:(1)计算管道通过的

流量;(2)绘制管路的测压管水头线和总水头线。

图 5.8

解:(1)按短管计算,并忽略行近流速的影响,则 $H_0 = H$,由式(5.4)知

$$Q = \mu_c A \sqrt{2gH}$$

其中 $\mu_c = \dfrac{1}{\sqrt{1 + \lambda \dfrac{l}{d} + \Sigma \zeta}} = \dfrac{1}{\sqrt{1 + 0.03 \dfrac{100}{0.1} + (0.5 + 2 \times 0.2)}} = 0.177$

$$A = \dfrac{\pi}{4} d^2 = \dfrac{1}{4} \times 3.14 \times 0.1^2 = 0.00785 (\text{m}^2)$$

所以 $Q = 0.177 \times 0.00785 \sqrt{2 \times 9.8 \times 15} = 0.024 (\text{m}^3/\text{s})$

(2)绘制总水头线及测压管水头线。各有关断面的总水头计算如下:

断面 1—1 前 $\qquad H_{1前} = H$

断面 1—1 后 $\qquad H_{1后} = H - \zeta_{进口} \dfrac{v^2}{2g}$

其中 $v = \dfrac{Q}{A} = \dfrac{0.024}{0.00785} = 3.03 (\text{m/s})$, $\dfrac{v^2}{2g} = \dfrac{3.03^2}{2 \times 9.8} = 0.47 (\text{m})$

所以 $\qquad H_{1后} = 15 - 0.5 \times 0.47 = 14.76 (\text{m})$

断面 2—2 前 $\qquad H_{2前} = H_{1后} - \lambda \dfrac{l_1}{d} \dfrac{v^2}{2g} = 14.76 - 0.03 \times \dfrac{30}{0.1} \times 0.47 = 10.53 (\text{m})$

弯头损失之后的水头

$$H_{2后} = H_{2前} - \zeta_{弯} \dfrac{v^2}{2g} = 10.53 - 0.2 \times 0.47 = 10.44 (\text{m})$$

断面 3—3 前 $\qquad H_{3前} = H_{2后} - \lambda \dfrac{l_2}{d} \dfrac{v^2}{2g} = 10.44 - 0.03 \times \dfrac{40}{0.1} \times 0.47 = 4.8 (\text{m})$

弯头损失之后的水头

$$H_{3后} = H_{3前} - \zeta_{弯} \dfrac{v^2}{2g} = 4.8 - 0.2 \times 0.47 = 4.7 (\text{m})$$

断面 4—4 前 $\qquad H_{4前} = H_{3后} - \zeta_{弯} \dfrac{v^2}{2g} = 4.7 - 0.2 \times 0.47 = 4.6 (\text{m})$

根据计算结果,即可绘出总水头线。将各断面总水头降低一个流速水头 $\dfrac{v^2}{2g} = 0.47 \text{m}$,平行于总水头线,即可绘出测压管水头线,如图 5.8 所示。

5.2.3 串联管道

如果管道是由直径不同的几段管道依次连接而成的管道,称为串联管道。当局部水头损失不能略去时,应按短管计算。

图 5.9 所示为一流量沿程不变的串联管道。以通过出口断面中心的水平面为基准面,对进口上游及出口断面列能量方程,并应用连续性方程,可求得串联管道恒定自由出流流量公式为

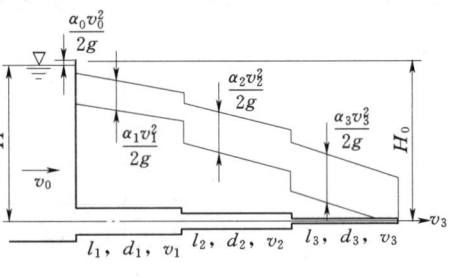

图 5.9

$$Q = \mu_c A \sqrt{2gH_0} \qquad (5.10)$$

式(5.10)和短管的基本公式(5.3)相同,但流量系数 μ_c 应改为

$$\mu_c = \frac{1}{\sqrt{1 + \sum \lambda_i \frac{l_i}{d_i}\left(\frac{A}{A_i}\right)^2 + \sum \zeta_i \left(\frac{A}{A_i}\right)^2}} \qquad (5.11)$$

式中:A 为管道出口断面面积;l_i、d_i、A_i 分别为等 i 段管道的长度、直径及断面面积。

串联管恒定淹没出流流量公式和式(5.8)相同,即

$$Q = \mu_c A \sqrt{2gZ} \qquad (5.12)$$

式中流量系数为

$$\mu_c = \frac{1}{\sqrt{\sum \lambda_i \frac{l_i}{d_i}\left(\frac{A}{A_i}\right)^2 + \sum \zeta \left(\frac{A}{A_i}\right)^2}} \qquad (5.13)$$

式中:Z 为上下游水位差;其余符号意义同上。

5.2.4 管径的确定

(1)当管线布置已定,在流量 Q 和水头 H 已知时,管径是一个确定的数值,可由水力学要求而定。对于圆管,$A = \frac{\pi}{4}d^2$,若按短管自由出流计算,则由式(5.4)可得

$$d = \sqrt{\frac{4Q}{\pi \mu_c \sqrt{2gH}}}$$

式中的流量系数 μ_c 与管径有关。因此,必须采取试算法,即先假设一个直径求 μ_c,再按上式计算 d,当假设值与计算值相等时即为所求。

(2)当管线布置已定,输水量 Q 已知时,要求选定所需的管径及相应的水头 H。当流量一定时,管径的大小与流速有关。若选用较小的管径,造价较低,但另一方面流速过大,产生的水头损失较大,因而克服水头损失所需的设备费和电能就大;反之,若选用较大的管径,流速减小,则水头损失可减小,但管道的造价却要增大。如果流速过小,对水流中有泥沙的管道,会造成泥沙沉积。因此管径的选择是一个比较复杂的经济技术比较的问题,即是一个选择最经济的管径问题。要从理论上求得最经济管径尚存在困难,通常根据经验得出管道的经济流速,即允许流速 $v_允$,再由下式来计算其相应的经济管径 d

$$d = \sqrt{\frac{4Q}{\pi v_允}} \qquad (5.14)$$

各种管道的 $v_允$ 值可从《水力学计算手册》中查得。一般情况下，水电站压力隧洞 $v_允=2.5\sim3.5\text{m/s}$；压力钢管 $v_允=3.0\sim4.0\text{m/s}$，最大可选择 $v_允=5.0\sim6.0\text{m/s}$；对于水泵的吸水管 $v_允=1.0\sim2.0\text{m/s}$，一般不超过 2.5m/s，压力管可采用 $v_允=1.5\sim2.5\text{m/s}$，一般不超过 3.5m/s；倒虹吸管 $v_允=1.5\sim2.5\text{m/s}$；而给水管道中的流速一般为 $v=0.2\sim3.0\text{m/s}$，其允许值为 $v_允=0.75\sim2.5\text{m/s}$。经济流速涉及的因素较多，比较复杂，选用时应注意因时因地而异。

5.3 简单短管水力计算实例

5.3.1 虹吸管的水力计算

虹吸原理广泛应用于水利工程中，它的优点在于能跨越高地，减少挖方。

虹吸管一般采用等直径的简单管路，可按短管计算，其布置如图 5.10 所示。

图 5.10

虹吸管的工作原理是：先将管中空气抽出，使管内形成一定的真空值，在大气压强作用下，上游水池的水便从管口上升到管的顶部，然后在重力作用下流向下游。只要虹吸管内的真空不被破坏，而且保持上下游有一定的水位差，水就会不断地由上游通过虹吸管流向下游。

虹吸管顶部的真空值理论上最大为 10m 水柱高。实际上，当虹吸管内压强接近该温度下的汽化压强时，液体将产生汽化，破坏水流的连续性。因此，为了保证虹吸管能正常工作，管内真空值不能过大，一般不宜超过 6~8m。

虹吸管水力计算的主要任务是：①计算虹吸管的泄流量；②确定虹吸管顶部的安装高度 h_s。

【例 5.2】 用一直径 $d=0.4\text{m}$ 的铸铁虹吸管，将上游明渠中的水输送到下游明渠，如图 5.10 所示。已知上下游渠道的水位差为 2.5m，虹吸管各段长分别为 $l_1=10.0\text{m}$，$l_2=6\text{m}$，$l_3=12\text{m}$。虹吸管进口为无底阀滤水网，其局部阻力系数取 $\zeta_1=2.5$，其他局部阻力系数：两个折角弯头 $\zeta_2=\zeta_3=0.55$，阀门 $\zeta_4=0.2$，出口 $\zeta_5=1.0$。虹吸管顶端中心线距上游水面的安装高度 $h_s=4.0\text{m}$，允许真空度采用 $h_v=7.0\text{m}$。试确定虹吸管输水流量，校核虹吸管中最大真空值是否超过允许值。

解：(1) 确定输水流量。先确定管路阻力系数 λ，取铸铁管糙率为 $n=0.013$，水力半径为 $R=\dfrac{d}{4}=0.10\text{m}$。

$$C=\frac{1}{n}R^{1/6}=\frac{1}{0.013}\times 0.10^{1/6}=52.41(\text{m}^{1/2}/\text{s})$$

$$\lambda=\frac{8g}{C^2}=\frac{8\times 9.8}{52.41^2}=0.0285$$

$$\mu_c=\frac{1}{\sqrt{\lambda\dfrac{l}{d}+\sum\zeta}}=\frac{1}{\sqrt{0.0285\times\dfrac{10+6+12}{0.4}+2.5+2\times 0.55+0.2+1.0}}=0.389$$

则通过虹吸管流量为

$$Q=\mu_c A\sqrt{2gz}=0.389\times\frac{3.14\times 0.4^2}{4}\times\sqrt{2\times 9.8\times 2.5}=0.342(\text{m}^3/\text{s})$$

(2) 校核虹吸管中最大真空度。最大真空发生在管顶最高段（第二管段）内。由于管中流速水头沿程不变，最低压强应在该管段末端的弯头断面，即断面 2—2。同时认为弯头局部损失发生在弯头断面上，故在该断面的弯头损失以后的压强为最小。而在下游第三管段，由于管路坡降一般大于水力坡降，即断面中心高程的下降大于沿程水头损失，所以，部分位能转化为压能，使第三管段内压强沿程增加。

$$v=\frac{Q}{A}=\frac{0.342}{\dfrac{3.14}{4}\times 0.4^2}=2.72(\text{m/s})$$

以上游水面为基准面，取 $\alpha=1.0$，建立断面 1—1 和断面 2—2 的能量方程

$$0+\frac{p_a}{\gamma}+0=h_s+\frac{p_2}{\gamma}+\frac{v^2}{2g}+h_{\omega 1-2}$$

$$\frac{p_a-p_2}{\gamma}=h_s+\left(\lambda\frac{l_1+l_2}{d}+\zeta_1+\zeta_2\right)\frac{v^2}{2g}$$

$$=4+\left(1+0.0285\times\frac{10+6}{0.4}+2.5+0.55\right)\times\frac{2.72^2}{2\times 9.8}=5.96(\text{m})$$

故断面 2—2 的真空度为 5.96m，小于允许真空度 7m，符合要求。

5.3.2 倒虹吸管的水力计算

当渠道要穿越其他渠道或公路、河道时，常常在公路或河道的下方设置一短管，这一短管称为倒虹吸管，如图 5.11 所示。倒虹吸管中的水流并无虹吸作用，由于它的外形像倒置的虹吸管，故称为倒虹吸管。

倒虹吸管水力计算的主要任务是：

(1) 已知倒虹吸管上、下游水位差 Z、管径 d、管长 l，管道布置已确定，求通过的流量 Q。

(2) 已知管道设计流量 Q、管径 d、管长 l 及管道布置，求上、下游水位差 Z。

(3) 已知管道布置、过流量 Q 和上、下游水位差 Z，求管径 d。

【例 5.3】 一横穿公路的钢筋混凝土倒虹吸管，如图 5.11 所示。已知管中通过流量 $Q=2\text{m}^3/\text{s}$，倒虹吸管全长 $l=30\text{m}$，中间有两个弯道，每个弯道的局部水头损失系数为 $\zeta_\text{弯}$

图5.11　　　　　　　　　　　　图5.12

$=0.21$，钢筋混凝土粗糙系数 $n=0.014$，若不计上、下游渠道中流速的影响，试确定倒虹吸管上、下游水位差 Z。

解： 首先选定倒虹吸管的允许流速为 $2\mathrm{m/s}$，按式（5.14）则管径为

$$d=\sqrt{\frac{4Q}{\pi v_{允}}}=\sqrt{\frac{4\times 2}{3.14\times 2}}=1.13(\mathrm{m})$$

为了便于施工，采用直径 $d=1.1\mathrm{m}$，则管中实际流速为

$$v=\frac{Q}{A}=\frac{2}{0.785\times 1.1^2}=2.11(\mathrm{m/s})$$

再计算沿程阻力系数 λ 值，因

$$C=\frac{1}{n}R^{1/6}=\frac{1}{0.014}\times\left(\frac{1.1}{4}\right)^{1/6}=57.6(\mathrm{m^{1/2}/s})$$

$$\lambda=\frac{8g}{C^2}=\frac{8\times 9.8}{57.6^2}=0.0236$$

根据短管淹没出流式（5.5），$z=h_\omega$，于是

$$z=\left(\lambda\frac{l}{d}+\Sigma\zeta\right)\frac{v^2}{2g}=\left(0.0236\times\frac{30}{1.1}+0.5+2\times 0.21+1\right)\times\frac{2.11^2}{19.6}=0.58(\mathrm{m})$$

倒虹吸管上、下游的水位差是 $0.58\mathrm{m}$。

【例5.4】 图5.12所示为一横穿河道的钢筋混凝土倒虹吸管，管中通过的流量 $Q=4\mathrm{m^3/s}$，管长 $l=50\mathrm{m}$，有两个 $30°$ 的折角转弯，其局部水头损失系数 $\zeta_弯=0.2$，沿程阻力系数 $\lambda=0.025$，上下游水位差 $z=0.2\mathrm{m}$，当上、下游的流速水头可忽略不计时，求管道的管径 d。

解： 倒虹吸管中的水流为简单短管的淹没出流

$$Q=\mu_c A\sqrt{2gz}$$

$$Q=\mu_c\frac{\pi d^2}{4}\sqrt{2gz}$$

将上式中包括管径 d 的 $\mu_c d^2$ 移至等式一侧

$$\mu_c d^2=\frac{4Q}{\pi\sqrt{2gz}}=\frac{4\times 4}{3.14\times\sqrt{2\times 9.8\times 2}}=0.81$$

流量系数的计算式为

$$\mu_c=\frac{1}{\sqrt{\lambda\dfrac{l}{d}+\zeta_进+2\zeta_弯+\zeta_出}}=\frac{1}{\sqrt{0.025\times\dfrac{50}{d}+0.5+2\times 0.2+1}}=\frac{1}{\sqrt{\dfrac{1.25}{d}+1.9}}$$

根据上述计算得
$$\frac{d^2}{\sqrt{\dfrac{1.25}{d}+1.9}}=0.81$$

(1) 试算法。假设一个 d 值算出对应的 $\mu_c d^2$，看是否等于已知的 0.810，若 $\mu_c d^2 \ne 0.810$，则重新假设 d 值再计算，直到假定的某一 d 值即算出的 $\mu_c d^2$ 满足条件 $\mu_c d^2 = 0.810$ 为止，则此 d 值即为所求的管径。计算结果列于表 5.1 中。

表 5.1　　　管径试算表

d (m)	d^2	μ_c	$\mu_c d^2$
1.04	1.08	0.568	0.613
1.08	1.1664	0.5719	0.667
1.12	1.2544	0.5758	0.722
1.16	1.3456	0.5795	0.780
1.18	1.3924	0.5813	0.8094

从表 5.1 的计算结果可以看出，当 $d=1.18$m 时，计算得 $\mu_c d^2 = 0.8094$ 与 0.810 相差在 1‰ 以下，故可认为 $d=1.18$m 就是所求的管径。取标准管径 $d=1.2$m。

(2) 迭代法。将上面算式改写成下面的迭代算式，即

$$d=\sqrt{0.810\times\sqrt{\frac{1.25}{d}+1.9}}$$

其迭代过程为：设 $d_1=0.5$m，代入上式右边的 d 中，算出 $d_2=1.303$m；又用 d_2 代入上式右边的 d 中，算出 $d_3=1.1703$m；再将 d_3 代入上式右边的 d 中，算出 $d_4=1.181$m；再重复算出 $d_5=1.1803$m，取 $d=1.180$m 为所求直径。取标准管径 $d=1.2$m。

由上式迭代过程可以看出，迭代次数的多少取决于计算的精度要求，上题仅迭代 5 次，其相对误差已小于 0.1‰。工程上，一般只要迭代 3～4 次就能得到较为准确的结果。

5.3.3　水泵装置的水力计算

在农田灌溉、排涝、城镇供水以及工矿企业给排水等方面，都需要水泵装置（即抽水泵站），如图 5.13 所示。

图 5.13

图 5.14

水泵工作前，先将吸水管和泵壳充满水，再由电动机带动泵壳内的叶轮高速旋转，叶轮内的水因受到离心力的作用而被甩向四周，并沿着泵壳内壁从泵出口排出，经过压水管而流入水池或用水地区，如图 5.14 所示。水泵叶轮内的水被甩出水泵后，水泵内形成真空，水源处的水在大气压力作用下又会通过吸水管流入水泵（通常说水被吸上来）。这样连续作用，就使水源源不断地从低处流向高处。这就是水泵的工作原理。

水泵装置的水力计算，主要任务是：

(1) 确定吸、压水管的直径。吸水管属于短管，压水管则根据不同情况按短管或长管计算。

(2) 计算水泵的安装高度，计算水泵的扬程。

(3) 计算水泵电动机功率。

其具体计算方法举例说明如下。

【例 5.5】 有一水泵装置如图 5.13 所示。已知水泵的流量 $Q=28\text{m}^3/\text{h}$，吸水管的长度 $l_{吸}=5\text{m}$，压水管的长度 $l_{压}=18\text{m}$。沿程阻力系数 $\lambda_{吸}=\lambda_{压}=0.046$，局部阻力系数：进口 $\zeta_{网}=8.5$，弯头 $\zeta_{弯}=0.17$，出口 $\zeta_{出}=1.0$。水泵的提水高度 $Z=18\text{m}$，水泵进口断面的最大允许真空度 $h_v=6\text{m}$，试确定：

(1) 管道直径。

(2) 水泵的安装高度 h_s。

(3) 水泵的扬程 H。

(4) 水泵的电动机的功率（水泵的效率 $\eta_{泵}=0.8$，电动机效率 $\eta_{动}=0.9$）。

解：(1) 管道直径的确定。依据前述允许流速的经验值，选取 $v_{吸}=2\text{m/s}$，$v_{压}=2.5\text{m/s}$，则相应的管径为

$$d_{吸}=\sqrt{\frac{4Q}{\pi v_{吸}}}=\sqrt{\frac{4\times 28}{3.14\times 2\times 3600}}=0.07(\text{m})$$

$$d_{压}=\sqrt{\frac{4Q}{\pi v_{压}}}=\sqrt{\frac{4\times 28}{3.14\times 2.5\times 3600}}=0.063(\text{m})$$

根据计算结果，并考虑施工，安装的方便，选用标准管径，$d_{吸}=d_{压}=75\text{mm}$，则吸、压水管的流速为

$$v=\frac{Q}{A}=\frac{4\times 28}{3.14\times 0.075^2\times 3600}=1.76(\text{m/s})$$

(2) 计算水泵安装高度 h_s。以水池水面 0—0 为基准面，对断面 1—1 和断面 2—2（水泵进口断面）列能量方程，并取 $\frac{\alpha v_1^2}{2g}\approx 0$，$\alpha=1$ 得

$$0+\frac{p_a}{\gamma}+0=h_s+\frac{p_2}{\gamma}+\frac{v^2}{2g}+h_{\omega吸}$$

$$h_s=\left(\frac{p_a}{\gamma}-\frac{p_2}{\gamma}\right)-\frac{v^2}{2g}-h_{\omega吸}$$

式中，$\frac{p_a}{\gamma}-\frac{p_2}{\gamma}$ 为水泵的允许真空高度 h_v，整理上式后得

$$h_s=h_v-\left(1+\lambda\frac{l}{d}+\Sigma\zeta\right)\frac{v^2}{2g} \quad (5.15)$$

将已知值代入式（5.15）得水泵的安装高度为

$$h_s=6-\left(1+0.046\times\frac{5}{0.075}+8.5+0.17\right)\times\frac{1.76^2}{19.6}=3.99(\text{m})$$

即安装高度最大不得超过 3.99m，否则，将抽不上水或水泵出水量很小。

(3) 水泵的扬程 H。水泵的扬程就是单位重量的水体从水泵中获得的外加机械能，用

H 表示。

以吸水池水面 0—0 为基准面，对吸、压水池水面列能量方程为

$$0 + 0 + H = Z + h_w$$

式中：Z 为水泵的提水高度；h_w 为吸、压水管中的总水头损失，即 $h_w = h_{w吸} + h_{w压}$，整理上式可得水泵的扬程为

$$H = Z + h_{w吸} + h_{w压} \tag{5.16}$$

式（5.16）表明，水泵的扬程等于提水高度 Z 加上吸水管路和压水管路水头损失之和。本例中

$$h_{w吸} = \left(\lambda_{吸}\frac{l_{吸}}{d_{吸}} + \zeta_{网} + \zeta_{弯}\right)\frac{v_{吸}^2}{2g} = \left(0.046 \times \frac{5}{0.075} + 8.5 + 0.17\right) \times \frac{1.76^2}{19.6} = 1.85(\text{m})$$

$$h_{w压} = \left(\lambda_{压}\frac{l_{压}}{d_{压}} + \sum\zeta\right)\frac{v_{压}^2}{2g} = \left(0.046 \times \frac{18}{0.075} + 2 \times 0.17 + 1.0\right) \times \frac{1.76^2}{19.6} = 1.96(\text{m})$$

故

$$H = Z + h_{w吸} + h_{w压} = 18 + 1.85 + 1.96 = 21.81(\text{m})$$

（4）计算水泵的电动机的功率。单位时间内重量为 γQ 的水体从水泵获得的能量为 γQH，称为水泵的有效功率。水泵和电动机传动时会有能量损失，因此，电动机的功率应大于水泵的有效功率，即水泵的电动机功率为水泵所具有的总功率。其计算公式为

$$N = \frac{\gamma QH}{\eta_{泵}\,\eta_{动}} \tag{5.17}$$

式中：$\eta_{泵}$、$\eta_{动}$ 分别为水泵、动力机的效率。

将已知值代入式（5.17）得

$$N = \frac{rQH}{\eta_{泵}\,\eta_{动}} = \frac{9.8 \times 28 \times 21.81}{0.8 \times 0.9 \times 3600} = 2.31(\text{kW})$$

5.4 简单长管水力计算

5.4.1 简单长管水力计算的基本公式

在长管情况下，局部水头损失和流速水头可忽略不计，则能量方程式（5.1）简化为

$$H = h_f \tag{5.18}$$

由谢才公式 $Q = AC\sqrt{RJ}$，可得出沿程水头损失的表达式。令 $K = AC\sqrt{R}$，则谢才公式为

$$Q = K\sqrt{J}$$

式中：K 为流量模数，是当水力坡度 $J = 1$ 时所具有的流量，其单位和流量的单位相同。它反映了管道断面尺寸及管壁粗糙度对输水能力的影响。对于粗糙系数 n 为定值的圆管，K 是管径的函数。为便于计算，不同直径及粗糙系数的铸铁管的流量模数 K 值，可由表 5.2 查出。要说明的是，由流量模数查管径时，管径不能内插，只能用表中所列的标准管径。

由

$$Q = K\sqrt{J} = K\sqrt{\frac{h_f}{l}}$$

可得

$$h_f = \frac{Q^2}{K^2}l$$

代入式(5.18)得
$$H = \frac{Q^2}{K^2}l \tag{5.19}$$

上式就是长管水力计算的基本公式。

对于一般给水管道，当流速 $v<1.2\text{m/s}$ 时，管子可能在过渡区工作，h_f 近似与流速 v 的 1.8 次方成正比，计算水头损失时，可在式（5.19）中乘以修正系数 k，即

$$h_f = k\frac{Q^2}{K^2}l$$

式中，$k = \dfrac{1}{v^{0.2}}$。对钢管和铸铁管，修正系数 k 值可参考表 5.3。

表 5.2　　给水管道的流量模数 K 值表（按 $C = 1/n \times R^{1/6}$）

标准管道直径 (mm)	清洁管 (L/s) ($n=0.011$)	正常管 (L/s) ($n=0.0125$)	污秽管 (L/s) ($n=0.0143$)	标准管道直径 (mm)	清洁管 (L/s) ($n=0.011$)	正常管 (L/s) ($n=0.0125$)	污秽管 (L/s) ($n=0.0143$)
50	9.624	8.460	7.403	500	4.467×10^3	3.927×10^3	3.436×10^3
75	28.37	24.94	21.83	600	7.264×10^3	6.386×10^3	5.587×10^3
100	61.11	53.72	47.01	700	10.96×10^3	9.632×10^3	8.428×10^3
125	110.80	97.40	85.23	750	13.17×10^3	11.58×10^3	10.13×10^3
150	180.20	158.40	138.60	800	15.64×10^3	13.57×10^3	12.03×10^3
175	271.80	238.90	209.00	900	21.42×10^3	18.83×10^3	16.47×10^3
200	388.00	341.10	298.50	1000	28.36×10^3	24.93×10^3	21.82×10^3
225	531.20	467.00	408.60	1200	46.12×10^3	40.55×10^3	35.48×10^3
250	703.50	618.50	541.20	1400	69.57×10^3	61.16×10^3	53.52×10^3
300	1.144×10^3	1.006×10^3	880.00	1600	99.33×10^3	87.32×10^3	76.41×10^3
350	1.726×10^3	1.517×10^3	1.327×10^3	1800	136.00×10^3	119.50×10^3	104.60×10^3
400	2.464×10^3	2.166×10^3	1.895×10^3	2000	180.10×10^3	158.30×10^3	138.50×10^3
450	3.373×10^3	2.965×10^3	2.594×10^3				

表 5.3　　钢管及铸铁管修正系数 k 值表

v (m/s)	k	v (m/s)	k
0.20	1.41	0.65	1.10
0.25	1.33	0.70	1.085
0.30	1.28	0.75	1.07
0.35	1.24	0.80	1.06
0.40	1.20	0.85	1.05
0.45	1.175	0.90	1.04
0.50	1.15	1.00	1.03
0.55	1.13	1.10	1.015
0.60	1.115	1.20	1.00

5.4.2　简单长管水力计算的基本任务

简单长管水力计算任务一般有以下三种类型：

（1）已知水头 H、管道 l、管径 d，计算流量 Q。先由已知管径 d 及糙率 n 计算流量模数 K，再代入式（5.19）可求得 Q。

（2）已知管长 l、管径 d、流量 Q，计算水头 H。先计算或查表 5.2 得 K，由式

(5.19) 求得 H。

(3) 已知流量 Q、水头 H、管长 l，计算所需的管径 d。先求 $J=\dfrac{H}{l}$，并由 $K=\dfrac{Q}{\sqrt{J}}$ 求出 K，再查表 5.2 求得相应于 K 的标准管径 d。如用试算法求 d，则先假设一管径 d，用式 $K=AC\sqrt{R}$ 计算 K，并与已知的 $K=\dfrac{Q}{\sqrt{J}}$ 值相比较，如果不相等，再设 d 值计算，直至两者相等为止。

输水管道直径的正确选择，是一个比较复杂的经济技术比较的问题（学习单元 5.2 已讨论）。对一般的压力管道、直径的选择，可根据允许流速的经验值来确定。

图 5.15

【**例 5.6**】 由水塔供水的简单管道如图 5.15 所示。管长为 1600m，直径为 200mm，管道为铸铁管。水塔水面高程为 18.0m，管道末端 B 点的高程为 8.0m，计算：

(1) 管道的供水流量 Q。

(2) 当管径不变时，供水流量增加为 50L/s，计算水塔的水面高程。

解：(1) 已知水头求流量。水塔供水的水头为 $H=18.0-8.0=10$（m）。按正常管考虑，即取 $n=0.0125$，则由表 5.2 查得 $d=200$mm 时，流量模数 $K=341.1$L/s，故管道的供水流量为

$$Q = K\sqrt{\dfrac{H}{l}} = 341.1 \times \sqrt{\dfrac{10}{1600}} = 26.97(\text{L/s}) = 0.02697\text{m}^3/\text{s}$$

则

$$v = \dfrac{Q}{A} = \dfrac{4Q}{\pi d^2} = \dfrac{4 \times 0.02697}{3.14 \times 0.2^2} = 0.859(\text{m/s})$$

因为 $v<1.2$m/s，属于紊流过渡区，需要修正。由表 5.3 内插得 $v=0.859$m/s 时的修正系数 $k=1.042$，则

$$Q = K\sqrt{\dfrac{H}{kl}} = 341.1 \times \sqrt{\dfrac{10}{1.042 \times 1600}} = 26.42(\text{L/s}) = 0.02642\text{m}^3/\text{s}$$

(2) 已知 $Q=50$L/s，求水塔的水面高程。先计算流速为

$$v = \dfrac{Q}{A} = \dfrac{4Q}{\pi d^2} = \dfrac{4 \times 50}{3.14 \times 0.2^2 \times 1000} = 1.59(\text{m/s})$$

即 $v>1.2$m/s，水流处于紊流粗糙区，故

$$H = \dfrac{Q^2}{K^2}l = \left(\dfrac{50}{341.1}\right)^2 \times 1600 = 34.38(\text{m})$$

水塔水面高程为水管末端 B 点的高程加上作用水头 H，即水塔水面高程

$$8.0 + 34.38 = 42.38(\text{m})$$

【**例 5.7**】 有一条需要通过流量为 $Q=237$L/s 的管道，该管道长 $l=2500$m，作用水头 $H=30$m，拟采用新铸铁管，求管径 d。

解：由于管道在使用过程中将逐渐沉积一些污垢，故通常按正常管计算，即取 $n=0.0125$。首先利用式 (5.21) 计算流量模数 K，即由 $H=\dfrac{Q^2}{K^2}l$，得

$$K = \frac{Q}{\sqrt{\frac{H}{l}}} = \frac{237}{\sqrt{\frac{30}{2500}}} = 2164(\text{L/s})$$

根据粗糙系数 $n=0.0125$，在表 5.2 中查得，当 $d=400\text{mm}$ 时，$K=2166\text{L/s}$。这个流量模数值虽比计算值（2164L/s）稍大，但为了采用工厂生产的标准管径的水管，最后仍选取 $d=400\text{mm}$。这个管径对于保证水管的输水能力也是有利的。

5.5 复杂管路水力计算

5.5.1 串联管道

前面介绍了串联管道按短管计算时的流量计算公式。在给水工程中，串联管道通常按长管计算。

如图 5.16 所示，管道内的流量是沿程不变的。因其每一管段都是简单管道，都可应用简单管道的水力计算公式

$$h_{fi} = \frac{Q_i^2}{K_i^2} l_i \quad (5.20)$$

则

$$H = \sum h_f = h_{f1} + h_{f2} + h_{f3}$$

$$Q = \sqrt{\frac{H}{\sum \left(\frac{l_i}{K_i^2}\right)}} \quad (5.21)$$

图 5.16

式（5.20）及式（5.21）是长管串联管道水力计算的基本公式。

【例 5.8】 如图 5.16 所示由三段简单管道组成的串联管道。管道为铸铁管，糙率 $n=0.0125$，$d_1=250\text{mm}$，$l_1=400\text{m}$，$d_2=200\text{mm}$，$l_2=300\text{m}$，$d_3=150\text{mm}$，$l_3=500\text{m}$，总水头 $H=30\text{m}$。求管道通过的流量 Q 及各管段的水头损失。

解：由表 5.2 查得 $d_1=250\text{mm}$ 时，$K_1=618.5\text{L/s}$；$d_2=200\text{mm}$ 时，$K_2=341.1\text{L/s}$；$d_3=150\text{mm}$ 时，$K_3=158.4\text{L/s}$。各值代入式（5.21）可得管道通过的流量 Q 为

$$Q = \sqrt{\frac{H}{\sum\left(\frac{l_i}{K_i^2}\right)}} = \sqrt{\frac{H}{\frac{l_1}{K_1^2}+\frac{l_2}{K_2^2}+\frac{l_3}{K_3^2}}} = \sqrt{\frac{30}{\frac{400}{618.5^2}+\frac{300}{341.1^2}+\frac{500}{158.4^2}}} = 35.65(\text{L/s})$$

各管段的水损失分别为

$$h_{f1} = \frac{Q^2}{K_1^2} l_1 = \frac{35.65^2}{618.5^2} \times 400 = 1.33(\text{m})$$

$$h_{f2} = \frac{Q^2}{K_2^2} l_2 = \frac{35.65^2}{341.1^2} \times 300 = 3.28(\text{m})$$

$$h_{f3} = \frac{Q^2}{K_3^2} l_3 = \frac{35.65^2}{158.4^2} \times 500 = 25.32(\text{m})$$

5.5.2 并联管道

在两节点（分叉点）之间并设两条以上管段的管道称为并联管道。并联管道一般按长管计算。

如图 5.17 所示，在 A、B 两节点间有 3 个管段并联，而并联前后的两个管段与中间

并联管道又形成串联管道。如在 A、B 两点分别设置测压管，显然各测压管只能有一个水面高程。所以，单位重量液体通过 A、B 间任何一条管道，从 A 到 B 的能量损失都是相同的。当不计局部水头损失时应有

$$h_{f2} = h_{f3} = h_{f4} = h_f \tag{5.22}$$

如用长管公式计算水头损失，则

图 5.17

$$\left. \begin{array}{l} h_{f2} = \dfrac{Q_2^2}{K_2^2} l_2 \\[4pt] h_{f3} = \dfrac{Q_3^2}{K_3^2} l_3 \\[4pt] h_{f4} = \dfrac{Q_4^2}{K_4^2} l_4 \end{array} \right\} \tag{5.23}$$

各支管的流量与总流量间应满足连续性方程

$$Q = Q_2 + Q_3 + Q_4 \tag{5.24}$$

一般情况下，若管道系统的总流量 Q 及各并联支管的 d、l 和 n 值为已知，利用式（5.23）及式（5.24）的 4 个方程式可求得 Q_2、Q_3、Q_4 和 h_f。

从式（5.23）中解出 Q_2、Q_3、Q_4，代入式（5.24），则有

$$Q = \left(\dfrac{K_2}{\sqrt{l_2}} + \dfrac{K_3}{\sqrt{l_3}} + \dfrac{K_4}{\sqrt{l_4}} \right) \sqrt{h_f}$$

则

$$h_f = \dfrac{Q^2}{\left(\dfrac{K_2}{\sqrt{l_2}} + \dfrac{K_3}{\sqrt{l_3}} + \dfrac{K_4}{\sqrt{l_4}} \right)^2} \tag{5.25}$$

h_f 求出后，代入式（5.23），可求得 Q_2、Q_3、Q_4。

需要指出：各并联支管的水头损失相等，只表明通过每一并联支管的单位重量水体的机械能损失相等，但由于各并联支管水流的总机械能损失是不等的，流量大的，总机械能损失大。

【例 5.9】 有一管路布置如图 5.17 所示。$l_1 = 400\text{m}$，$l_2 = 500\text{m}$，$l_3 = 300\text{m}$，$l_4 = 500\text{m}$，$l_5 = 200\text{m}$，$d_1 = 200\text{mm}$，$d_2 = 150\text{mm}$，$d_3 = 100\text{mm}$，$d_4 = 150\text{mm}$，$d_5 = 250\text{mm}$，管道糙率 $n = 0.0125$，已知水头 $H = 40\text{m}$，求各管段通过的流量及其水头损失。

解： 由表 5.2 查得各管的流量模数：$K_1 = 341.1\text{L/s}$，$K_2 = 158.4\text{L/s}$，$K_3 = 53.72\text{L/s}$，$K_4 = 158.4\text{L/s}$，$K_5 = 618.5\text{L/s}$。整个管路系统看成是 3 个管段的串联，中间管段是 3 个分支管并联而成。根据串联管路的计算原理，可得

$$h_{f1} + h_{f2} + h_{f3} = H$$

将式（5.25）代入上式，得

$$\left[\dfrac{l_1}{K_1^2} + \dfrac{1}{\left(\dfrac{K_2}{\sqrt{l_2}} + \dfrac{K_3}{\sqrt{l_3}} + \dfrac{K_4}{\sqrt{l_4}} \right)^2} + \dfrac{l_5}{K_5^2} \right] Q^2 = H$$

将各数值代入上式，得

$$\left[\dfrac{400}{341.1^2} + \dfrac{1}{\left(\dfrac{158.4}{\sqrt{500}} + \dfrac{53.72}{\sqrt{300}} + \dfrac{158.4}{\sqrt{500}} \right)^2} + \dfrac{200}{618.5^2} \right] Q^2 = 40$$

上式解得管路的总流量

$$Q = 73.94 \text{L/s}$$

再由长管计算式（5.19）求 1、5 管的水头损失为

$$h_{f1} = \frac{Q^2}{K_1^2} l_1 = \frac{73.94^2}{341.1^2} \times 400 = 18.81(\text{m})$$

$$h_{f5} = \frac{Q^2}{K_5^2} l_5 = \frac{73.94^2}{618.5^2} \times 200 = 2.86(\text{m})$$

由式（5.25）求得并联各支管的水头损失为

$$h_f = h_{f2} = h_{f3} = h_{f4} = \frac{Q^2}{\left(\frac{K_2}{\sqrt{l_2}} + \frac{K_3}{\sqrt{l_3}} + \frac{K_4}{\sqrt{l_4}}\right)^2} = \frac{73.94^2}{\left(\frac{158.4}{\sqrt{500}} + \frac{53.72}{\sqrt{300}} + \frac{158.4}{\sqrt{500}}\right)^2} = 18.33(\text{m})$$

由式（5.23）可求得并联各支管的流量为

$$Q_2 = K_2 \sqrt{\frac{h_{f2}}{l_2}} = 158.4 \times \sqrt{\frac{18.33}{500}} = 30.33(\text{L/s})$$

$$Q_3 = K_3 \sqrt{\frac{h_{f3}}{l_3}} = 53.72 \times \sqrt{\frac{18.33}{300}} = 13.28(\text{L/s})$$

$$Q_4 = K_4 \sqrt{\frac{h_{f4}}{l_4}} = 158.4 \times \sqrt{\frac{18.33}{500}} = 30.33(\text{L/s})$$

按以上各值计算各管段的流速为

$$v_1 = 2.35\text{m/s}, v_2 = 1.72\text{m/s}, v_3 = 1.69\text{m/s}, v_4 = 1.72\text{m/s}, v_5 = 1.51\text{m/s}$$

各管段流速都大于 1.2m/s，符合计算条件。

整个管路 3 个管段串联系统的总水头损失为

$$h_{f1} + h_{f2} + h_{f5} = 18.81 + 18.33 + 2.86 = 40.00(\text{m})$$

此值与管路系统的总水头相等。

5.5.3 沿程均匀泄流管道

在实际工程中可能遇到管道侧面不断连续泄流的现象，如用于人工降雨的管道、节水灌溉管道等。沿程连续不断分泄出的流量称为沿程泄出流量。

一般情况，沿程泄出的流量是不均匀的，即流量沿管道的变化是一个以距离为变数的复杂函数。为简单起见，这里只研究沿程均匀泄流管道，即管段各单位长度上的沿程泄出流量相等。

如图 5.18 所示的 AB 管段是沿程均匀泄流管道，其长度为 l、水头为 H，B 点的通过流量为 Q。管段单位长度上沿程泄出流量为 q。在距起点 A 为 x 长度的 M 点断面处，流量为

$$Q_m = Q + (l - x)q$$

由于沿程均匀泄流管道的流量沿程变化，其水头损失的计算可以这样处理，即在微小流段 $\mathrm{d}x$ 内，可以认为流量不变，

图 5.18

并视为简单管道。于是得

$$dh_f = \frac{Q_m^2}{K^2}dx = \frac{1}{k^2}[Q+(l-x)q]^2 dx$$

将上式进行积分，即得全管道 CD 的沿程水头损失

$$H = h_{fCD} = \int_0^l \frac{1}{K^2}[Q+(l-x)q]^2 dx$$

即

$$H = \frac{l}{K^2}\left(Q^2 + Qql + \frac{1}{3}q^2 l^2\right) \tag{5.26}$$

上式可近似写为

$$H_{CD} = \frac{l}{K^2}(Q+0.55ql)^2 = \frac{Q_\gamma^2}{K^2}l \tag{5.27}$$

其中

$$Q_\gamma = Q + 0.55ql$$

式中：Q_γ 称为折算流量。

式（5.27）表明，引用 Q_γ 进行计算时，便可把沿程均匀泄流的管道按一般只有通过流量的管道计算。

当通过流量 $Q=0$ 时，沿程均匀泄流的水头损失为

$$H_{CD} = h_{fCD} = \frac{1}{3}\frac{(ql)^2}{K^2}l \tag{5.28}$$

式（5.28）表明，当流量全部沿程均匀泄出时，其水头损失只相当于全部流量集中在末端泄出时的水头损失的 1/3。

【例 5.10】 有一由水塔供水的输水管道，如图 5.19 所示，全管道包括三段：AB、BC 及 CD；中间 BC 段为沿程均匀泄流管道，每米长度上连续分泄的流量 q 为 0.1L/s，在管道接头 B 点要求分泄流量 q_1 为 15 L/s，CD 段末端的流量 Q_3 为 10L/s。各段的长度及直径分别为：$l_1 = 300$m，$d_1 = 200$mm；$l_2 = 200$m，$d_2 = 150$mm；$l_3 = 100$m，$d_3 = 100$mm。管道都是铸铁管，糙率 n 为 0.0125。求需要的水头 H。

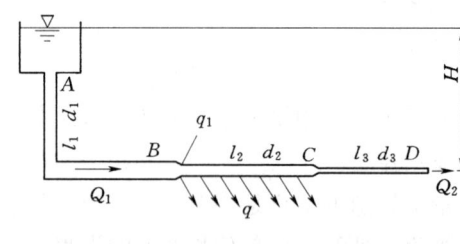

图 5.19

解：因 AB、BC、CD 三段管道为串联管道，整个管道的水头 H 可按下式计算

$$H = \frac{Q_1^2}{K_1^2}l_1 + \frac{Q_2^2}{K_2^2}l_2 + \frac{Q_3^2}{K_3^2}l_3$$

其中

$$Q_1 = Q_3 + ql_2 + q_1 = 10 + 0.1 \times 200 + 15 = 45(\text{L/s})$$

因 BC 管段为沿程均匀泄流管道，管中的流量可按折算流量 Q_γ 计算，即

$$Q_2 = Q_\gamma = Q_3 + 0.55ql_2 = 10 + 0.55 \times 0.1 \times 200 = 21(\text{L/s})$$

$$Q_3 = 10\text{L/s}$$

当 $n=0.0125$，$d_1 = 200$mm、$d_2 = 150$mm、$d_3 = 100$mm 时，由表 5.2 查得各管段的流量模数为 $K_1 = 341.1$L/s，$K_2 = 158.4$L/s，$K_3 = 53.7$L/s。

各管段的流速为：

$$v_1 = \frac{Q_1}{A_1} = \frac{4 \times 45}{1000 \times 3.14 \times 0.2^2} = 1.433(\text{m/s})$$

$$v_2 = \frac{Q_2}{A_2} = \frac{4 \times 21}{1000 \times 3.14 \times 0.15^2} = 1.189(\text{m/s})$$

$$v_3 = \frac{Q_3}{A_3} = \frac{4 \times 10}{1000 \times 3.14 \times 0.1^2} = 1.274(\text{m/s})$$

因 $v_2 = 1.189\text{m/s} < 1.2\text{m/s}$，故第二管段水头损失需要修正，即修正系数

$$k_2 = 1/v_2^{0.2} = 1/1.189^{0.2} = 0.966$$

则 $H = \dfrac{Q_1^2}{K_1^2}l_1 + k_2\dfrac{Q_2^2}{K_2^2}l_2 + \dfrac{Q_3^2}{K_3^2}l_3 = \dfrac{45^2}{341.1^2} \times 300 + 0.966 \times \dfrac{21^2}{158.4^2} \times 200 + \dfrac{10^2}{53.7^2} \times 100$

$= 5.221 + 3.396 + 3.468 = 12.085(\text{m})$

5.5.4 分叉管道

在水电站引水系统中，常见到由一根总管从压力前池引水，然后按水轮机的台数，分成数根支管，每根支管供水给一台水轮机，这种分叉后不再汇合的管道，称作分叉管道。

图 5.20 是一分叉管道，总管自水池引出后，从 B 点分叉后通过两根支管分别于 C、D 两点流入大气。C 点和水池水面的高差为 H_1，D 点和水池水面的高差为 H_2。AB、BC、BD 各段的水头损失分别为 h_f、h_{f1}、h_{f2}，流量为 Q、Q_1、Q_2。

显然，从总管起点 A 至任一分叉管道的终点都可作为一条串联管道进行计算。故对管道 ABC 应有

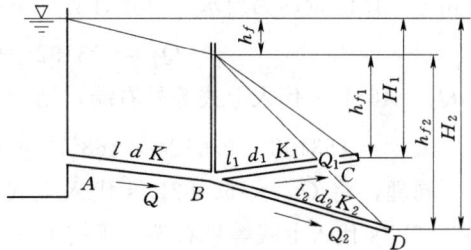

图 5.20 分叉管道示意图

$$H_1 = h_f + h_{f1} = \frac{Q^2}{K^2}l + \frac{Q_1^2}{K_1^2}l_1 \tag{5.29}$$

对管道 ABD 应有

$$H_2 = h_f + h_{f2} = \frac{Q^2}{K^2}l + \frac{Q_2^2}{K_2^2}l_2 \tag{5.30}$$

根据连续性原理

$$Q = Q_1 + Q_2 \tag{5.31}$$

从式（5.29）和式（5.30）中解出 Q_1、Q_2 并代入式（5.31）可得

$$Q = \sqrt{\left(H_1 - \frac{Q^2}{K^2}l\right)\frac{K_1^2}{l_1}} + \sqrt{\left(H_2 - \frac{Q^2}{K^2}l\right)\frac{K_2^2}{l_2}} \tag{5.32}$$

求出总管流量后，代入式（5.29）与式（5.30）即可求出支管流量 Q_1 和 Q_2。

联解式（5.29）、式（5.30）、式（5.31）3 个方程可求解 3 个未知数。

【例 5.11】 水电站引水钢管在 B 点分出两支，供两台水轮机用水，如图 5.20 所示。总管长 $l = 30\text{m}$，管径 $d = 400\text{mm}$；支管长 $l_1 = 60\text{m}$，$l_2 = 55\text{m}$，管径 $d_1 = d_2 = 200\text{mm}$。已知库水位 $Z = 198.6\text{m}$，机组安装高程 $Z_C = 177.4\text{m}$，$Z_D = 178.00\text{m}$。求每台机组需要的流

量 Q_1、Q_2（糙率 $n=0.011$）。

解：按 $n=0.011$ 查表 5.2 得总管和支管的流量模数：$K=2.464\times10^3\text{L/s}$，$K_1=K_2=388.00\text{L/s}$。

已知
$$H_1=Z-Z_C=198.6-177.4=21.2(\text{m})$$
$$H_2=Z-Z_D=198.6-178.00=20.6(\text{m})$$

故由式（5.32）得总流量 Q 为

$$Q=\sqrt{\left(H_1-\frac{Q^2}{K^2}l\right)\frac{K_1^2}{l_1}}+\sqrt{\left(H_2-\frac{Q^2}{K^2}l\right)\frac{K_2^2}{l_2}}$$

$$=\sqrt{\left(21.2-\frac{Q^2}{2464^2}\times30\right)\times\frac{388^2}{60}}+\sqrt{\left(20.6-\frac{Q^2}{2464^2}\times30\right)\times\frac{388^2}{55}}$$

上式化简得

$$Q=(53192-0.0124Q^2)^{\frac{1}{2}}+(56386-0.0135Q^2)^{\frac{1}{2}}$$

采用逐次渐近法求解 Q，即先令等号右端的 $Q=0$，得到流量的第一次近似值，然后以第一次近似值代入等号右端，算出第二次近似值，如此计算下去直至前后两次算得的流量相等，该流量即为所求。具体计算如下：令等号右端的 $Q=0$，则

$$Q_① = 53192^{\frac{1}{2}}+56386^{\frac{1}{2}}=468(\text{L/s})$$

将 $Q_①=468\text{L/s}$ 代入上式等号右端，则

$$Q_②=(53192-0.0124\times468^2)^{\frac{1}{2}}+(56386-0.0135\times468^2)^{\frac{1}{2}}=455.82(\text{L/s})$$

同理，将 $Q_②=455.82\text{L/s}$ 代入上式等号右端，可得 $Q_③=456.46\text{L/s}$；再将 $Q_③=456.46\text{L/s}$ 代入上式等号右端，可得 $Q_④=456.42\text{L/s}$；再将 $Q_④=456.42\text{L/s}$ 代入上式右端，可得 $Q_⑤=456.42\text{L/s}$，前后两次结果相等，于是取 $Q=456.42\text{L/s}$ 作为最终值。

分叉管的流量分别应用式（5.29）和式（5.30）得

$$Q_1=\left(\frac{H_1-\dfrac{Q^2}{K^2}l}{\dfrac{l_1}{K_1^2}}\right)^{\frac{1}{2}}=\left(\frac{21.2-\dfrac{456.42^2}{2464^2}\times30}{\dfrac{60}{388^2}}\right)^{\frac{1}{2}}=224.96(\text{L/s})$$

$$Q_2=\left(\frac{H_2-\dfrac{Q^2}{K^2}l}{\dfrac{l_2}{K_2^2}}\right)^{\frac{1}{2}}=\left(\frac{20.6-\dfrac{456.42^2}{2464^2}\times30}{\dfrac{55}{388^2}}\right)^{\frac{1}{2}}=231.45(\text{L/s})$$

5.5.5 管网水力计算基础

在农田节水灌溉用水、水电站输水及工地、城市工业和居民区生活用水等给水工程中，通常采用各种类型的管道组合成管网给水系统。管网一般分为两类：一类是在一输水干管上连接若干根支管所组成的管网，称为枝状管网；另一类为环状管网，即管道将枝状管网各尾端连接起来，形成闭合环路，这种管网一般用于大型的重要给水工程。环状管网中的流量可以自行调节，当某管段发生故障时，可以从另一环路进行供水，以保证对任何一点供水而不会中断。为了简化计算管网一般按长管计算。农田节水灌溉管网局部水头损失，可按沿程水头损失的 10%～15% 估算。

5.5 复杂管路水力计算

1. 枝状管网的水力计算

枝状管网的一般布置形式如图 5.21 所示。

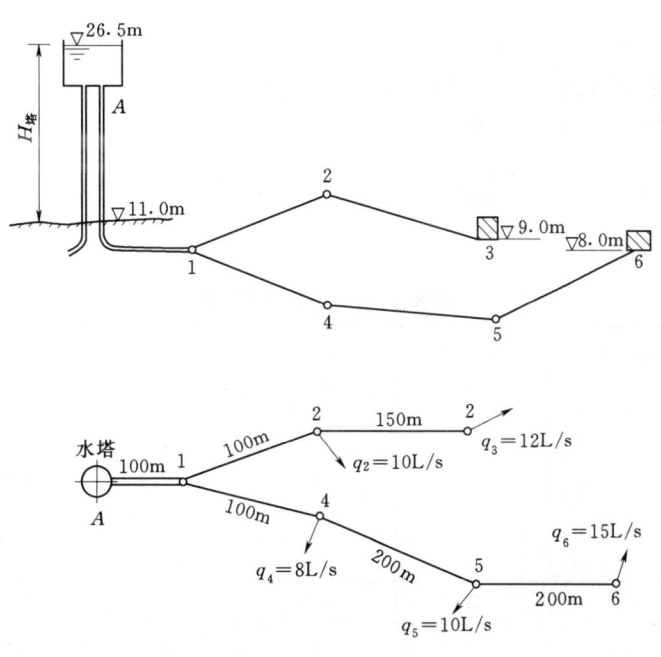

图 5.21

在设计新的分支管网时,水力计算的主要任务是,已知管线布置,各管段长度,各管段中应通过的流量和供水端点所要求的自由水头,即端点剩余压强水头,要求决定各段管道的直径和设计供水水源(水塔或水泵)所需的水头值 H。在计算中,先算出每个可能分叉串联管路所需水头,例如图 5.21 中的 $A123$ 和 $A1456$ 各分叉串联管路分别所需的水源水头值。为保证各管路的供水量及端点水头,以各分叉串联管路计算中所需水头最大的管线作为水力设计管路,或称为设计最不利管路。

如水源是由水塔供水,根据 H 和水塔地面在基准面上的高程,就可确定水塔水面距地面的高度。其具体计算方法用[例 5.12]说明。

对已建成的管网,当增加支管或减少支管时,要对整个管网重新进行计算,这时,已知水头 H,分别计算管网中各管段流量,其基本方程和方法与上述相似,计算中有时需要试算。

【**例 5.12**】 有一供水的分支管网(图 5.21),各管段长度及节点所需分出流量已知。管路为正常铸铁管,糙率 $n=0.0125$,管路端点自由水头 $h_e=5.0\text{m}$,各端点地面高程如图所示。试求管网中各管段的管径及水塔高度。

解:由图 5.21 可以看出,计算的分叉串联管路有两条,即 $A123$ 和 $A1456$,根据连续性条件,确定所有管段的流量,见表 5.4。下面举例说明表中的计算过程。

(1)确定各管段直径。选用给水管路经济流速 $v_e=1.5\text{m/s}$。以 4~6 管段为例,流量 $Q=q_6=15\text{L/s}$,则管径

$$d=\sqrt{\frac{4Q}{\pi v_e}}=\sqrt{\frac{4\times 0.015}{3.14\times 1.5}}=0.113(\text{m})$$

选用标准管径 $d=125\text{mm}$。管中实际流速为

$$v = \frac{Q}{A} = \frac{4 \times 0.015}{3.14 \times 0.125^2} = 1.223(\text{m/s})$$

因 $v > 1.2\text{m/s}$,水流在粗糙区。

（2）计算各管段水头损失。根据直径及糙率查表 5.2,以 4～6 管段为例,$K=97.4\text{L/s}$,则该管段的水头损失为

$$h_{f5-6} = \frac{Q^2}{K^2}l = \left(\frac{0.015}{0.0974}\right)^2 \times 200 = 4.74(\text{m})$$

其他各管段见表 5.4。

表 5.4　　　　　　　　　枝状管网水头损失计算表

管段	管长 l (m)	流量 Q (L/s)	管径 d (mm)	流速 v (m/s)	流量模数 K (L/s)	水头损失 h_f (m)
5～6	200	15	125	1.22	97.4	4.74
4～5	200	25	150	1.42	158.4	4.98
1～4	100	33	175	1.37	238.9	1.91
A～1	100	55	225	1.38	467.0	1.39
2～3	150	12	100	1.53	53.7	7.50
1～2	100	22	150	1.25	158.4	1.93

（3）确定水塔高度。分叉串联管路 $A123$ 和 $A1456$ 所需的水塔高度,即水塔水面至水塔地面间的垂直距离为

$$H_{A123} = \sum h_{fi} + h_e + 9 - 11 = 1.39 + 7.5 + 1.93 + 5 + 9 - 11 = 13.82(\text{m})$$
$$H_{A1456} = 4.74 + 4.98 + 1.91 + 1.39 + 5 + 8 - 11 = 15.02(\text{m})$$

由以上计算可看出,最不利管路为 $A1456$ 分叉管路,根据以上计算值略加安全系数,选用水塔高度为 $H_{塔} = 15.50\text{m}$,于是水塔水面高程为 26.50m。

2. 环状管网的水力计算

图 5.22 所示为一环状管网,环状管网的布置是根据管网区域的要求和地形来确定的。根据用户需要确定各节点的流量。水在环状管网中的流动同样必须遵循水流运动的两个基本原理——连续性原理和能量守恒原理,即环状管网必须满足下列两个条件：

（1）对于任一节点来说,流入和流出的流量应相等。以流入节点流量为正,流出节点的流量为负,则任一节点处流量的代数和为零,即

$$\sum Q = 0$$

（2）对于管网中任何一个闭合环路,若以顺时针方向水流的水头损失为正,逆时针方向为负,则各闭合环路的水头损失的代数和等于零,即

$$\sum h_f = 0$$

图 5.22

具体计算时可按下列步骤进行：

(1) 先假设各管段的水流方向，在图上用箭头标出。

(2) 再假设各管段的流量 Q_i，使在各节点上满足 $\sum Q=0$。

(3) 根据允许流速 $v_允$（表 5.5）和各管段的流量 Q_i 选择管径 d_i。

(4) 计算任一闭合环路顺时针和逆时针方向的水头损失；鉴别它是否满足 $\sum h_f=0$ 的条件。若不满足这个条件，说明闭合管道的一支负荷过大，另一支负荷过小，需要一部分流量由负荷大的一支移至负荷小的一支，即在负荷大的一支上减去一改正流量 ΔQ，负荷小的一支加上一改正流量 ΔQ。这样做并不会破坏各节点流量的平衡关系。如此反复地进行流量校正，直至 ΔQ 接近零为止。一般进行 3~4 次流量校正即可达到这一要求。此方法称为环状管网的渐近分析法。

校正流量 ΔQ 的近似公式，以图 5.22 中的闭合环路 $ABCFA$ 为例来分析介绍。流入节点 A 的流量分成沿顺时针方向 ABC 的流量 Q_1 和逆时针方向 AFC 的流量 Q_2。若求得 $\sum h_{fi} \neq 0$，说明流量要重新分配。将流量偏大的减小，流量偏小的加大，即改正后流量 $Q'_1 = Q_1 + \Delta Q$，$Q'_2 = Q_2 - \Delta Q$，（或 $Q'_1 = Q_1 - \Delta Q$，$Q'_2 = Q_2 + \Delta Q$）。改正后应满足

$$\sum_{ABC} h_f = \sum_{AFC} h_f$$

因 $h_f = \dfrac{Q^2}{K^2} l$，代入上式得

$$\sum \frac{l_1}{K_1^2}(Q_1 + \Delta Q)^2 = \sum \frac{l_2}{K_2^2}(Q_2 - \Delta Q)^2$$

将上式展开，并忽略二次微量，则得

$$\Delta Q = \frac{\sum \dfrac{l_2}{K_2^2}Q_2^2 - \sum \dfrac{l_1}{K_1^2}Q_1^2}{2\sum \dfrac{l_1}{K_1^2}Q_1 + 2\sum \dfrac{l_2}{K_2^2}Q_2} = \frac{\sum h_{f2} - \sum h_{f1}}{2\sum \dfrac{h_{f1}}{Q_1} + 2\sum \dfrac{h_{f2}}{Q_2}}$$

h_{f1} 及 h_{f2} 分别为改正前两个分支上的水头损失。按图 5.24 所示的方向，$\sum h_{f1}$ 为正，$\sum h_{f2}$ 为负，上式可写为

$$\Delta Q = \frac{-\sum h_f}{2\sum \dfrac{h_f}{Q}} \tag{5.33}$$

式中：Q、h_f 分别为各管段中所分配的流量及相应各管段的水头损失。

表 5.5　　　　　　　　给水管道允许的极限流速表

直径（mm）	60	100	150	200	250	300	400	500	600	800	1000	1100
允许的极限流速（m/s）	0.70	0.75	0.80	0.90	1.00	1.10	1.25	1.40	1.60	1.80	2.00	2.20
相应于极限流速的流量（L/s）	2	6	14	28	49	78	157	275	453	905	1571	2093

5.6 水击计算简介

5.6.1 压力管中的水击现象概述

水利工程中除会遇到管道恒定流外，还会遇到管道非恒定流问题。

物理学中把扰动在介质中的传播现象称为波。管道中的非恒定流也是一种波，它们是由某种原因引起水中某处水力要素如流速、流量、压强等变化，并沿管道传播和反射的现象。波所到之处，破坏了原先的恒定流状态，使该处水力现象发生显著的变化。引起水流扰动的原因是多方面的，如水电站（图 5.23）和水泵站（图 5.24）在运行时，系统中发生突然事故，或某个大型用电设备启动或停机，则要求迅速增加或减少负荷，即要求迅速调节引水管道的阀门（或水轮机的导叶）开度，改变电站（或水泵站）的引用流量，调节出力。当管道阀门（或导叶）突然关闭时，由于管中流速突然减小，使压强急剧增加。反之，当阀门突然开启时，管中流速突然增大，则压强急剧减小。如果在管道上安装测压设备可以直接观测到管中出现大幅度变化的压强波动现象。由于管中压强迅速变化，且幅度大，易于引起管道变形，甚至破裂。这种由于阀门的突然启闭引起管中压强急剧升降的波动现象，称为管道非恒定流。又由于管中压强波动过程中伴有锤击般的声响和振动，所以又称此种非恒定流为水击。

图 5.23

图 5.24

以压强升高为特征的水击，称为正水击；反之以压强降低为特征的水击，称为负水击。正水击时的压强升高可以超过管中正常压强的许多倍，可能导致压力管道破裂和水电站（或水泵站）的破坏。负水击时的压强降低，可能使管中发生不利的真空。因此，必须对水击这一特殊的水流现象加以研究，以便采取一些工程措施，减小水击的危害。

在前面各章的学习中，均把水体看做是不可压缩的，即管壁是刚性的。但在水击问题研究中，由于水击压强的升高或降低的数值是很大的，水流的压缩性和膨胀性就会充分显示出来，因此必须考虑水体的压缩性及管壁的弹性，否则将导致错误的结论。

5.6.2 水击波的传播过程

下面以压力管道的阀门突然关闭为例，说明水击波的传播过程。

如图 5.25 所示，当阀门突然关闭时，靠近阀门处一个微小流段 Δs 的水体被迫停止运动。由于水流的惯性，就有一个力作用在阀门上。同时，阀门也有同样大小的反作用力作用在此微小水体上，由于水的特性，这个力也要传到管壁上。但是，这个微小流段上游面,与它相邻的水体,仍然以原有的速度 v_0 继续前进。当受到已停止流动的微小流段的阻挡后,同样有一个力作用在前面的流段上,使前一微小流段的水体受到压缩,从而使水体的压强增高,密度加大,管壁也相应地发生膨胀。接着第二个微小流段也相继停止流动,同时也伴随着压强升高,密度加大,管壁膨胀。如此连续下去,第三个、第四个……微小流段依次停止流动,形成一个从阀门处向上游传递的减速、增压运动,并以水击波速(水击波的传播速度)c 向压力管道进口推进,这种现象,称为水击波的传播。

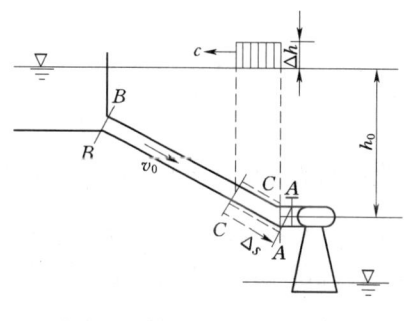

图 5.25

以上分析只是水击传播过程中的一个阶段。实际中,水击是从阀门处开始,传播到管道进口,再由进口传播到阀门,如此循环往复,直到水流的阻力作用使水击波的传播逐渐减弱,达到新的平衡为止。

水击波传播的每一个循环过程可以分为四个阶段。现以图 5.26 所示的压力管道为例加以说明。

图 5.26

(a) $0<t\leqslant l/c$; (b) $l/c<t\leqslant 2l/c$; (c) $2l/c<t\leqslant 3l/c$; (d) $3l/c<t\leqslant 4l/c$

(1) 第一阶段 $0<t\leqslant \dfrac{l}{c}$ [图 5.26 (a)]。在关闭阀门之前,水流以速度 v_0 向阀门方向流动。当时间 $t=0$ 时,阀门突然关闭。管中紧靠阀门一段长度为 Δs 的微小流段立即停止流动,其流速由 v_0 突然减小到零,这时从阀门处开始,一个以减速、增压、水的体积被压缩、密度增加和管壁膨胀为特点的水击波,以波速 c 向上游的管道进口传播。设管长为 l,则在时间 $t=\dfrac{l}{c}$ 时,水击波正好由阀门处传播到水管进口,此时管内水流会全部停止流动。

(2) 第二阶段 $\frac{l}{c} < t \leqslant \frac{2l}{c}$ [图5.26（b）]。上述的增压波刚好传播到管口。由于管道进口上游水库中水的体积庞大，水库水位不会因管中水击引起变化，所以管道进口处的压强、密度正常。这时在管进口断面 B—B 处出现压强、密度差。处在管口以内的压强、密度大的水流就必然向水库（压强、密度正常）的方向流动。因此，从时间 $t = \frac{l}{c}$ 时起，开始了水击波传播的第二阶段，即从管口 B 处的微小流段开始，产生一个向水库方向流动的反向流速 $-v_0$，使该微小流段的压强和密度恢复到正常（即和水库中的水体一样），管壁也收缩回原状。这时，从进口 B 开始，水击波以速度 c 向阀门方向传播，到 $t = \frac{2l}{c}$ 时，传播到阀门 A 处，结束了水击波传播的第二阶段。这时，全管水流的压强、密度和管壁状况都已恢复正常，只有全管水流都有一个反向流速 $-v_0$ 向水库方向流动。

(3) 第三阶段 $\frac{2l}{c} < t \leqslant \frac{3l}{c}$ [图5.26（c）]。在 $t = \frac{2l}{c}$ 时，全管水流以一个反向流速 $-v_0$ 向水库方向流动着，但因阀门完全关闭，水得不到补充，水流被迫停止流动，流速又由 $-v_0$ 减小到零。这时，由于水流的惯性作用，水体有脱离阀门的趋势，致使阀门处压强降低。由于流速只有方向上的改变，在数值上与第一阶段是相同的，故相应的压强降低值仍为 Δp。与此同时，伴随着水体膨胀，密度减小，管壁收缩，这个减压波仍以速度 c 向上游水库方向传播。到 $t = \frac{3l}{c}$ 时，减压波传到管道进口 B 处，全管水体处于静止状态。这就是水击波传播的第三个阶段。

(4) 第四阶段 $\frac{3l}{c} < t \leqslant \frac{4l}{c}$ [图5.26（d）]。在 $t = \frac{3l}{c}$ 时，减压波正好由阀门传播到管道进口，这时管道进口 B 的下游面（即管道的一面）水流的压强较 B 的上游面（即水库的一面）水流的压强低 Δp。在压强差 Δp 的作用下，水库中水体所具有的正常压强又迫使水体又以流速 v_0 向阀门方向流动，水体的压强和密度以及收缩的管壁又开始恢复正常，并且仍以速度 c 向下游方向传播，直到 $t = \frac{4l}{c}$ 时到达阀门处 A。这时全管水流的压强和密度以及管壁都恢复正常。但水流具有向下游阀门方向流动的速度 v_0，这就结束了水击波传播的第四阶段。这时全管水流的状态与 $t = 0$ 时完全一样，即当 $t = \frac{4l}{c}$ 时，水击波传播完成了一个全过程。以后，水击现象的传播将依次重复上述各个阶段，直至水流阻力作用，使水击波的传播逐渐减弱，最后达到新的平衡为止。

下面着重分析管道 A 端阀门处的压强水头随着时间的变化过程。

如图5.27所示，时间 t 为横坐标，压强水头 h 为纵坐标。$t = 0$（阀门突然关闭的瞬间）时，阀门处压强水头由原来的 h_0 增加到 $h_0 + \Delta h$，并一直保持到 $t = \frac{2l}{c}$ 时为止。

在 $t = \frac{2l}{c}$ 时，水击的减压波已从水库反射回来到达阀门处。这时，阀门处的压强水头降低至 $h_0 - \Delta h$，并一直保持到 $t = \frac{4l}{c}$ 时为止。此后将重复上述过程而呈周期性变化。如果不考虑水流阻力作用，则水击波的传播现象将永无休止地按上述顺序循环下去，如图 5.27 中的虚线所示。但实际上，水流阻力是存在的，阀门处水击压强水头的变化，如图 5.27 中的实线那样，是一个逐渐减弱以至消失的过程。但对于工程设计和水电站（或水泵站）的运行来讲，考虑的是水击压强升高的最大值和水击波沿压力管传播的过程，而不是水击压强随时间的减弱过程。由实际资料分析，考虑水流阻力作用的最大水击压强，比不考虑水流阻力时略低，相差不大。因此，一般在水电站（或水泵站）压力管道的水击计算中，可以忽略水流阻力对最大水击压强的影响。

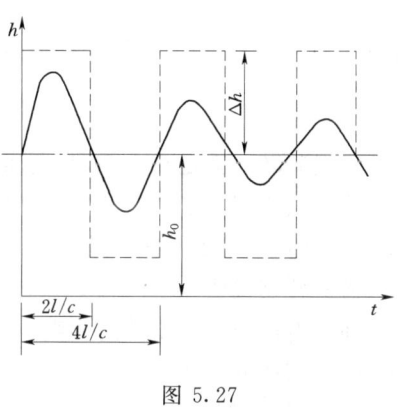

图 5.27

以上讨论的是假定阀门突然关闭时简单有压管道中发生的水击。实际上阀门的关闭都是在一段时间内完成的。因此，在分析时，可以把整个关闭过程看成为一系列微小关闭过程的总和；当阀门突然开启时，产生的水击波的物理本质和前面相同，其差别在于水击波传播的第一阶段是从阀门处向上游传播的增速减压波，此后水击波的传播情况与阀门关闭时的情况相似。

5.6.3 水击压强和水击波速

1. 水击压强

如图 5.28 所示，如果阀门是突然完全关闭的，压力波将以波速 c 沿管道向上游传播。在时段 dt 内，长度为 cdt 的一小段液体被压缩而停止。应用牛顿第二定律 $F = m\dfrac{dv}{dt}$，并忽略阻力，可得

$$[pA - (p+dp)A]dt = (\rho A c\,dt)dv$$

化简得

$$-dp = \rho c\,dv$$

或写成

$$\Delta p = -\rho c(\Delta v) \tag{5.34}$$

图 5.28

式 (5.34) 称为水击的动量方程。此式表明由于流速的瞬时变化量 Δv 引起压强的变化量 Δp。

如果阀门部分关闭，使管道内流速由 v_0 减小到 v，即式 (5.34) 中的 $\Delta v = v - v_0$。因此该式可写成

$$\Delta p = -\rho c(v - v_0)$$

则
$$\Delta p = \rho c(v_0 - v) \tag{5.35}$$

将 $\rho = \gamma/g$ 代入上式，并用水柱高 Δh 表示水击压强，则

$$\Delta h = \frac{\Delta p}{\gamma} = \frac{c}{g}(v_0 - v) \tag{5.36}$$

式（5.36）就是在 1898 年所得出的儒柯夫斯基公式。此式表明，水击压强 Δp 和管长无管，只决定于管中波速和流速的变化量 Δv。关闭阀门后，阀门处的总压强应为 $p_0 + \Delta p$，其中 p_0 为关阀前阀门处的正常压强。

需要特别说明一个问题，在讨论水击压强计算公式时，是从一种最简单的情况出发的，即只考虑一个水击波的影响。所以，在计算压强时，还需要在这些基本规律的基础上作进一步的研究。

2. 水击波速

如果在管壁为无弹性的绝对刚体的管道中，通过弹性的液体，当发生水击波传播时，可以推证出其波速为

$$c_0 = \sqrt{\frac{K}{\rho}} = \sqrt{\frac{g}{\gamma}K} \tag{5.37}$$

式中：K 为液体的体积弹性系数。一般水的体积弹性系数 $K = 1.96 \times 10^6 \text{kPa}$，代入式 (5.37) 可得水击波的传播速度 $c_0 = 1435 \text{m/s}$。实际上，管壁是有弹性的，当管中压强增高时，管壁产生膨胀。弹性的液体在弹性的管壁中流动时，而发生的水击波 c 可按下式计算，即

$$c = \frac{c_0}{\sqrt{1 + \frac{DK}{\delta E}}} \tag{5.38}$$

式中：D 为管道的直径；δ 为管壁厚度；E 为管壁材料的弹性系数，可在表 5.6 中查取；K 为液体的体积弹性系数；c_0 为弹性液体在绝对刚体管道中的波速。

表 5.6 几种常见管壁材料的弹性系数

管壁材料	E (kPa)	K/E	管壁材料	E (kPa)	K/E
钢管	1.96×10^8	0.01	混凝土管	1.96×10^7	0.1
铸铁管	9.8×10^7	0.02	木管	9.8×10^6	0.2

式（5.38）说明，管道的直径 D 大，管壁厚度 δ 小，则水击波传播的速度 c 就较小；反之则较大。一般钢管的管径与管壁厚度的比值 $\frac{D}{\delta}$ 在 50~200 的范围内，相应的水击波传播速度 c 在 800~1200m/s 范围内。大多数水电站的压力钢管 $\frac{D}{\delta}$ 值约为 100，相应的水击波的传播速度约为 1000m/s。

5.6.4 水击压强的计算

前面已经介绍，压力管中可能发生以压强升高为特征的正水击和以压强降低为特征的负水击。正水击有两种形式，即直接水击和间接水击。

当关闭阀门所需的时间 $t < \frac{2l}{c}$ 时，从水库反射回来的减压波还没有到达阀门处，因

此，阀门处的最大水击压强就不会受到从水库反射回来的减压波的影响。工程上把这种关闭阀门时间 $t < \dfrac{2l}{c}$ 时所发生的水击叫做直接水击。

当关闭阀门所需时间 $t > \dfrac{2l}{c}$ 时，阀门处产生的水击压强还没有达到最大值时，就会受到从水库反射回来的减压波的影响，使阀门处的压强不会达到直接水击的最大压强值。在工程上，把关闭阀门时间 $t > \dfrac{2l}{c}$ 时所发生的水击，叫做间接水击。

从阀门完全关闭，即 $t=0$ 时起，至第二阶段末 $t = \dfrac{2l}{c}$ 时止，称为相，同时因其是首先发生的，故叫做第一相，从第三阶段开始 $t = \dfrac{2l}{c}$，到第四阶段结束 $t = \dfrac{4l}{c}$ 为第二相，$t = \dfrac{2l}{c}$ 称为一个相长。

1. 直接水击最大水击压强的计算

在直接水击情况下，由于管道进口反射回来的减压波尚未到达阀门时，阀门已关闭，阀门处的压强未能受到减压波的影响。因此，阀门处第一相末的水击压强，就是最大的水击压强，其值可直接用儒柯夫斯基公式（5.36）进行计算。

如果阀门部分关闭，使管道内流速 v_0 减少到 v，并且发生了直接水击，则阀门处的最大水击压强值由式（5.36）进行计算，即

$$\Delta h = \frac{c}{g}(v_0 - v)$$

如果直接水击是因阀门完全关闭而引起的，则管道内流速由 v_0 变为零，这时其阀门处的最大水击压强值应按下式计算，即

$$\Delta h = \frac{c v_0}{g} \tag{5.39}$$

例如，在水电站压力钢管中，流速 v_0 若为 3～5m/s，水击波速 $c = 1000$m/s，如阀门或导叶迅速完全关闭，并发生直接水击，则最大水击压强值由式（5.39）可求得 $\Delta h \approx 300 \sim 500$m（水柱），相当于 30～50 个工程大气压。这是一个很大的数值，因此，在工程设计中，对水击问题，要认真研究。

2. 间接水击最大水击压强计算

在间接水击情况下，由管道进口反射回来的减压波到达阀门时，阀门还未完全关闭。不但阀门处的压强还未升到最大值，而且反射回来的减压波还会使阀门处的压强降低。所以，阀门处的压强增值要比直接水击时小。

间接水击情况比较复杂，决定水击压强值也比较困难，这里，可用近似公式莫洛索夫公式来确定压强增高值 Δh，即

$$\Delta h = \frac{\Delta p}{\gamma} = \frac{2\sigma}{2 - \sigma} h_0 \tag{5.40}$$

$$\sigma = \frac{v_0 l}{g h_0 T} \tag{5.41}$$

式中：σ 与管道特性有关；h_0 为管道阀门处的静水头 p_0/γ；v_0 为管道内未发生水击前的

流速。σ 若小于 0.5 且压力增高值较小时，式 (5.40) 可得到相当准确的结果。

试验证明，在阀门缓慢关闭而且发生间接水击时，管中所发生的压强增值 $\Delta p'$，从阀门处的 $\Delta p'$ 均匀地减小，到进口处为零，即按直线变化。此时的间接水击压强也可近似地按下式计算

$$\Delta p' \approx \frac{2l/c}{T}\Delta p = \frac{2l}{cT}\Delta p = \frac{2\gamma l v_0}{gT} \qquad (5.42)$$

式中：Δp 为突然完全关闭阀门时的水击压强；T 为阀门完全关闭所需的时间。

【例 5.13】 某水电站压力钢管的直径 $D=1.0\text{m}$ 壁厚 $\delta=10\text{mm}$。引水管长 $l=60\text{m}$，流速 $v_0=2.5\text{ m/s}$，管端处（阀门前面）的压强水头 $h_0=50\text{m}$，求：(1) 阀门突然关闭时的压强升高值；(2) 当阀门关闭时间 $T=2.0\text{s}$ 时的水击压强。

解： (1) 阀门突然关闭，即直接水击（视 $T=0$）情况下，求水击压强。

水击波的传播速度按式 (5.40) 计算，即

$$c = \frac{1435}{\sqrt{1+\frac{DK}{\delta E}}}$$

查表 5.6 得 $K/E=0.01$，则

$$c = \frac{1435}{\sqrt{1+\frac{1}{0.01}\times 0.01}} = 1015 (\text{m/s})$$

阀门突然完全关闭时的压强升高值按式 (5.39) 计算，即

$$\Delta h = \frac{cv_0}{g} = \frac{1015\times 2.5}{9.8} = 259 (\text{m 水柱})$$

于是，管路末端处的全部压强为 $H=50+259=309$ （m 水柱）

(2) 求当关阀时间 $T=2.0\text{s}$ 时的水击压强。先确定水击波往返时间，即相长

$$t = \frac{2l}{c} = \frac{2\times 60}{1015} = 0.12 (\text{s})$$

因 $T>2l/c$，所以为间接水击，按式 (5.41) 确定 σ，即

$$\sigma = \frac{v_0 l}{gh_0 T} = \frac{2.5\times 60}{9.8\times 50\times 2} = 0.153$$

因 $\sigma<0.5$，故水击压强可按式 (5.40) 计算，即

$$\Delta h = \frac{2\sigma}{2-\sigma}h_0 = \frac{2\times 0.153\times 50}{2-0.153} = 8.284 (\text{m 水柱})$$

于是，在阀门处的最大（全部）压强为

$$H = 50 + 8.284 = 58.284 (\text{m 水柱})$$

以上讨论了压力管中可能发生以压强升高为特征的正水击问题。由于阀门迅速开启引起的负水击也有两种形式：直接水击和间接水击。

$T<2l/c$（这里 T 表示为阀门开启时间）时为直接水击。直接水击时，最大水击压强仍用式 (5.36) 或式 (5.39) 进行计算，只是这时的流速是由零增加到 v_0，因此在阀门处应产生压强降低值，其值为 $-\Delta p$。

如果 $T>2l/c$，则发生间接水击，间接水击的压强降低值可采用切尔索失公式计算，即

$$\Delta h = \frac{\Delta p}{\gamma} = \frac{\sigma}{1-\sigma} h_0 \qquad (5.43)$$

其中 σ 仍按式（5.41）计算。

负水击可能使管中发生有害的真空。因此，对引水管等也常计算负水击所引起的压强降低值。

5.6.5 减小水击压强的措施

前面分析了水击的发生和发展过程，以及形成水击时水流运动的基本规律，并找到了影响水击压强的各种因素。例如，启闭阀门的时间过短，压力管道过长或管内流速过大等都是加大水击压强的不利因素。因此，必须设法减小由水击所造成的危害。工程上常常采取以下措施来减小水击压强。

（1）延长阀门（或导叶）的启闭时间 T。从水击波的传播过程可以看出，关闭阀门所用的时间愈长，从水库发射回来的减压波所起的抵消作用愈大，因此阀门处 $A-A$ 断面的水击压强也就愈小。工程中总是力求避免发生直接水击，并尽可能地设法延长阀门的启闭时间。但要注意，根据水电站运行的要求，阀门启闭时间的延长是有限度的。

（2）缩短压力水管的长度。压力管道愈长，则水击波以速度 c 从阀门处传播到水库，再由水库反射回阀门处所需要的时间也愈长（即相长 $\frac{2l}{c}$ 愈大），这样，在阀门处所引起的最大水击压强也就愈不容易得到缓解。因此，在水电站或水泵站等工程设计中，应尽可能缩短压力管道的长度。

（3）在压力管道中设置调压室。若压力管道的缩短受到条件的限制时，可根据具体情况，在管道中设置调压室（有关调压室的布置，可参阅有关水电站等工程设计资料），如图 5.26 所示。这时水击的影响主要限制在调压室与水轮机间的管段内，实际上等于缩短了压力管道的长度。

（4）减小压力管中的流速 v_0。减小压力管道中的流速，实际上相当于减小了发生水击时流速改变的幅度，从而可降低水击压强。但要减小流速，必然要加大管径，增加工程投资。因此，有时可在压力管道末端设置空放阀。当阀门突然关闭时，可用空放阀将管内的部分流量从旁边放出去，这同样会达到减小管中流速的变化，从而减小水击压强的目的。

习　题

5.1　何谓管流？它的主要特点是什么？

5.2　长管和短管的主要区别是什么？

5.3　什么是水泵的扬程？它与提水高度是不是一回事？

5.4　什么是水击？它有什么特点？

5.5　什么是直接水击和间接水击？

5.6　减小水击压强的主要工程措施有哪些？为什么这些措施能起到减小水击压强的

作用?

5.7 利用直径 $d=1.0\text{m}$ 的钢筋混凝土虹吸管自水源引水,如图 5.29 所示。虹吸管上下游水位差 $Z=2.0\text{m}$,虹吸管全长 $l=25\text{m}$,虹吸管弯段的局部水头损失系数 $\zeta=0.6$。(1)计算虹吸管的流量;(2)当虹吸管第二弯管前断面的最大允许真空值为 7m 水柱,由进口至该断面的管长为 13m 时,计算虹吸管的安装高度 h_s。

5.8 倒虹吸管采用 $d=500\text{mm}$ 铸铁管,管长 $l=125\text{m}$,根据地形设有两个转弯角各为 $60°$ 和 $50°$,上下游渠道的流速相等,水位差 $Z=5\text{m}$,求倒虹吸管通过的流量(图 5.30)。

图 5.29

图 5.30

5.9 一水泵将水抽至水塔,如图 5.31 所示。已知抽水流量 $Q=100\text{ L/s}$,吸水管长 $l_1=15\text{m}$,压水管长 $l_2=300\text{m}$,管径 $d=300\text{mm}$,沿程阻力系数 $\lambda=0.03$,上下水池水面差为 30m,允许真空值 $h_v=6\text{m}$ 水柱高,局部阻力系数 $\zeta_{进口}=6$,$\zeta_{弯}=0.4$。计算:(1)水泵的安装高度 h_s;(2)水泵的扬程 H;(3)当水泵和电动机总效率 $\eta=0.75$ 时,电动机的功率。

5.10 某水电站的施工导流洞,如图 5.32 所示。上游是水库,下游河道开阔,洞长 $l=400\text{m}$。洞径 $D=4.0\text{m}$,平均坡度 $i=\dfrac{\Delta H}{l}=0.015$,开挖后不衬砌,糙率 $n=0.035$,水头 $H=11\text{m}$,求隧洞泄流量。

图 5.31

图 5.32

5.11 试定性绘制出图 5.33 中各管道的总水头线和测压管水头线。

5.12 某输水铸铁管布置如图 5.34 所示。已知管路工作水头 $H=12\text{m}$,各管段的直径与长度:$d_1=300\text{mm}$,$l_1=1500\text{m}$;$d_2=400\text{mm}$,$l_2=500\text{m}$;$d_3=200\text{mm}$,$l_3=300\text{m}$。试求管道的供水流量。

5.13 有一管路如图 5.35 所示,水管为旧钢管,管径 $d_1=1000\text{mm}$,$d_2=800\text{mm}$,上下游水池水位差 $Z=5\text{m}$,问管中能通过多大的流量?绘出管路的总水头线和测压管水头线。

图 5.33

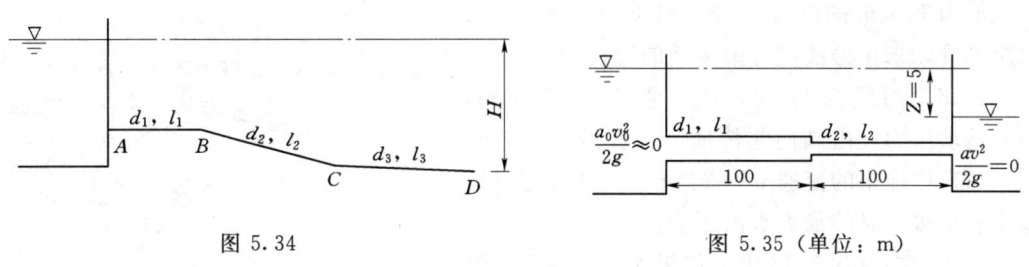

图 5.34   图 5.35（单位：m）

5.14 某水塔供水管路布置如图 5.36 所示。管道为铸铁管，自由出流，流量为 $Q_D=160\text{L/s}$。试确定水塔所需水头 H 及两个并联管路内的流量值。

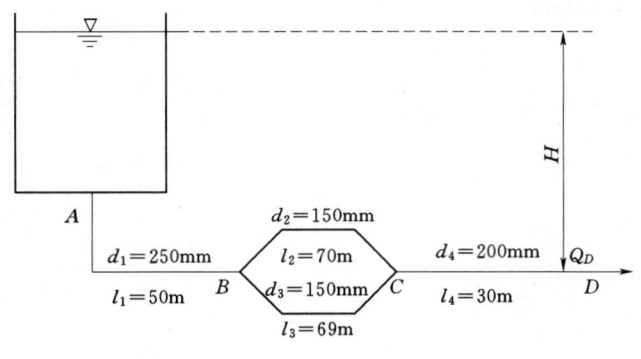

图 5.36

5.15 某输水铸铁管道布置如图 5.37 所示，已知管道直径 $d=150\text{mm}$，各段管长为：$l_1=500\text{m}$，$l_2=400\text{m}$，$l_3=600\text{m}$，其中第二段为沿程均匀泄流管道，$q=0.1\text{L/(s·m)}$，传输流量 $Q_t=20\text{L/s}$，上下游水箱的水面高程 $\triangledown_1=350\text{m}$，$\triangledown_2=270\text{m}$。求压力水箱内水面压强值。

图 5.37

5.16 有一给水系统，管网布置及供水末端高程如图 5.38 所示。水管的糙率 $n=0.0125$，要求供水终点应保留的自由水头均为 $h_{端}=6m$ 水柱高，试确定所需要的水塔高度。

5.17 有一直径 $d=1.5m$ 的水管，如（1）管壁厚为 1.5cm 的钢管；（2）管壁厚为 10cm 的混凝土管。求压力波在管中传播的速度 c。

5.18 习题 5.17 中，如钢管长 $l=1200m$，(1) 试求压力波由阀门起传播一个往返所需的时间；(2) 如原来的流速 $v_0=2.5m/s$，试求阀门处发生直接水击时的最大水击压强。

5.19 在习题 5.17 中，如果关阀过程中，流速均匀地减小，且关阀时间为 $T=\dfrac{5l}{c}$ 时，试近似求出阀门处的间接水击压强。

图 5.38

学习单元6 渠道水力计算

知识内容要求：能够陈述明渠均匀流、明渠非均匀流的概念、区别；能够陈述渠道水力计算的类型、原理、方法、步骤；能够陈述明渠水流流态及判别方法；能够陈述水跃的产生原因、类型、消能机理、水力计算方法。

能力与素质要求：能解决渠道水力计算的各种问题；能对水跃进行水力计算；能够指导渠道的设计与施工；能区分渠道的12种水面曲线并进行演示。

6.1 明渠水流认知

6.1.1 明渠水流

明渠水流在水利工程中是一种常见的水力现象，包括人工渠道和天然河道。灌溉输水渠道、无压隧洞、渡槽以及城镇排污的下水道等，都属于人工渠道；而自然界中的河流、溪沟等都属于天然河道。液体在渠槽中流动时具有与大气相接触的自由表面，表面上各点的压强均为大气压强，相对压强为零，通常把这种具有自由水面的水流称为明渠水流，或无压流。

明渠水流根据水流的运动要素是否随时间改变，分为恒定流与非恒定流；根据水流的运动要素是否沿程改变，分为均匀流与非均匀流；非均匀流又分为渐变流与急变流。

6.1.2 渠道的过水断面型式

渠槽的过水断面型式有很多种。人工修建的明渠为了便于施工和符合水流运动的特点，一般都做成对称的规则断面。工程中常见的有梯形断面、矩形断面、圆形断面、U形断面和复式断面等，如图6.1（a）、（b）、（c）、（d）、（e）所示。天然河道由于长度一般比较大，受地形条件的限制，断面通常是不规则的，也不对称，往往可分为主槽与滩地，如图6.1（f）所示。

土质地基上的人工渠道，常修成对称的梯形断面，其水力要素为：

水面宽度 $$B = b + 2mh \tag{6.1}$$

面积 $$A = (b + mh)h \tag{6.2}$$

湿周 $$\chi = b + 2h\sqrt{1 + m^2} \tag{6.3}$$

水力半径 $$R = \frac{A}{\chi} = \frac{(b + mh)h}{b + 2h\sqrt{1 + m^2}} \tag{6.4}$$

梯形渠道边坡系数 m 的影响因素比较多，通常可以根据边坡的岩土性质，侧壁的衬砌情况，以及渠道设计的有关规定，查专门水力计算手册选取。表6.1所给出的 m 值可供参考。

矩形过水断面，可认为是边坡系数 $m=0$ 的梯形；而三角形过水断面，则认为是底宽 $b=0$ 的梯形，水力计算时可套用梯形的计算公式。

表6.1　　　　　　　　　　梯形渠道的边坡系数 m

岩土种类	边坡系数 m	岩土种类	边坡系数 m
未风化的岩石	0~0.25	黏土，黄土	1.0~1.5
风化的岩石	0.25~0.5	黏壤土，砂壤土	1.25~2.0
半岩性耐水土壤	0.5~1.0	细砂	1.5~2.5
卵石和砂砾	1.25~1.5	粉砂	3.0~3.5

底部为半圆，侧墙直立的U形渠道也比较常见，其水力要素为：

水面宽度 $\qquad B = 2r \qquad$ (6.5)

面积 $\qquad A = \dfrac{\pi r^2}{2} + 2r(h - r) \qquad$ (6.6)

湿周 $\qquad \chi = 2(h - r) + \pi r \qquad$ (6.7)

水力半径 $\qquad R = \dfrac{\dfrac{\pi r^2}{2} + 2r(h - r)}{2(h - r) + \pi r} \qquad$ (6.8)

图 6.1

另外，还有一种底宽远远大于水深（$b \gg h$）的宽浅式断面，这种断面在计算过水断面的水力半径时通常这样进行

$$R = \frac{A}{\chi} = \frac{bh}{b + 2h} = \frac{h}{1 + 2\dfrac{h}{b}} \approx h \qquad (6.9)$$

即宽浅式断面的水力半径 R 近似等于水深 h，计算时可直接用过水断面的水深代替水力半径，从而大大简化了计算。但是，这样的断面因占地多，不经济，在人工渠道中很少看到，而在天然河道中则比较多见。

6.1.3 渠道的底坡

渠道的底坡一般沿程微向下游倾斜，通常把渠道的底面与纵剖面的交线称为渠底线，

而把渠底线与水平线夹角 α 的正弦（即渠底线沿流程方向每单位长度的下降量），称为渠道的底坡，常以符号 i 表示。图 6.2 中，若以长度 l' 表示断面 1—1 到断面 2—2 间的倾斜距离，以高度 z_1、z_2 分别表示断面 1—1 和断面 2—2 的渠底高程，则渠道的底坡 i 应为

图 6.2

$$i = \sin\alpha = \frac{z_1 - z_2}{l'} \tag{6.10}$$

在水利工程中，渠道由于受允许流速的限制，α 角一般都比较小，根据高等数学概念，在 α 角比较小时（$\alpha<6°$），$\sin\alpha$ 与 $\tan\alpha$ 的值近似相等，也就是说，两断面间的倾斜距离 l' 可用水平距离 l 来代替，而且，过水断面可以看做是铅垂平面，水深 h 也可沿垂线方向量取，则底坡 i 用下式计算

$$i \approx \tan\alpha = \frac{z_1 - z_2}{l} \tag{6.11}$$

但是要注意，在 α 角较大时，因 $\sin\alpha$ 与 $\tan\alpha$ 的值相差比较大，式（6.11）就不再适用了。

渠道的底坡可能出现三种情况：①当渠底高程沿流程下降时，底坡 $i>0$，称为顺坡（或正坡），这种底坡在工程中是最常见的；②当渠底高程沿流程不变时，底坡 $i=0$，称为平坡；③当渠底高程沿流程上升时，底坡 $i<0$，称为逆坡（或负坡）。如图 6.3 所示。

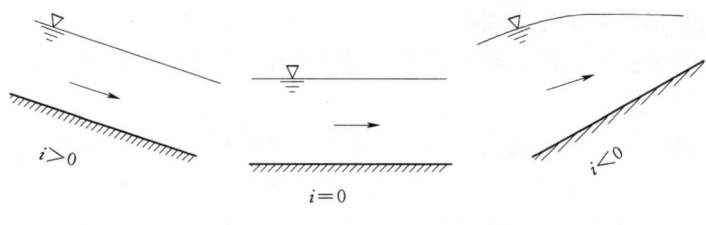

图 6.3

人工明渠中，若渠道的断面形状和尺寸沿流程不变，就是棱柱体渠道。在棱柱体渠道中，水流的过水断面面积 A 仅与水深 h 有关，即 $A=f(h)$。若渠道的断面形状和尺寸沿流程变化，就是非棱柱体渠道。在非棱柱体渠道中，水流的过水断面面积 A 是随着水深 h 和流程 l 而变的，即 $A=f(h,l)$。

天然河道的断面一般是不规则的复式断面，如图 6.1（f）所示。由于过水断面的水力要素随水深的变化是不连续的，所以通常不能用解析式来表达，大多数情况下属于非棱柱体河槽。

6.1.4 明渠均匀流

明渠均匀流就是物理学中的匀速直线运动，由力学观点分析，作用在水流运动方向上的各种力应保持平衡。

如图 6.4 所示，取断面 1—1 和断面 2—2 之间的水体 $ABCD$ 作为研究对象，分析作用在这块水体上的力：分别有铅直向下的重力 G，平行于流向的摩阻力 F_f，及作用在两

控制断面上的大小相等、方向相反的动水压力 P_1 和 P_2，沿流向写动力平衡方程，有

$$P_1 + G\sin\theta - F_f - P_2 = 0$$

因为 $P_1 = P_2$，所以上式可写为 $G\sin\theta = F_f$，即水体重力沿流向的分力与水流所受边壁阻力平衡。也就是说，当 $G\sin\theta = F_f$ 时，水流呈现为均匀流，此时渠道的水深、断面平均流速、流速分布沿程都不改变；当 $G\sin\theta > F_f$ 时，水流作加速运动；当 $G\sin\theta < F_f$ 时，水流作减速运动。

根据以上分析，明渠均匀流的主要特征为：

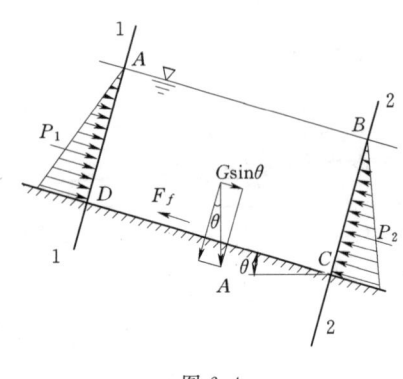

图 6.4

(1) 过水断面的形状和大小、流速、流量、水深沿流程都不变。

(2) 总水头线（坡度以 J 表示）、测压管水头线（在明渠水流中就是水面线，坡度以 J_p 表示）、渠底线三者平行，因而它们的坡度相等，即

$$J = J_p = i \tag{6.12}$$

6.1.5 明渠均匀流的产生条件

由于明渠均匀流具有上述特性，因此形成这种流动必须具备一定的条件：

(1) 明渠中水流必须是恒定的，且流量沿程不变。

(2) 渠道必须是顺坡（$i > 0$）。因为只有在顺坡渠道上，才能满足重力沿流向的分力与摩阻力平衡的条件。

(3) 渠道的糙率必须保持沿程不变。

(4) 渠道必须是长而直的，底坡沿程不变的棱柱体渠道，且沿程不能有建筑物对水流形成干扰。

上述 4 个条件中任一个不能满足时，都不能产生明渠均匀流。实际工程中，渠道上往往修建有桥、闸、坝等建筑物，对水流形成局部干扰，故严格地讲，没有绝对的明渠均匀流，只要与上述条件相差不大，即可近似地看成是明渠均匀流。在人工渠道中，渠轴线总是尽可能的顺直，底坡沿程尽量保持不变，渠道通常是沿程不变的棱柱体渠道，基本上满足均匀流的条件。

6.1.6 明渠非均匀流

天然河道和大多数人工渠道由于受地形、地质及施工条件的限制，渠道的横端面尺寸、粗糙度或底坡往往沿程是改变的，把这种过水断面水力要素沿程改变的渠道，称为明渠非均匀流，明渠中的水流多数属于非均匀流。

6.2 明渠均匀流的计算公式

由于明渠水流一般情况下都处于紊流粗糙区（紊流阻力平方区），所以可采用谢才公式 $v = C\sqrt{RJ}$ 进行计算。

对于明渠均匀流，因为 $J = i$，故有

$$v = C\sqrt{Ri} \tag{6.13}$$

则流量为
$$Q = AC\sqrt{Ri} \tag{6.14}$$
或
$$Q = K\sqrt{i} \tag{6.15}$$

式中，$K = AC\sqrt{R}$，称为流量模数，m^3/s。当渠道糙率和断面形状一定时，K 是正常水深 h_0 的函数。

式 (6.14) 代入曼宁公式 $C = \frac{1}{n}R^{1/6}$ 后，又可写成

$$Q = \frac{A}{n}R^{2/3}i^{1/2} \tag{6.16}$$

式中糙率 n 的取值见表 6.2。

表 6.2　　　　　　　　渠 道 糙 率 n 值

渠道类型及状况	糙率 n 值		
	最小值	正常值	最大值
1. 土渠			
(1) 渠线顺直，断面均匀			
清洁，新近完成	0.016	0.018	0.020
清洁，经过风雨侵蚀	0.018	0.022	0.025
清洁，有卵石	0.022	0.025	0.030
有牧草和杂草	0.022	0.027	0.033
(2) 渠线弯曲，断面变化的土渠			
没有植物	0.023	0.025	0.030
有牧草和一些杂草	0.025	0.030	0.033
有茂密的杂草或在深槽中有水生植物	0.030	0.035	0.040
土底，碎石边壁	0.028	0.030	0.035
块石底，边壁为杂草	0.025	0.035	0.040
圆石底，边壁清洁	0.030	0.040	0.050
(3) 用挖土机开凿或挖掘的渠道			
没有植物	0.025	0.028	0.033
渠岸有稀疏的小树	0.035	0.050	0.060
2. 石渠			
光滑而均匀	0.025	0.035	0.040
参差不齐而不规则	0.035	0.040	0.050
3. 混凝土渠道			
抹灰的混凝土或钢筋混凝土护面	0.011	0.012	0.013
不抹灰的混凝土或钢筋混凝土护面	0.013	0.014	0.017
喷浆护面	0.016	0.018	0.021
4. 各种材料护面的渠道			
三合土护面	0.014	0.016	0.020
浆砌砖护面	0.012	0.015	0.017
条石护面	0.013	0.015	0.018
干砌块石护面	0.023	0.032	0.035
浆砌块石护面	0.017	0.025	0.030

6.3 明渠均匀流计算有关问题分析

6.3.1 水力最佳断面分析

所谓水力最佳断面,就是在渠道的过水断面面积、底坡、糙率一定时,通过流量最大的断面;或者在渠道的流量、底坡、糙率一定时,过水断面面积最小的断面。研究水力最佳断面在渠道设计中有很重要的意义。

由明渠均匀流公式(6.16)

$$Q = \frac{A}{n} R^{2/3} i^{1/2} = \frac{A}{n} \left(\frac{A}{\chi}\right)^{2/3} i^{1/2}$$

可知,在渠道的面积、底坡和糙率一定时,要想使渠道通过的流量是最大值,必须使过水断面的湿周为最小值。在图6.1所示各种不同形状的明渠横断面中,由几何学知道,在面积相同的情况下,湿周最小的断面应该是圆形或半圆形。但是,由于施工、经济和管理等方面的原因,工程中并不经常采用圆形或半圆形断面的渠道,在一般渠道中,应用最多的是梯形断面。下面求梯形渠道水力最佳断面应该满足的条件。

由式(6.3),梯形断面的湿周为

$$\chi = b + 2h\sqrt{1+m^2} = \frac{A}{h} - mh + 2h\sqrt{1+m^2} \tag{6.17}$$

最小的湿周应满足 $\frac{d\chi}{dh}=0$(当 $\frac{d^2\chi}{d^2h}>0$ 时),将上式对 h 求导,可得

$$\frac{d\chi}{dh} = -\frac{A}{h^2} - m + 2\sqrt{1+m^2} = -\frac{(b+mh)h}{h^2} - m + 2\sqrt{1+m^2} = 0$$

则

$$\beta_m = \frac{b}{h} = 2(\sqrt{1+m^2} - m) \tag{6.18}$$

同时还可得到

$$\frac{d^2 A}{d^2 h} = \frac{2A}{h^3} > 0 \tag{6.19}$$

式(6.18)就是梯形水力最佳断面的宽深比应该满足的条件。对于不同边坡系数 m 时的梯形渠道,其水力最佳断面宽深比 β_m 值见表6.3。

表6.3　　　　　梯形渠道水力最佳断面的宽深比 β_m 值

m	0.00	0.25	0.50	0.75	1.00	1.50
β_m	2.00	1.56	1.24	1.00	0.83	0.61
m	2.00	2.50	3.00	3.50	4.00	5.00
β_m	0.47	0.39	0.33	0.28	0.25	0.20

将最佳宽深比 β_m 分别代入面积 A 和湿周 χ 的表达式,可以得到对应于水力最佳断面的水力半径为

$$R_m = \frac{A}{\chi} = \frac{(b+mh)h}{b+2h\sqrt{1+m^2}} = \frac{[2(\sqrt{1+m^2}-m)h+mh]h}{2(\sqrt{1+m^2}-m)h+2h\sqrt{1+m^2}} = \frac{h}{2} \tag{6.20}$$

式（6.20）表明，梯形渠道水力最佳断面的水力半径 R 只与水深有关（等于水深的 1/2），与渠道的底宽及边坡系数等无关。

矩形断面可看作 $m=0$ 的梯形，由式（6.18）得

$$\beta_m = \frac{b}{h} = 2$$

或
$$b = 2h \tag{6.21}$$

也就是说，矩形渠道水力最佳断面的特征是底宽为水深的两倍。

由表 6.2 可以看出，当 $m \geqslant 1$ 时，$\beta<1$，这是一种水深大、底宽小的窄深式断面，这种断面对施工和管理是不利的。而一般的梯形渠道，m 值都大于 1，因此，无衬砌的渠道不宜采用水力最佳断面，而要结合技术和经济各方面因素来确定渠道的实用经济断面。

6.3.2 渠道的允许流速分析

渠道在通过不同大小的流量时，流速是不同的。为保证渠道的正常运行，使其在使用过程中不会因为流速过小引起淤积，或因流速过大引起冲刷，必须对渠道断面平均流速的上限和下限值加以限制。这种限制流速就是允许流速。

允许流速的上限是不冲允许流速（$v_{\max}$），主要与渠道的建筑材料和流量有关，可参照表 6.4～表 6.6 选取。若水流的挟泥沙量较大时，须依据有关水力学手册确定。

表 6.4　　　　坚硬岩石和人工护面渠道的不冲允许流速 $v_{\max}$

坚硬岩石和人工护面渠道	流量（m³/s）		
	<1	1～10	>10
软质水成岩（泥灰岩、页岩、软砾岩）	2.5	3.0	3.5
中等硬质水成岩（致密砾石、多孔石灰岩、层状石灰岩、白云石灰岩、灰质岩）	3.5	4.3	5.0
硬质水成岩（白云砂岩、砂质石灰岩）	5.0	6.0	7.0
结晶岩、火成岩	8.0	9.0	10.0
单层块石铺砌	2.5	3.5	4.0
双层块石铺砌	3.5	4.5	5.0
混凝土护面	6.0	8.0	10.0

表 6.5　　　　均质黏性土的不冲允许流速 $v_{\max}$

土质	不冲允许流速（m/s）	土质	不冲允许流速（m/s）
软壤土	0.60～0.80	重壤土	0.70～1.00
中壤土	0.65～0.85	黏土	0.75～0.95

注　1. 表中土壤的干容重为 $12.75\sim16.67 \text{kN/m}^3$。
　　2. 表中所列不冲允许流速为水力半径 $R=1\text{m}$ 的情况，如 $R \neq 1\text{m}$，则应将表中数值乘以 R^α 才得相应的不冲允许流速。对于砂、砾石、卵石、疏松壤土、黏土，$\alpha = \frac{1}{3} \sim \frac{1}{4}$；对于密实的壤土、黏土，$\alpha = \frac{1}{4} \sim \frac{1}{5}$。

表 6.6　　　　　　　　　　均质无黏性土的不冲允许流速 v_{max}

土质	粒径（mm）	不冲流速（m/s）	土质	粒径（mm）	不冲流速（m/s）
极细砂	0.05～0.1	0.35～0.45	中砾石	5～10	0.90～1.10
粗砂、中砂	0.1～0.5	0.45～0.60	粗砂石	10～20	1.10～1.30
粗砂	0.5～2.0	0.60～0.75	小卵石	20～40	1.30～1.80
砂砾石	2.0～5.0	0.75～0.90	中卵石	40～60	1.80～2.20

注　表中所列不冲允许流速为水力半径 $R=1\text{m}$ 的情况，如 $R \neq 1\text{m}$，则应将表中数值乘以 R^α 才得相应的不冲允许流速。对于砂、砾石、卵石、疏松壤土、黏土，$\alpha = \frac{1}{3} \sim \frac{1}{4}$；对于密实的壤土、黏土：$\alpha = \frac{1}{4} \sim \frac{1}{5}$。

允许流速的下限是不淤允许流速（v_{min}），主要与渠道的挟沙能力有关，可参照有关水力学手册确定。

渠道的平均流速 v，应小于不冲允许流速 v_{max}，大于不淤允许流速 v_{min}，即

$$v_{min} < v < v_{max} \tag{6.22}$$

【例 6.1】　某梯形断面的土渠，边坡系数 $m=1.25$，渠道糙率 $n=0.025$，底坡 $i=0.0004$，流量 $Q=2.2\text{m}^3/\text{s}$，渠道为黏土，不淤流速 $v_{min}=0.5\text{m/s}$。试设计渠道的水力最佳断面，并校核渠中流速。

解：（1）先设计渠道的水力最佳断面。由于 m 值已知，可求出水力最佳断面的宽深比 β_m。根据式（6.18）得

$$\beta_m = \frac{b}{h} = 2(\sqrt{1+m^2} - m) = 2(\sqrt{1+1.25^2} - 1.25) = 0.702$$

则面积　　　　　　　　　　$A_m = (\beta_m + m)h_m^2 = 1.952 h_m^2$

水力半径　　　　　　　　　$R_m = \dfrac{h_m}{2}$

由曼宁公式，谢才系数为

$$C_m = \frac{1}{n}R_m^{1/6} = \frac{1}{0.025}\left(\frac{h_m}{2}\right)^{1/6} = 35.636 h_m^{1/6}$$

将上述结果代入明渠均匀流公式 $Q=AC\sqrt{Ri}$，可得

$$2.2 = 1.952 h_m^2 \times 35.636 h_m^{1/6} \times \sqrt{\frac{h_m}{2} \times 0.0004}$$

整理后得　　　　　　　　　$h_m^{8/3} = 2.2363$

解得　　　　　　　　　　　$h_m = 1.35\text{(m)}$

底宽为　　　　　　　　　　$b_m = \beta_m h_m = 0.702 \times 1.35 = 0.95\text{(m)}$

（2）校核渠道的流速。由表 6.5 查得黏土在 $R=1\text{m}$ 时，不冲允许流速为 $v_{max}=0.75 \sim 0.95\text{m/s}$ 而 $R_m = \dfrac{h_m}{2} = \dfrac{1.35}{2} = 0.675\text{m}$，取 $\alpha = \dfrac{1}{4}$，则不冲允许流速为

$$v_{max} = (0.75 \sim 0.95) \times 0.675^{1/4} = 0.68 \sim 0.86\text{(m/s)}$$

根据已知条件，不淤允许流速 $v_{min}=0.5\text{m/s}$，故渠道的断面平均流速为

$$v = \frac{Q}{(b_m + mh_m)h_m} = \frac{2.2}{(0.95 + 1.25 \times 1.35) \times 1.35} = 0.62\text{(m/s)}$$

$v_{min} < v < v_{max}$,所设计断面满足允许流速的要求。

6.3.3 不同糙率的水力计算

工程中,有时为了满足特殊地形条件和地质条件的要求,渠底和边壁要采用不同的材料,因此,断面湿周各部分的糙率是不同的。如图 6.5 所示,依山开挖某渠道,边坡一边是混凝土衬砌,一边是浆砌石衬砌,底部则为原天然土壤,且断面是不对称的。这些渠道进行水力计算时,要先求出各部分的综合糙率(n_e),再进行其他运算。求综合糙率的近似公式较多,常用的有以下几种。

图 6.5

$$n_e = \frac{n_1 \chi_1 + n_2 \chi_2 + n_3 \chi_3}{\chi_1 + \chi_2 + \chi_3} \tag{6.23}$$

$$n_e = \sqrt{\frac{n_1^2 \chi_1 + n_2^2 \chi_2 + n_3^2 \chi_3}{\chi_1 + \chi_2 + \chi_3}} \tag{6.24}$$

$$n_e = \left(\frac{n_1^{3/2} \chi_1 + n_2^{3/2} \chi_2 + n_3^{3/2} \chi_3}{\chi_1 + \chi_2 + \chi_3} \right)^{2/3} \tag{6.25}$$

6.3.4 复式断面渠道的水力计算

复式断面多用于流量变化比较大的渠道中。如图 6.6 所示,这种渠道在小流量时,水流由主槽部分通过,只有在流量较大时,两边滩地才过水,因此,主槽和滩地的糙率常常是不同的,天然河道也属于这种情况,如图 6.1(f)所示。

复式断面一般不规则,断面周界上糙率也不同,计算时若将整个断面作为一个整体考虑,得出的结果与实际水流是有误差的。通常采用的是近似计算,用垂线将断面分为几个部分,分别计算每部分的流速或流量,最后相加得到总流的流量。

图 6.6

如图 6.6 所示的复式断面,利用垂线 $a-a$ 和 $b-b$ 将断面分为Ⅰ、Ⅱ、Ⅲ三部分,每一部分的流量为

$$\left. \begin{array}{l} Q_1 = A_1 C_1 \sqrt{R_1 i} \\ Q_2 = A_2 C_2 \sqrt{R_2 i} \\ Q_3 = A_3 C_3 \sqrt{R_3 i} \end{array} \right\} \tag{6.26}$$

总流量为

$$Q = Q_1 + Q_2 + Q_3 \tag{6.27}$$

【例 6.2】 一复式断面渠道,各部分尺寸如图 6.7 所示。渠道底坡 $i=1/4000$,主槽部分糙率 $n_1=0.02$,边滩部分糙率 $n_2=0.025$,各部分边坡系数都为 1.0,试求渠道所通过的流量。

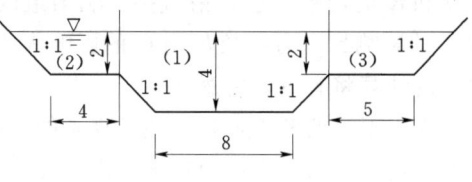

图 6.7(单位:m)

解: 用垂线将断面分成:①主槽;②左边滩;③右边滩三部分,分别计算每部分的水力要素和泄流量。

(1) 第 1 部分（主槽）。

面积　　　$A_1 = (8+1\times 2\times 2)\times 2+(8+1\times 2\times 2+8)\times \dfrac{2}{2} = 44(\text{m}^2)$

湿周　　　$\chi_1 = 8+2\times 2\sqrt{1+1^2} = 13.66(\text{m})$

水力半径　　$R_1 = \dfrac{A_1}{\chi_1} = \dfrac{44}{13.66} = 3.22(\text{m})$

谢才系数　　$C_1 = \dfrac{1}{n}R_1^{1/6} = \dfrac{1}{0.02}\times 3.22^{1/6} = 60.76(\text{m}^{1/2}/\text{s})$

流量　　　$Q_1 = A_1 C_1 \sqrt{R_1 i} = 44\times 60.76\times \sqrt{3.22\times 1/4000} = 75.9(\text{m}^3/\text{s})$

(2) 第 2 部分（左边滩）。

面积　　　$A_2 = (4+1\times 2+4)\times \dfrac{2}{2} = 10(\text{m}^2)$

湿周　　　$\chi_2 = 4+2\sqrt{1+1^2} = 6.83(\text{m})$

水力半径　　$R_2 = \dfrac{A_2}{\chi_2} = \dfrac{10}{6.83} = 1.46(\text{m})$

谢才系数　　$C_2 = \dfrac{1}{n}R_2^{1/6} = \dfrac{1}{0.025}\times 1.46^{1/6} = 42.60(\text{m}^{1/2}/\text{s})$

流量　　　$Q_2 = A_2 C_2 \sqrt{R_2 i} = 10\times 42.60\times \sqrt{1.46\times 1/4000} = 8.1(\text{m}^3/\text{s})$

(3) 第 3 部分（右边滩）。

面积　　　$A_3 = (5+1\times 2+5)\times \dfrac{2}{2} = 12(\text{m}^2)$

湿周　　　$\chi_3 = 5+2\times \sqrt{1+1^2} = 7.83(\text{m})$

水力半径　　$R_3 = \dfrac{A_3}{\chi_3} = \dfrac{12}{7.83} = 1.53(\text{m})$

谢才系数　　$C_3 = \dfrac{1}{n}R_3^{1/6} = \dfrac{1}{0.025}\times 1.53^{1/6} = 42.94(\text{m}^{1/2}/\text{s})$

流量　　　$Q_3 = A_3 C_3 \sqrt{R_3 i} = 12\times 42.94\times \sqrt{1.53\times 1/4000} = 10.1(\text{m}^3/\text{s})$

(4) 总流量为

$$Q = Q_1 + Q_2 + Q_3 = 75.9 + 8.1 + 10.1 = 94.1(\text{m}^3/\text{s})$$

6.3.5　渠道的糙率分析

渠道的糙率 n 值主要反映边壁粗糙程度对水流的影响。n 值大，表明边壁的表面比较粗糙；n 值小，边壁的表面比较光滑。由曼宁公式和巴甫洛夫斯基公式可知，谢才系数 C 是 n 和 R 的函数，且 C 值直接影响渠道的流速和流量。理论分析表明，糙率 n 对谢才系数 C 的影响比水力半径 R 对 C 的影响大得多。因此，根据实际情况正确地选定糙率，对渠道的计算将有重要的意义。

人工渠道的断面形状一般是规则的。在设计渠道时，若糙率 n 值选用偏小，计算所得的断面也偏小，过水能力达不到设计要求，在通过设计流量时将造成水流漫溢，挟带泥沙的水流还会引起淤积；若 n 值选用偏大，与前面刚好相反，不仅会因断面尺寸偏大造成浪费，还会引起冲刷。人工渠道的糙率，可根据渠道的流量、材料、施工质量、养护情况以及使用时间的长短,参考表 6.2 选用。对一些特殊的大型水利工程,其糙率 n 值也可通过模型试验确定。

天然河道的断面形状一般不规则,长度比较长,糙率 n 值的影响因素很多,且沿程糙率常常是改变的。因此,糙率的取值复杂得多。除了受河槽的粗糙程度的影响外,河道的断面形状、水深、水流的含泥沙量甚至季节等都会对糙率产生影响。

6.4 明渠均匀流的水力计算

梯形断面渠道在工程中应用最为广泛,下面主要讨论它的水力计算。将梯形的面积、湿周和水力半径代入明渠均匀流计算式(6.14),整理后得

$$Q = AC\sqrt{Ri} = \frac{A}{n}R^{2/3}i^{1/2} = \frac{\sqrt{i}}{n}\frac{[(b+mh)h]^{5/3}}{(b+2h\sqrt{1+m^2})^{2/3}} \quad (6.28)$$

显然,由式(6.28)很容易看出,梯形渠道的过流量 Q 是底宽 b,边坡系数 m,水深 h,糙率 n,以及底坡 i 的函数,即 $Q=f(b,m,h,n,i)$,此计算式中存在 Q、b、m、h、n、i 6 个变量,通常边坡系数 m 根据表 6.1 选取,糙率 n 根据表 6.2 选取。这样,6 个变量只剩下 4 个,只要知道其中 3 个,就可求出另一个。

6.4.1 渠道的过水能力和流速校核

工程中为保证渠道的正常运行,往往需要对已经修建好的渠道进行计算,校核其流量或流速是否满足设计要求。这类问题已知的是渠道的断面尺寸 b、m、h、底坡 i 及糙率 n,要求计算通过渠道的实际流速或流量,校核其是否满足允许流速或流量的要求。计算步骤见[例 6.3]。

【例 6.3】 某梯形排水渠道,长 $L=1.0\text{km}$,底宽 $b=3\text{m}$,边坡系数 $m=2.5$,底部落差为 0.5m,设计流量 $Q=9.0\text{m}^3/\text{s}$。试验算当实际水深 $h=1.5\text{m}$ 时,渠道能否满足设计流量的要求(糙率 n 取 0.025)。

解:根据已知条件,用明渠均匀流公式 $Q=AC\sqrt{Ri}$ 求解。

面积 $A = (b+mh)h = (3+2.5\times1.5)\times1.5 = 10.125(\text{m}^2)$

湿周 $\chi = b+2h\sqrt{1+m^2} = 3+2\times1.5\sqrt{1+2.5^2} = 11.078(\text{m})$

水力半径 $R = \dfrac{A}{\chi} = \dfrac{10.125}{11.078} = 0.914(\text{m})$

谢才系数 $C = \dfrac{1}{n}R^{1/6} = \dfrac{1}{0.025}\times 0.914^{1/6} = 39.405(\text{m}^{1/2}/\text{s})$

底坡 $i = \dfrac{Z_1-Z_2}{L} = \dfrac{0.5}{1000} = 0.0005$

故流量为 $Q = AC\sqrt{Ri} = 10.125\times39.405\times\sqrt{0.914\times0.0005} = 8.53(\text{m}^3/\text{s})$

而设计流量为 $9.0\text{m}^3/\text{s}$,大于渠道实际通过的流量,计算结果表明可以满足要求。

6.4.2 渠道断面尺寸的确定

根据所求未知量的不同,此类问题又可分为以下三种情形:

(1)已知渠道的设计流量 Q、底坡 i、糙率 n、边坡系数 m 以及底宽 b,求明渠均匀流

时的正常水深 h_0。此类问题在渠道的水力计算中是比较多见的。因为对于已经修建好的渠道，底宽、边坡、糙率、底坡等一般没有特殊情况是不会产生变化的，只有水深随着流量的改变而变化。

根据式 (6.28)，当 Q、i、n、m、b 已知时，该式变成一个关于 h 的一元高次方程，非常复杂，难以直接求解答案，只有试算求解，也可根据流量与水深之间的关系，绘出关系曲线来查图求解，具体推导及计算步骤见［例 6.4］，这里不再详细说明。近些年随着计算机技术的迅速发展，也可直接用微机求解。

【例 6.4】 某土渠拟设计为梯形断面，采用浆砌块石衬砌。已知设计流量 $Q=17\mathrm{m}^3/\mathrm{s}$，底宽 $b=4\mathrm{m}$。根据地形地质情况，底坡 i 取 $1/2500$，边坡系数 m 取 2.0，试按均匀流设计渠道的正常水深 h_0。

解： 查表 6.2，浆砌石 $n=0.025$。

（1）用试算法求 h_0。假设一系列的正常水深 h_0 值，代入明渠均匀流公式 $Q=AC\sqrt{Ri}$，计算出相应的流量 Q 值。根据水深和流量值绘出 h_0—Q 关系曲线，然后根据已知流量 Q，在曲线上查出需求解的均匀流水深 h_0。

设 $h_0=1.8$、2.0、2.2、2.4m，分别计算出相应的面积 A、湿周 χ、水力半径 R、谢才系数 C 及流量 Q 值，列于表 6.7。

表 6.7　　　　　　　　　水 深 试 算 表

h_0 (m)	A (m²)	χ (m)	R (m)	C (m$^{1/2}$/s)	$Q=AC\sqrt{Ri}$ (m³/s)
1.80	13.68	12.05	1.14	40.88	11.94
2.00	16.00	12.94	1.24	41.46	14.77
2.20	18.48	13.84	1.34	42.00	17.97
2.40	21.12	14.73	1.43	42.46	21.45

图 6.8

由表 6.7 绘出 h_0—Q 曲线，如图 6.8 所示。根据设计流量 $Q=17\mathrm{m}^3/\mathrm{s}$，在曲线上查得渠道的正常水深 $h_0=2.16\mathrm{m}$。

（2）用查图法求 h_0。令 $K=\dfrac{Q}{\sqrt{i}}$，代入式 (6.28)，化简后得

$$\frac{b^{2.67}}{nK} = \frac{\left(\dfrac{b}{h}+2\sqrt{1+m^2}\right)^{2/3}}{\left(\dfrac{b}{h}+m\right)^{5/3}\left(\dfrac{h}{b}\right)^{8/3}} \tag{6.29}$$

以边坡系数 m 为参数，绘出 $\dfrac{b^{2.67}}{nK}=f\left(\dfrac{h}{b}\right)$ 曲线图（见附图1）。根据已知的 Q、i、n、m、b 值，就可求解正常水深。

流量模数 $\qquad K=\dfrac{Q}{\sqrt{i}}=\dfrac{17}{\sqrt{1/2500}}=850(\mathrm{m}^3/\mathrm{s})$

则 $\qquad\dfrac{b^{2.67}}{nK}=\dfrac{4^{2.67}}{0.025\times 850}=1.933$

查附图 1，根据 $\dfrac{b^{2.67}}{nK}=1.933$，及 $m=2.0$，查得 $h/b=0.54$。

故 $$h_0 = 0.54 \times 4 = 2.16(\text{m})$$

上述结果与试算结果完全相同。

（3）已知渠道的设计流量 Q、底坡 i、糙率 n、边坡系数 m 以及正常水深 h_0，求底宽 b。此类问题也需求解高次方程，求解方法与第一类相似，也要试算或查附图 2 求解，这里不再举例说明。

（4）已知渠道的设计流量 Q、底坡 i、糙率 n、边坡系数 m、给定宽深比 β，要求设计渠道的断面尺寸（即确定底宽 b 和水深 h）。此类问题要求求解两个未知量：b 和 h，用一个方程是无法求解的，所以需先将 b 用 βh 代替后，再代入明渠均匀流式（6.28），就可以得到一个关于 h 的一元高次方程，用此方程可直接解出水深 h，然后才能求出底宽 b，具体求解方法见［例 6.5］。

【例 6.5】 在黏土地区计划建一灌溉渠道，采用喷浆混凝土护面。渠道需要通过的流量 $Q=4.0\text{m}^3/\text{s}$，底坡 $i=1/5000$。拟选用梯形断面，宽深比 β 取 2.0，边坡系数 m 取 1.5，试设计渠道的底宽和水深。

解：查表 6.4，得喷浆混凝土护面的糙率 $n=0.018$。

因宽深比 $\beta=\dfrac{b}{h}=2.0$，则 $b=2h$，分别代入梯形断面的水力要素计算式。

面积 $\qquad A=(b+mh)h=(2h+1.5h)h=3.5h^2$

湿周 $\qquad \chi=b+2h\sqrt{1+m^2}=2h+2h\sqrt{1+1.5^2}=5.606h$

水力半径 $\qquad R=\dfrac{A}{\chi}=\dfrac{3.5h^2}{5.606h}=0.624h$

由曼宁公式，谢才系数 $C=\dfrac{1}{n}R^{1/6}=\dfrac{1}{0.018}\times(0.624h)^{1/6}=51.356h^{1/6}$ 将上面结果代入 $Q=AC\sqrt{Ri}$，得到

$$4=3.5h^2\times 51.356h^{1/6}\times\sqrt{0.624h\times 1/5000}=2.008h^{8/3}$$

解上面的一元高次方程可得

$$h=1.3\text{m},\ b=2h=2\times 1.3=2.6(\text{m})$$

所以，渠道的底宽为 2.6m，水深为 1.3m。

6.4.3 渠道底坡 i 的确定

此类问题已知渠道的断面尺寸 b、m、h、糙率 n 以及流量 Q，要求设计渠道的底坡。根据式（6.14），可得

$$i=\dfrac{Q^2}{A^2C^2R} \qquad (6.30)$$

计算具体过程见［例 6.6］。

图 6.9

【例 6.6】 某灌溉渠道上拟修建一钢筋混凝土 U 形渡槽（糙率 $n=0.014$），如图 6.9 所示，已知底部半圆直径 $d=3.0\text{m}$，上部垂直侧墙高 1.0m（包括超高 0.4m），设计流量 $Q=6.0\text{m}^3/\text{s}$，试计算渡槽的底坡。

解：水深 $h = \dfrac{d}{2} + 0.6 = \dfrac{3}{2} + 0.6 = 2.1\,(\mathrm{m})$

面积 $A = d \times 0.6 + \dfrac{1}{2}\pi\left(\dfrac{d}{2}\right)^2 = 3 \times 0.6 + \dfrac{1}{2} \times 3.14 \times 1.5^2 = 5.33\,(\mathrm{m}^2)$

湿周 $\chi = 2 \times 0.6 + \pi\left(\dfrac{d}{2}\right) = 2 \times 0.6 + 3.14 \times 1.5 = 5.91\,(\mathrm{m})$

水力半径 $R = \dfrac{A}{\chi} = \dfrac{5.33}{5.91} = 0.90\,(\mathrm{m})$

由曼宁公式 $C = \dfrac{1}{n}R^{1/6} = \dfrac{1}{0.014} \times 0.90^{1/6} = 70.19\,(\mathrm{m}^{1/2}/\mathrm{s})$

底坡 $i = \dfrac{Q^2}{A^2 C^2 R} = \dfrac{6^2}{5.33^2 \times 70.19^2 \times 0.90} = 0.00029 \approx \dfrac{1}{3500}$

则所求底坡为 $i = \dfrac{1}{3500}$

6.4.4 无压圆管均匀流的水力计算

由前面水力最佳断面的学习可以知道，圆形断面水力条件最优，所以圆形或半圆形输水设施在工程中得到广泛应用。污水排水管、雨水排水管、无压涵洞等，都是按无压圆管均匀流设计的，下面讨论无压圆管均匀流的水力计算。

1. 直接计算法

直径不变的长直无压圆管，计算公式与明渠均匀流相同，即 $Q = AC\sqrt{Ri}$。

圆形断面无压均匀流的过流断面如图 6.10 所示，水流在管中的充满程度可用水深 h 与管径 d 的比值来表示，即充满度 $\alpha = h/d$。θ 称为充满角，根据圆形断面的几何关系，可以得到以下各水力要素。

图 6.10

过水断面面积　　$A = \dfrac{d^2}{8}(\theta - \sin\theta)$ 　　(6.31)

过水断面湿周　　$\chi = \dfrac{1}{2}\theta d$ 　　(6.32)

水力半径　　$R = \dfrac{d}{4}\left(1 - \dfrac{\sin\theta}{\theta}\right)$ 　　(6.33)

水面宽度　　$B = d\sin\dfrac{\theta}{2}$ 　　(6.34)

流速　　$v = \dfrac{C}{2}\sqrt{d\left(1 - \dfrac{\sin\theta}{\theta}\right)i}$ 　　(6.35)

流量　　$Q = \dfrac{C}{16}d^{5/2}i^{1/2}\left[\dfrac{(\theta - \sin\theta)^3}{\theta}\right]^{1/2}$ 　　(6.36)

充满度　　$\alpha = h/d = \sin^2\left(\dfrac{\theta}{4}\right)$ 　　(6.37)

不同充满度时无压圆管过水断面的水力要素见表 6.8。

2. 查图表法

由上述公式可以看出，无压圆管均匀流直接计算比较繁琐，一般制成图表求解比较方便,下面介绍查图法。

表 6.8　不同充满度时无压圆管过水断面的水力要素（d 以 m 计）

充满度 $\alpha=h/d$	过水断面面积 A (m²)	水力半径 R (m)	充满度 $\alpha=h/d$	过水断面面积 A (m²)	水力半径 R (m)
0.05	$0.0147d^2$	$0.0326d$	0.55	$0.4426d^2$	$0.2649d$
0.10	$0.0408d^2$	$0.0635d$	0.60	$0.4920d^2$	$0.2776d$
0.15	$0.0739d^2$	$0.0929d$	0.65	$0.5404d^2$	$0.2881d$
0.20	$0.1118d^2$	$0.1206d$	0.70	$0.5872d^2$	$0.2962d$
0.25	$0.1535d^2$	$0.1466d$	0.75	$0.6319d^2$	$0.3017d$
0.30	$0.1982d^2$	$0.1709d$	0.80	$0.6736d^2$	$0.3042d$
0.35	$0.2450d^2$	$0.1935d$	0.85	$0.7115d^2$	$0.3033d$
0.40	$0.2934d^2$	$0.2142d$	0.90	$0.7445d^2$	$0.2980d$
0.45	$0.3428d^2$	$0.2331d$	0.95	$0.7707d^2$	$0.2865d$
0.50	$0.3927d^2$	$0.2500d$	1.00	$0.7854d^2$	$0.2500d$

由满流、不满流流量公式可得

相对流速
$$\frac{v}{v_0} = \frac{C\sqrt{Ri}}{C_0\sqrt{R_0 i}} = \left(\frac{R}{R_0}\right)^{2/3} = f_v\left(\frac{h_0}{d}\right) = f_v(\alpha) \tag{6.38}$$

相对流量
$$\frac{Q}{Q_0} = \frac{AC\sqrt{Ri}}{A_0 C_0\sqrt{R_0 i}} = \frac{A}{A_0}\left(\frac{R}{R_0}\right)^{2/3} = f_Q\left(\frac{h_0}{d}\right) = f_Q(\alpha) \tag{6.39}$$

式中：v、C、R、Q、A 分别表示同一管道内不满流（$\alpha<1$）时的各量,带脚标的 v_0、C_0、R_0、Q_0、A_0 分别表示恰好满流（$\alpha=1$）仍为无压流时对应的各量。

由式（6.38）、式（6.39）可以看出：相对流速、相对流量都是关于充满度的函数,可以绘成关系曲线,如图 6.11 所示。

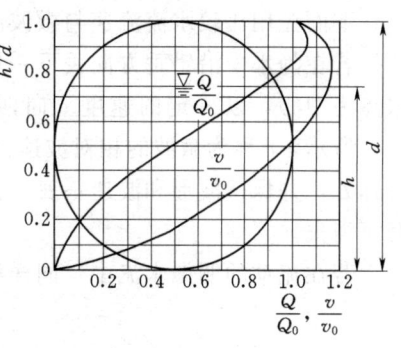

图 6.11

由图 6.11 可以看出：当 $\alpha=h/d=0.81$ 时,$\frac{v}{v_0}$ 值最大,且 $\left(\frac{v}{v_0}\right)_{\max}=1.16$。此时,管中流速超过满管流时流速的 16%；当 $\alpha=h/d=0.95$ 时,$\frac{Q}{Q_0}$ 值最大,且 $\left(\frac{Q}{Q_0}\right)_{\max}=1.087$。此时,管中流量超过满管流时流量的 8.7%。因此,无压圆管均匀流的最大流速和最大流量都不是发生在满管流条件下。

在进行无压管道的水力计算时,还需要注意参考国家颁发的《室外排水设计规范》（GB 50014—2006）。其中污水管按不满流计算时,最大设计充满度见表 6.9；雨水管道与合流管道应按满流计算。

【例 6.7】 一钢筋混凝土圆形污水管的直径 $d=600\text{mm}$,管壁糙率 $n=0.014$,管道坡度 $i=0.001$。求最大设计充满度下的流速和流量。

表 6.9　　　　　　　　　　　无压管道最大设计充满度

管径 d 或暗渠深 H （mm）	最大设计充满度 （$\alpha=h/d$ 或 h/H）	管径 d 或暗渠深 H （mm）	最大设计充满度 （$\alpha=h/d$ 或 h/H）
150~300	0.6	500~900	0.75
350~450	0.7	≥1000	0.80

解：查表 6.9 得，$d=600\text{mm}$ 污水管的最大设计充满度 $\alpha=0.75$，再查表 6.8，当充满度 $\alpha=0.75$ 时：

管道面积　　　$A = 0.6319d^2 = 0.6319 \times 0.6^2 = 0.2275(\text{m}^2)$

水力半径　　　$d = 0.3017d^2 = 0.3017 \times 0.6 = 0.1810(\text{m})$

管中流速　　　$v = C\sqrt{Ri} = \frac{1}{n}R^{2/3}i^{1/2} = \frac{1}{0.014} \times 0.1810^{2/3} \times 0.001^{1/2} = 1.12(\text{m/s})$

流量　　　　　$Q = vA = 1.12 \times 0.2275 = 0.2548(\text{m}^3/\text{s})$

6.5　明渠非均匀流认知

天然河道和大多数人工渠道由于受地形、地质及施工条件的限制，渠道的横断面尺寸、粗糙度或底坡往往沿程是改变的，把这种过水断面水力要素沿程改变的渠道，称为明渠非均匀流，明渠中的水流多数属于非均匀流。

6.5.1　明渠水流的三种流态

下面先用比较水流流速与微波波速关系的方法来判别水流流态。

若在静水中沿铅垂方向丢下一块石子，水面将产生一个微小波动，这个波动以石子落水点为中心，以一定的速度 c 向四周传播，在水面上形成一连串的同心圆，如图 6.12 (a) 所示，c 称为微波的相对波速。如果没有水流摩阻力的存在，这种波动就可以传到无穷远处，并保持波形和波速不变。但实际上水流存在摩阻力，波在传播过程中将逐渐衰退乃至消失。

若在流动的明渠水流中，同样沿铅垂方向丢下一块石子，则微波传播的绝对速度应是

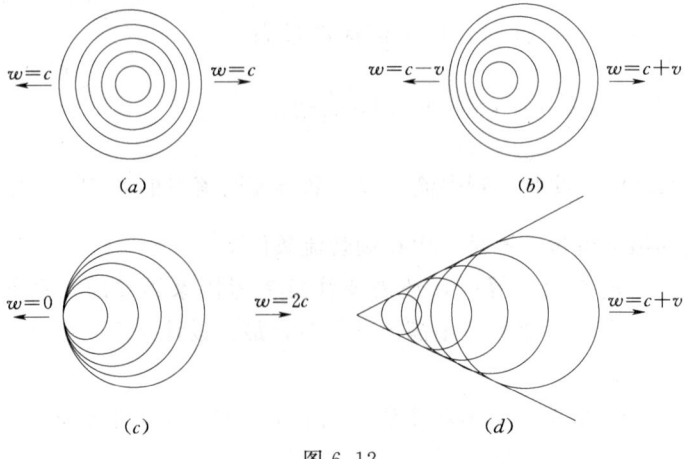

图 6.12

水流流速 v 与微波相对波速 c 的矢量和，此时可能出现以下三种情况：

（1）水流流速 v 小于微波相对波速 c（$v<c$），在顺水流方向，微波传播的速度 $\omega=v+c$，在逆水流方向，微波传播的速度 $\omega=c-v$，说明微波可以同时向上游和下游传播，如图 6.12（b）所示，这种水流称为缓流。

（2）水流流速 v 等于微波相对波速 c（$v=c$），在顺水流方向，微波传播的速度 $\omega=2c$，在逆水流方向，微波传播的速度 $\omega=0$，说明微波可以向下游传播，向上游传播的干扰波停滞在干扰源处，如图 6.12（c）所示，这种水流称为临界流。

（3）水流流速 v 大于微波相对波速 c（$v>c$），在顺水流方向，微波传播的速度 $\omega=v+c$，在逆水流方向，微波传播的速度 $\omega=c-v<0$，说明微波可以向下游传播，但不能向上游传播，干扰波对上游水流不产生影响，如图 6.12（d）所示，这种水流称为急流。

由以上分析可知，明渠水流有缓流、急流、临界流三种流态，可以通过比较明渠水流的断面平均流速 v 与微波传播的相对波速 c 之间的大小关系来判别：当 $v<c$ 时，水流为缓流；当 $v=c$ 时，水流为临界流；当 $v>c$ 时，水流为急流。

6.5.2 明渠水流的流态判别

1. 微波传播的相对波速 c

根据拉格朗日波速方程（推导略），对于明渠中波高较小的微波，波速可用下式计算

$$c=\sqrt{g\bar{h}} \tag{6.40}$$

式中：$\bar{h}$ 为断面平均水深，$\bar{h}=\dfrac{A}{B}$；A 为过水断面面积；B 为水面宽度。

显然，对于矩形明渠，$\bar{h}=\dfrac{A}{B}=\dfrac{bh}{b}=h$，故 $c=\sqrt{gh}$。

2. 弗劳德数 Fr

由以上分析可知，明渠水流的流态通过比较流速 v 与波速 c 之间的大小关系来判别，所以也可以用两者比值判别。把流速与波速的比称为弗劳德（Froude）数，用符号 Fr 表示，即

$$Fr=\dfrac{v}{c}=\dfrac{v}{\sqrt{g\bar{h}}} \tag{6.41a}$$

弗劳德数是一个无量纲数，可用其判别明渠水流的流态：当 $Fr<1$ 时，水流为缓流；当 $Fr=1$ 时，水流为临界流；当 $Fr>1$ 时，水流为急流。

下面从能量观点分析一下弗劳德数的物理意义。将弗劳德数的表达式改写为

$$Fr=\dfrac{v}{\sqrt{g\bar{h}}}=\sqrt{\dfrac{2\dfrac{v^2}{2g}}{\bar{h}}} \tag{6.41b}$$

由式（6.41b）可以看出，弗劳德数 Fr 反映了过水断面上单位重量液体所具有的平均动能 $\dfrac{v^2}{2g}$ 与平均势能 $\bar{h}$ 之比。当水流的平均势能刚好等于平均动能的 2 倍时，$Fr=1$，水流为临界流。缓流时平均势能大于 2 倍的平均动能，而急流时平均势能则小于 2 倍的平均动能。

6.5.3 断面比能（断面单位能量）

下面从能量角度来分析水流的流态。

1. 断面比能（断面单位能量）

图 6.13 所示为一明渠渐变流，任选一过水断面，其断面平均流速为 v，水深为 h，断面最低点至基准面 0—0 的位置高度为 Z_0，则过水断面上单位重量水体所具有的总能量为

$$E = Z_0 + h\cos\theta + \frac{\alpha v^2}{2g} \tag{6.42}$$

实际上，一般明渠底坡都很小，可认为渠底线与水平面的夹角 $\theta \approx 0$，即 $\cos\theta \approx 1.0$，所以有

$$E = Z_0 + h + \frac{\alpha v^2}{2g} \tag{6.43}$$

若将基准面选在渠底 $0'—0'$ 位置，计算所得到的单位能量称为断面

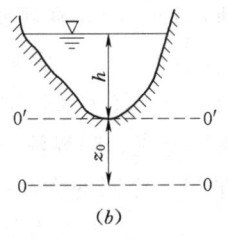

图 6.13

比能，又称为断面单位能量，用 E_s 表示，则

$$E_s = h + \frac{\alpha v^2}{2g} = h + \frac{\alpha Q^2}{2gA^2} \tag{6.44}$$

断面比能 E_s 是以断面最低点为基准面的单位重量水体所具有的总能量。对于沿渠道流动的水流，断面比能没有反映渠底高程变化所引起的位能转化值，因此其大小及沿程改变规律都与单位重量水体的总能量不同。例如明渠均匀流，水深 h 和断面平均流速 v 均沿程不变，故断面比能沿程不变，但单位总能量由于能量损失的存在，却是沿程减小的。而明渠非均匀流因为水深 h 和断面平均流速 v 均沿程改变，故断面比能 E_s 也沿程改变。

2. 比能曲线

由式（6.44）可知，当流量 Q 及过水断面的形状、尺寸一定时，断面比能仅是水深 h 的函数，即 $E_s = f(h)$，按照此函数绘出的断面比能 E_s 与水深 h 关系曲线，称为比能曲线。

令 $E_h = h$，代表断面比能中势能所占部分；令 $E_v = \frac{\alpha v^2}{2g} = \frac{\alpha Q^2}{2gA^2}$，代表断面比能中动能所占部分，则 $E_s = E_h + E_v$。分别以 E_h 和 E_v 为横坐标，以 h 为纵坐标，可绘出它们之间的关系曲线。$E_h - h$ 是一条与坐标轴成 45°角的斜直线，$E_v - h$ 的变化规律如下：

当 $h \to 0$ 时，$A \to 0$，$E_v \to \infty$；当 $h \to \infty$ 时，$A \to \infty$，$E_v \to 0$，故 $E_v - h$ 是一条两端分别以横轴和纵轴为渐近线的曲线。

将 $E_h - h$ 和 $E_v - h$ 两条曲线叠加，即可得图 6.14 所示的 $E_s - h$ 关系曲线，也就是比能曲线。由图 6.14 看出，以 $E_s = E_{s\min}$ 为分界点，比能曲线被分为上下两支：上支以 45°角为渐近线，断面比能 E_s 随水深 h 的增加而增加，是增函数；下支以横坐标轴为渐近线，断面比能 E_s 随水深 h 的增加而减小，是减函数。

图 6.14

6.5.4 临界水深

从比能曲线可知，在水深由零增加到无穷大的过程中，断面比能也在随水深而改变，但其中有一最小值存在。把在渠道的流量、断面形状和尺寸确定的情况下，相应断面比能 E_s 为最小值的水深，称为临界水深，以 h_k 表示。

由临界水深的定义可知，当水深等于临界水深 h_k 时，断面比能具有最小值，即 $\dfrac{\mathrm{d}E_s}{\mathrm{d}h}=0$，由式（6.44）得

$$\frac{\mathrm{d}E_s}{\mathrm{d}h}=\frac{\mathrm{d}}{\mathrm{d}h}\left(h+\frac{\alpha Q^2}{2gA^2}\right)=1-\frac{\alpha Q^2}{gA^3}\frac{\mathrm{d}A}{\mathrm{d}h}=0 \qquad (6.45)$$

在水深为 h 的明渠中，对某一确定的断面而言，当水深 h 增加 $\mathrm{d}h$ 时，过水断面面积 A 相应增加 $\mathrm{d}A$，如图 6.15 中阴影部分所示，$\mathrm{d}A=B\mathrm{d}h$，即 $\dfrac{\mathrm{d}A}{\mathrm{d}h}=B$，代入式 (6.45)，得

$$\frac{\mathrm{d}E_s}{\mathrm{d}h}=1-\frac{\alpha Q^2}{gA^3}B \qquad (6.46)$$

图 6.15

若以角标"k"表示与临界水深 h_k 相应的水力要素，则有

$$\frac{\alpha Q^2}{g}=\frac{A_k^3}{B_k} \qquad (6.47)$$

上式就是临界水深 h_k 应满足的条件，又称为临界流方程。

当取 $\alpha=1$ 时，因为 $\dfrac{Q^2}{gA^3}B=\dfrac{v^2}{g\dfrac{A}{B}}=\left(\dfrac{v}{\sqrt{g\bar{h}}}\right)^2=Fr^2$，式 (6.46) 可改写为

$$\frac{\mathrm{d}E_s}{\mathrm{d}h}=1-Fr^2 \qquad (6.48)$$

因为水深为临界水深时 $\dfrac{\mathrm{d}E_s}{\mathrm{d}h}=0$，此时费劳德数 $Fr=1$，水流是临界流。断面比能曲线的上支 $h>h_k$，$Fr<1$，水流是缓流。断面比能曲线的下支 $h<h_k$，$Fr>1$，水流是急流。

1. 矩形断面明渠临界水深的计算

对矩形断面，式 (6.47) 可简化为

$$\frac{\alpha Q^2}{g}=\frac{A_k^3}{B_k}=\frac{b^3 h_k^3}{b}$$

所以有

$$h_k=\sqrt[3]{\frac{\alpha q^2}{g}} \qquad (6.49)$$

式中单宽流量 $q=\dfrac{Q}{b}$，单位 $\mathrm{m}^3/(\mathrm{s}\cdot\mathrm{m})$。

$$E_{s\min}=h_k+\frac{\alpha Q^2}{2gA_k^3}=h_k+\frac{\alpha q^2}{2gh_k^3}=h_k+\frac{1}{2}\frac{h_k^3}{h_k^2}=\frac{3}{2}h_k$$

所以

$$h_k=\frac{2}{3}E_{s\min} \qquad (6.50)$$

2. 任意断面明渠临界水深的计算

若明渠的断面形状不规则，例如等腰梯形或圆形断面渠道，其过水断面面积 A 与水深 h 之间的函数关系比较复杂，一般不能由临界流方程式（6.47）直接求出临界水深 h_k，需采用试算法或图解法求解。

试算法求解临界水深的思路是：当给定渠道的断面形状、尺寸及流量时，临界流方程式（6.47）的左端 $\dfrac{\alpha Q^2}{g}$ 可直接求出，而右端 $\dfrac{A^3}{B}$ 仅是水深的函数。可假设若干个水深，分别求出与之对应的 $\dfrac{A^3}{B}$ 值，当某一水深下的 $\dfrac{A^3}{B}$ 值刚好与 $\dfrac{\alpha Q^2}{g}$ 相等时，此水深就是所求的临界水深 h_k。也可只假设几个水深，绘出 $h-\dfrac{A^3}{B}$ 关系曲线，在曲线上查出满足 $\dfrac{A^3}{B}=\dfrac{\alpha Q^2}{g}$ 的水深，就是所求的临界水深 h_k，计算过程见［例6.8］。

图解法求等腰梯形或圆形断面渠道的临界水深，就是查附图3求解。

【例6.8】 某梯形断面渠道，底宽 $b=2.0\text{m}$，边坡系数 $m=1.5$。当通过流量 $Q=4.0\text{m}^3/\text{s}$ 时，渠道中的实际水深 $h=1.0\text{m}$。试用试算法和图解法计算渠道的临界水深。

解：（1）用试算法求 h_k。

计算公式为

$$\dfrac{\alpha Q^2}{g}=\dfrac{A^3}{B},\ B=b+2mh,\ A=(b+mh)h$$

首先计算出已知值
$$\dfrac{\alpha Q^2}{g}=\dfrac{1\times 4^2}{9.8}=1.63$$

然后假设不同的水深 h，计算出相应的 $\dfrac{A^3}{B}$，结果见表6.10。

表 6.10　　　　　　　　　　临 界 水 深 试 算 表

水深 h (m)	面积 A (m²)	水面宽度 B (m)	A^3/B
0.5	1.375	3.5	0.743
0.6	1.740	3.8	1.386
0.7	2.135	4.1	2.374
0.8	2.560	4.4	3.813

图 6.16

根据表6.10的数据，绘出 $h-\dfrac{A^3}{B}$ 曲线，如图6.16所示。由已知量 $\dfrac{\alpha Q^2}{g}=1.63$，在图中曲线上可查得渠道的临界水深 $h_k=0.64\text{m}$。

（2）用图解法求 h_k。

计算 $\dfrac{Q}{b^{2.5}}=\dfrac{4}{2^{2.5}}=0.707$，由 $\dfrac{Q}{b^{2.5}}=0.707$ 及 $m=1.5$，查附图3的临界水深求解图，得 $\dfrac{h_k}{b}=$

0.32，则临界水深为

$$h_k = 0.32 \times 2 = 0.64 \text{(m)}$$

6.5.5 临界底坡、缓坡与陡坡判别

根据明渠均匀流计算公式 $Q = AC\sqrt{Ri}$ 可知，对于流量、断面形状和尺寸、糙率都不变的棱柱体明渠，均匀流正常水深 h_0 因底坡 i 的改变而变化，$h_0 - i$ 关系曲线如图 6.17 所示。由图中看出，底坡越陡（i 越大），正常水深 h_0 越小；反之，底坡越缓（i 越小），正常水深 h_0 越大。当均匀流正常水深 h_0 恰好与临界水深 h_k 相等时，相应的底坡 i_k 就称为临界底坡。

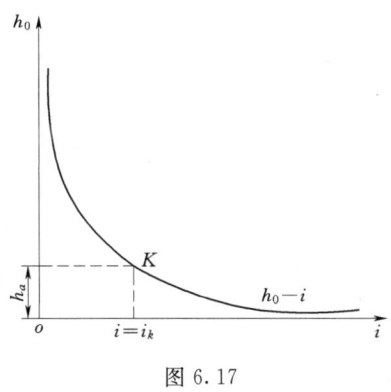

图 6.17

当明渠中的水流既是均匀流又是临界流时，不但要满足均匀流公式 $Q = A_k C_k \sqrt{R_k i_k}$，还要满足临界流方程 $\dfrac{\alpha Q^2}{g} = \dfrac{A_k^3}{B_k}$，联立求解以上两式可得临界底坡的计算公式

$$i_k = \frac{g\chi_k}{\alpha C_k^2 B_k} \tag{6.51}$$

式中：A_k、B_k、C_k、R_k、χ_k 分别表示水深为临界水深时对应的面积、水面宽度、谢才系数、水力半径和湿周。

式（6.51）表明，明渠的临界底坡与渠道的断面形状、尺寸、糙率以及流量有关，而与渠道的实际底坡无关。

对于 $i > 0$ 的顺坡渠道，比较 i 与其对应（断面形状尺寸、糙率以及流量均相同）的临界底坡大小关系，可将明渠底坡分为三类：$i < i_k$，为缓坡；$i = i_k$，为临界坡；$i > i_k$，为陡坡。另外需要注意，一条渠道在流量不变时，属于哪一种底坡是确定的。但在流量改变时，到底属于哪一种底坡需重新判别。

水流在上述三种底坡上流动时，可能是均匀流，也可能是非均匀流。如果是均匀流，则有以下关系：

1) 对缓坡渠道（$0 < i < i_k$），正常水深>临界水深（$h_0 > h_k$），均匀流一定为缓流。
2) 对临界坡渠道（$i = i_k$），正常水深=临界水深（$h_0 = h_k$），均匀流一定为临界流。
3) 对陡坡渠道（$i > i_k$），正常水深<临界水深（$h_0 < h_k$），均匀流一定为急流。

【例 6.9】 有一矩形断面明渠，流量 $Q = 10\text{m}^3/\text{s}$，底宽 $b = 4.0\text{m}$，糙率 $n = 0.02$，底坡 $i = 0.005$。（1）求临界水深 h_k；（2）求临界底坡 i_k，并说明渠道中发生均匀流时的流态；（3）若渠道中的实际水深 $h = 0.6\text{m}$，试分别用临界水深 h_k、弗劳德数 Fr 及微波传播的相对波速 c 判别水流流态。

解：（1）求临界水深。

$$q = \frac{Q}{b} = \frac{10}{4} = 2.5 \,[\text{m}^3/(\text{s} \cdot \text{m})]$$

则

$$h_k = \sqrt[3]{\frac{\alpha q^2}{g}} = \sqrt[3]{\frac{2.5^2}{9.8}} = 0.86 \text{(m)}$$

(2) 临界底坡 i_k。

$$A_k = bh_k = 4 \times 0.86 = 3.44(\text{m}^2)$$

$$\chi_k = b + 2h_k = 4 + 2 \times 0.86 = 5.72(\text{m})$$

$$R_k = \frac{A_k}{R_k} = \frac{3.44}{5.72} = 0.60(\text{m})$$

$$C_k = \frac{1}{n}R^{1/6} = \frac{1}{0.02} \times 0.60^{1/6} = 45.92(\text{m}^{1/2}/\text{s})$$

$$i_k = \frac{g\chi_k}{\alpha C_k^2 B_k} = \frac{9.8 \times 5.72}{45.92^2 \times 4} = 0.0066 > i$$

属于缓坡渠道，渠道中的均匀流为缓流。

(3) 判别水流流态。

$$v = \frac{Q}{A} = \frac{10}{4 \times 0.6} = 4.17(\text{m/s})$$

$$c = \sqrt{gh} = \sqrt{9.8 \times 0.6} = 2.43(\text{m/s})$$

$$Fr = \frac{v}{\sqrt{gh}} = \frac{4.17}{\sqrt{9.8 \times 0.6}} = 1.72$$

因为 $h < h_k$，$Fr > 1$，$v > c$，所以，当水深 $h = 0.6$m 时，水流为急流。

6.6 水跃的水力计算

水跌与水跃是明渠水流流态发生转换时产生的一种局部水力现象。属于明渠急变流。

6.6.1 水跌现象

在水流流态为缓流的明渠中，由于底坡突然变为陡坡引起水面急剧降落，水深由大于临界水深（缓流）变为小于临界水深（急流）。水力学中把这种水流由缓流过渡到急流时发生的水面急剧降落的局部水力现象，称为水跌。

图 6.18 所示为水流在垂直跌坎处的水力现象。在上游较远处，渠道中的水流为均匀流，流态为缓流，水深大于临界水深。由于末端有跌坎而使渠道对水流的阻力消失，靠近跌坎上游的水流在重力作用下作加速运动，在跌坎处自由跌落。由实验观测可知，临界水深 h_k 发生在跌坎上游 (3~4) h_k 的位置。

图 6.18

渠道底坡由缓坡变为陡坡时，产生的水跌现象如图 6.19 所示。

6.6.2 水跃现象

水跃是明渠水流由急流过渡到缓流时发生的水面突然跃起的局部水力现象，属于明渠急变流。在图 6.20 所示水闸，图 6.21 所示溢流坝等泄水建筑物的下游，常有水跃产生。

水跃的内部结构大体上可分为上下两部

图 6.19

分:上部是一个做剧烈回旋运动的表面旋滚,水流翻腾滚动,掺入大量气泡;下部是急剧扩散的主流。表面旋滚区和下部主流区的液体质点不断混掺,水流紊动剧烈,运动要素急剧变化,旋滚与主流间质量不断交换,使水跃产生了较大的能量损失。因此,工程中常利用水跃来消除泄水建筑物下游水流的巨大动能,以保护建筑物和下游河道免受冲刷。

图 6.20

图 6.21

如图 6.22 所示棱柱体平底明渠中发生的水跃,表面旋滚起点的过水断面 1—1 称为跃前断面,该断面处的水深 h' 称为跃前水深。表面旋滚末端的过水断面 2—2 称为跃后断面,该断面处的水深 h'' 称为跃后水深。跃后水深与跃前水深之差,即 $h''-h'=a$,称为水跃高度。水跃前、后两断面之间的水平距离称为水跃长度,以 L_j 表示。水跃的水力计算主要是确定跃前水深 h',跃后水深 h'',以及水跃长度 L_j。

图 6.22

6.6.3 水跃基本方程

由于水跃属于明渠非均匀急变流,水跃段能量损失很大,不能忽略,但又是未知的,没有确定水跃能量损失的计算公式,所以不能用能量方程来推导水跃基本方程,只能用动量方程推导。

图 6.23

图 6.23 所示棱柱体平底明渠中的完全水跃,取跃前断面 1—1 与跃后断面 2—2 之间的水体为研究对象,列动量方程有

$$P_1 - P_2 - F_f = \frac{\gamma Q}{g}(\beta_2 v_2 - \beta_1 v_1) \quad (6.52)$$

为简化计算,根据水跃实际情况做如下假设:

(1) 跃前断面和跃后断面处的水流均为渐变流,作用在两断面上的动水压强符合静水压强分布规律,所以有

$$P_1 = \gamma h'_c A_1, \quad P_2 = \gamma h''_c A_2$$

式中:A_1 及 A_2 分别为跃前断面和跃后断面的过水断面面积;h'_c 及 h''_c 分别为跃前断面和跃后断面形心处的水深。

(2) 水跃段摩擦阻力 F_f 相对于跃前、跃后断面的动水压力 P_1 和 P_2 要小得多,故可

147

忽略不计。

（3）动量修正系数 $\beta_1 = \beta_2 = 1.0$。

由连续性方程

$$v_1 = \frac{Q}{A_1}, v_2 = \frac{Q}{A_2}$$

将以上各条件代入式（6.43），整理后得

$$\frac{Q^2}{gA_1} + h'_c A_1 = \frac{Q^2}{gA_2} + h''_c A_2 \tag{6.53}$$

式（6.53）就是棱柱体水平明渠中完全水跃的基本方程式。该式表明：单位时间内由跃前断面流入的水流动量和该断面上的动水压力之和，等于单位时间内由跃后断面流出的水流动量和跃后断面的动水压力之和。

6.6.4 水跃函数

由水跃方程可知，当明渠的断面形状、尺寸及流量一定时，方程的左右两边都是水深 h 的函数，此函数称为水跃函数，用 $J(h)$ 表示，即

$$J(h) = \frac{Q^2}{gA} + h_c A \tag{6.54}$$

于是，水跃方程式（6.54）也可写成如下形式

$$J(h') = J(h'') \tag{6.55}$$

图 6.24

上式表明：当棱柱体水平明渠中发生水跃时，跃前水深 h' 与跃后水深 h'' 具有相同的水跃函数值，所以也称这两个水深为共轭水深，其中跃前水深 h' 为第一共轭水深，跃后水深 h'' 为第二共轭水深。对断面形状、尺寸及流量一定的渠道，水跃函数 $J(h)$ 是水深 h 的函数。以水深 h 为纵坐标轴，水跃函数 $J(h)$ 为横坐标轴，绘出 $h-J(h)$ 关系曲线，称为水跃函数曲线，如图 6.24 所示。水跃函数曲线具有以下特性：

（1）水跃函数 $J(h)$ 有一极小值 $J(h)_{min}$。可以证明，与 $J(h)_{min}$ 相应的水深就是临界水深 h_k。

（2）水跃函数曲线有上下两支。上支：$h > h_k$，水流为缓流，水跃函数 $J(h)$ 随跃后水深的增加而增加；下支：$h < h_k$，水流为急流，水跃函数 $J(h)$ 随跃前水深的增加而减小。

（3）跃前水深越小，跃后水深越大；反之，跃前水深越大，则跃后水深越小。

6.6.5 水跃共轭水深计算

通常计算共轭水深的方法有以下几种。

（1）利用水跃基本方程求解。当明渠的断面形状、尺寸及流量给定时，可利用水跃基本方程式（6.53），由已知的一个共轭水深 h'（或 h''）来计算另一未知的共轭水深 h''（或 h'）。但是，除了矩形断面明渠外，其他断面明渠水跃方程中的 A 和 h_c 一般都是共轭水深的复杂函数，不能直接解出。因此，需试算求解。思路是先根据已知条件算出水跃方程一端的函数值，然后假设一个共轭水深，算出方程另一端的函数值，若方程两端的函数值相

等，所设水深即为所求。否则需重新假设，直至方程两端的函数值相等为止。

（2）利用水跃函数曲线求解。先作出 $h-J(h)$ 关系曲线，然后由已知的跃前或跃后水深，利用式（6.54）求出相应的水跃函数值，根据水跃方程 $J(h') = J(h'')$ 即可从水跃函数曲线上查到相应的共轭水深值。

（3）矩形断面明渠共轭水深的计算。矩形断面明渠的共轭水深可直接由水跃方程求解。设明渠的宽度为 b，则 $A=bh$，单宽流量 $q=\dfrac{Q}{b}$，$h_c=\dfrac{h}{2}$，式（6.53）可改写为

$$\frac{q^2}{gh'} + \frac{1}{2}h'^2 = \frac{q^2}{gh''} + \frac{1}{2}h''^2$$

上式就是矩形断面水平明渠的水跃方程。整理化简后得

$$h_1 h_2^2 + h_1^2 h_2 - \frac{2q^2}{g} = 0$$

这是一个关于 h' 和 h'' 的一元二次方程，它的解为

$$h' = \frac{h''}{2}\left(\sqrt{1+8\frac{q^2}{gh''^3}} - 1\right) \tag{6.56}$$

$$h'' = \frac{h'}{2}\left(\sqrt{1+8\frac{q^2}{gh'^3}} - 1\right) \tag{6.57}$$

因 $Fr^2 = \dfrac{v^2}{gh} = \dfrac{q^2}{gh^3}$，故式（6.56）和式（6.57）可改写为以下形式

$$h' = \frac{h''}{2}(\sqrt{1+8Fr_2^2} - 1) \tag{6.58}$$

$$h'' = \frac{h'}{2}(\sqrt{1+8Fr_1^2} - 1) \tag{6.59}$$

6.6.6 水跃长度计算

水跃长度 L_j 指跃前断面与跃后断面间的水平距离。由于水跃运动非常复杂，目前多采用经验公式估算跃长。

（1）矩形明渠跃长公式。

欧勒弗托斯基公式 $\qquad L_j = 6.9(h'' - h') \tag{6.60}$

吴持恭公式 $\qquad L_j = 10(h'' - h')Fr_1^{-0.32} \tag{6.61}$

式中：Fr_1 为跃前断面的弗劳德数。

（2）梯形明渠跃长公式

$$L_j = 5h''\left(1 + 4\sqrt{\frac{B_2 - B_1}{B_1}}\right) \tag{6.62}$$

式中：B_1、B_2 分别表示跃前、跃后断面的水面宽度。

6.6.7 水跃发生位置和水跃形式

下面以图 6.25 所示溢流坝为例说明水跃发生的位置。

水流自坝顶下泄时，势能转化为动能，水深减小，流速加大。到达坝址的 $c-c$ 断面时，水深最小，流速为最大值，这个断面称为收缩断面，相应水深称为收缩水深，以 h_c 表示。由于 h_c 一般小于临界水深 h_k，为急流；而下游河渠的水流一般为缓流，因此，坝

后水流由急流过渡到缓流,产生水跃。水跃位置决定于 h_c 的共轭水深 h''_c 与下游水深 h_t 的相对大小,可能出现以下三种情况:

(1) 当 $h_t = h''_c$,跃前断面正好在收缩断面,这种水跃称为临界式水跃[图 6.25 (a)]。

(2) 当 $h_t < h''_c$,由共轭水深的关系可知,在一定流量下跃前水深越小,跃后水深越大,因此水流从收缩断面起要流动一段距离,至水深由 h_c 增至 h_t,才发生水跃。由于水跃发生在收缩断面下游,这种水跃称为远离(远驱)式水跃[图 6.25 (b)]。

(3) 当 $h_t > h''_c$,这时下游水深 h_t 要求一个比 h_c 更小的跃前水深与之对应。从理论上讲,此时水跃的起始断面应在收缩断面的上游,整个水跃将被推向上游,使收缩断面处于水跃漩滚之下,这种水跃称为淹没式水跃[图 6.25 (c)]。

以上对水跃发生位置和水跃形式的判别方法,同样适用于其他建筑物。

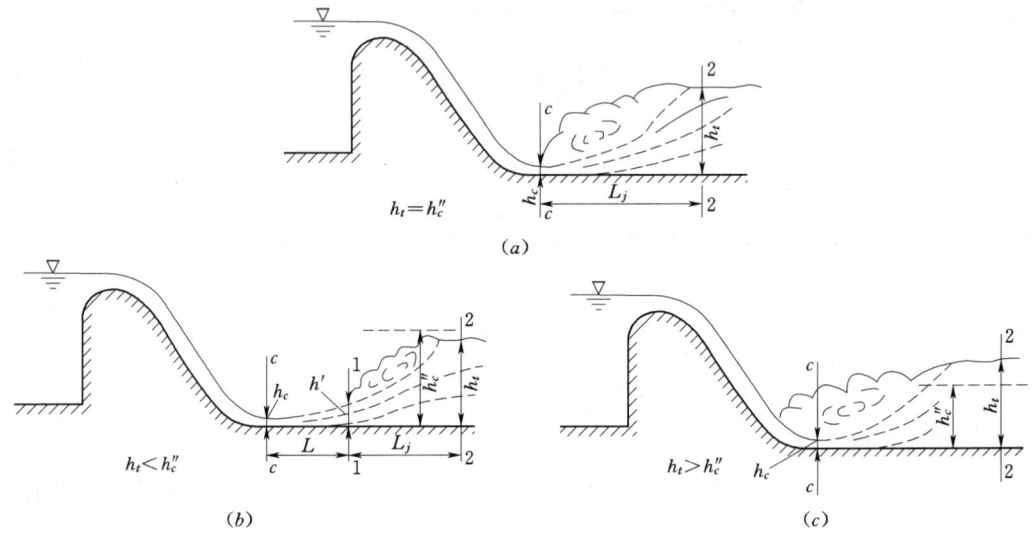

图 6.25
(a) 临界式水跃衔接;(b) 远离式水跃衔接;(c) 淹没式水跃衔接

【例 6.10】 一梯形灌溉渠道受地形限制,有一陡坡段,在陡坡的下游平底渠道中发生水跃。已知渠道底宽 $b = 4.0\text{m}$,边坡系数 $m = 1.0$。当通过流量 $Q = 10\text{m}^3/\text{s}$ 时,水跃的跃前水深 $h' = 0.4\text{m}$。试求跃后水深 h''。

解: 采用图解法求 h''。

$$A_1 = (b + mh')h' = (4 + 1 \times 0.4) \times 0.4 = 1.76(\text{m}^2)$$

$$h'_c = \frac{h'}{6} \times \frac{3b + 2mh'}{b + mh'} = \frac{0.6}{6} \times \frac{3 \times 4 + 2 \times 1 \times 0.4}{4 + 1 \times 0.4} = 0.19(\text{m})$$

则跃前断面的水跃函数为

$$J(h') = \frac{Q^2}{gA_1} + h'_c A_1 = \frac{10^2}{9.8 \times 1.76} + 0.19 \times 1.76 = 6.13(\text{m}^3)$$

假设一系列的跃后水深 h'' 值,计算出相应的跃后断面水跃函数 $J(h'')$,满足 $J(h') =$

6.6 水跃的水力计算

$J(h'')$ 的那个 h''，就是所求的跃后水深，计算过程见表 6.11。

表 6.11　　　　　　　　　　　　　跃后水深试算表

h (m)	A (m)	h_c (m)	水跃函数 $J(h)$ (m^3)	h (m)	A (m)	h_c (m)	水跃函数 $J(h)$ (m^3)
0.2	0.84	0.10	12.23	1.0	5.00	0.47	4.39
0.4	1.76	0.19	6.13	1.2	6.24	0.55	5.07
0.6	2.76	0.29	4.50	1.4	7.56	0.64	6.19
0.8	3.84	0.38	4.35				

用表 6.11 的数据绘出水跃函数曲线，如图 6.26 所示。

由图 6.26 可查得，当跃前水深 $h'=0.4$m 时，跃后水深 $h''=1.4$m。

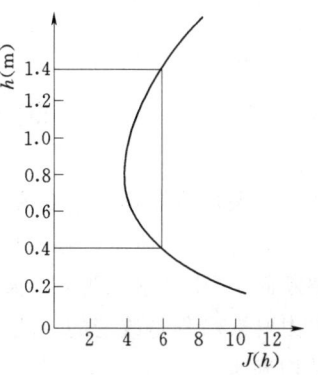

图 6.26

【例 6.11】　某矩形断面渠道上修建有一水闸。当闸门局部开启时，流量 $Q=30\text{m}^3/\text{s}$，水流出闸后在收缩断面处发生水跃，已知收缩断面水深 $h_c=0.5$m，渠道宽度 $b=5.0$m。闸后下游渠道水深 $h_t=3.0$m。试求：

(1) 跃后水深 h''。
(2) 水跃长度 L_j。
(3) 判断水闸下游将产生何种水跃。

解：(1) 通过水闸的单宽流量为

$$q = \frac{Q}{b} = \frac{30}{5} = 6 [\text{m}^3/(\text{s} \cdot \text{m})]$$

则跃后水深为　　$h''_c = \dfrac{h_c}{2}\left(\sqrt{1+8\dfrac{q^2}{gh_c^3}}-1\right) = \dfrac{0.5}{2}\left(\sqrt{1+8\dfrac{6^2}{9.8\times 0.5^3}}-1\right) = 3.59$(m)

(2) 跃长　　$L_j = 6.9(h''_c - h_c) = 6.9(3.59 - 0.5) = 21.32$(m)

(3) 判断水闸下游水跃形式。

因为 $h_t < h''_c$，所以水闸下游将产生远离式水跃。

6.6.8 水跃能量损失计算

水跃可以消耗大量的能量，工程中把水跃段的能量损失 ΔE 与跃前断面的断面比能 E_1 之比，称为水跃的消能系数，用 K_j 表示，即

$$K_j = \frac{\Delta E}{E_1} \tag{6.63}$$

消能系数 K_j 值越大，水跃消能效率越高。

棱柱体矩形水平明渠的消能系数可按下式计算

$$K_j = \frac{(\sqrt{1+8Fr_1^2}-3)^3}{8(\sqrt{1+8Fr_1^2}-1)(2+Fr_1^2)} \tag{6.64}$$

由式 (6.64) 可知，消能系数 K_j 是跃前断面弗劳德数 Fr_1 的函数，Fr_1 越大，消能效率越高。

当 $Fr_1 = 9.0$ 时，K_j 可达 70%。

当 $Fr_1>9.0$ 时,虽然消能效率可进一步提高,但实验表明,此时跃后水面波动很大,并且一直传播到下游,称为强水跃。

当 $4.5 \leqslant Fr_1 \leqslant 9.0$ 时,水跃的消能效率高($K_j=44\%\sim70\%$),同时水跃稳定,跃后水面也较平静,称为稳定水跃。因此,如利用水跃消能,最好将 Fr_1 控制在此范围内。

当 $2.5 \leqslant Fr_1 < 4.5$ 时,$K_j<44\%$,同时水跃不稳定;水跃段中的高速底流间歇地向水面蹿升,跃后水面波动大并向下游传播,称为不稳定水跃。

当 $1.7 \leqslant Fr_1 < 2.5$ 时,虽然此时水跃的上部仍有旋滚存在,但旋滚小而弱,消能效率很低,称为弱水跃。

而当 $1<Fr_1<1.7$ 时,无表面旋滚存在,这种形式的水跃称为波状水跃,消能效率很低。

6.7 明渠恒定非均匀渐变流的基本方程式

明渠恒定非均匀渐变流在工程中是一种常见的水流运动,下面分析建立其基本方程。

如图 6.27 所示,在底坡为 i 的明渠渐变流中,沿水流方向任取一微小流段 dl,其上游断面 1—1 的水深为 h,水位为 z,渠底高程为 z_0,断面平均流速为 v;由于非均匀流的水力要素沿程是改变的,故微分流段下游断面 2—2 的水深为 $h+dh$,水位为 $z+dz$,断面平均流速为 $v+dv$。以 0—0 为基准,对微分流段的上、下游断面列能量方程

$$z_0 + h\cos\theta + \frac{\alpha_1 v^2}{2g} = (z_0 - idl) + (h+dh)\cos\theta + \frac{\alpha_2(v+dv)^2}{2g} + dh_w$$

对上式中各项做如下简化:

(1) 取 $\alpha_1=\alpha_2=\alpha$。

(2) 略去高阶微量后

$$\frac{\alpha(v+dv)^2}{2g} = \frac{\alpha}{2g}[v^2 + 2vdv + (dv)^2] \approx \frac{\alpha v^2}{2g} + d\left(\frac{\alpha v^2}{2g}\right)$$

(3) 对于棱柱体明渠中的恒定非均匀渐变流,流段内的局部水头损失很小,可忽略不计。沿程水头损失近似用明渠均匀流公式计算:

$$dh_w \approx dh_f = \frac{Q^2}{K^2}dl = Jdl$$

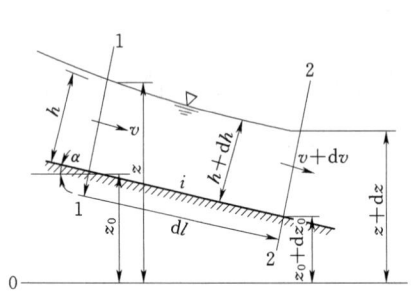

图 6.27

(4) 因明渠底坡都较小($\theta<6°$),实用中采用 $\cos\theta=1$。

将以上各式代入上式,并整理后得

$$idl = dh + d\left(\frac{\alpha v^2}{2g}\right) + \frac{Q^2}{K^2}dl \tag{6.65}$$

式(6.65)就是明渠恒定非均匀渐变流的基本微分方程。

由于 $d\left(h+\frac{\alpha v^2}{2g}\right)=dE_s$,$\frac{Q^2}{K^2}=J$,故上式可改写为

$$\frac{dE_s}{dl} = i - J \tag{6.66}$$

断面单位能量 $E_s = h + \dfrac{\alpha Q^2}{2gA^2}$，而 $A = f(h, l)$，故 $\dfrac{dE_s}{dl} = \dfrac{dE_s}{dh}\dfrac{dh}{dl}$。由式（6.48）可知 $\dfrac{dE_s}{dh} = 1 - Fr^2$，则

$$\frac{dh}{dl} = \frac{i - J}{1 - Fr^2} \tag{6.67}$$

或

$$\frac{dh}{dl} = \frac{i - \dfrac{Q^2}{K^2}}{1 - Fr^2} \tag{6.68}$$

式（6.68）主要用于分析棱柱体明渠渐变流水深的变化规律。

6.8 棱柱体明渠非均匀渐变流水面曲线分析

当棱柱体明渠中通过一定的流量时，由于渠道沿程底坡、边界条件的差异以及建筑物的干扰，会发生不同的水面曲线，本节对各种水面曲线进行定性分析。

6.8.1 水面曲线的分区与分类

由前所述，渠道的底坡有顺坡（$i>0$）、平坡（$i=0$）和逆坡（$i<0$）3 种。顺坡又可分为缓坡（$i<i_k$）、临界坡（$i=i_k$）和陡坡（$i>i_k$）3 种。这样，渠道的实际底坡应该是 5 种，即缓坡、临界坡、陡坡、平坡和逆坡。如图 6.28 所示。图中临界水深线以点划线 $K—K$ 表示，称为临界水深线；均匀流正常水深线以虚线 $N—N$ 表示，称为正常水深线。显然，$N—N$ 线、$K—K$ 线和渠底线三者相互平行。把在 $N—N$ 线和 $K—K$ 线以上的流区称为 a 区，在两线以下的流区称为 c 区，而在两线之间的流区称为 b 区。5 种底坡上总共有 12 个流区，也就是说有 12 种水面曲线。

图 6.28

为便于区分，分别用下角标 1、2、3 和 0 表示缓坡、陡坡、临界坡和平坡，用上角标"/"表示逆坡，于是水面曲线的分类如下：

1) 缓坡：水面曲线有 a_1、b_1、c_1 三种类型。
2) 陡坡：水面曲线有 a_2、b_2、c_2 三种类型。
3) 临界坡：水面曲线有 a_3、c_3 两种类型。
4) 平坡：水面曲线有 b_0、c_0 两种类型。

5）逆坡：水面曲线有 b'、c' 两种类型。

6.8.2 水面曲线的定性分析

水面曲线定性分析的内容为：①水深沿程改变情况（壅水还是降水）；②水面曲线的形状（凹或凸）；③水面曲线两端的变化趋势；④产生该水面曲线的工程实例。

在一条充分长的顺坡明渠中，无论发生均匀流还是非均匀流，因为都是恒定流，流量沿程不变。因此式（6.68）中的流量可用均匀流的流量 $Q=K_0\sqrt{i}$ 计算，K_0 表示均匀流的流量模数。则式（6.68）可改写为

$$\frac{dh}{dl} = i\frac{1-\left(\dfrac{K_0}{K}\right)^2}{1-Fr^2} \tag{6.69}$$

水面曲线的定性分析就是依据上式进行的。

6.8.2.1 缓坡（$i<i_k$）渠道上的水面曲线（a_1、b_1、c_1）

1. a 区（$h>h_0>h_k$）

因为 $h>h_0$，故 $K>K_0$，$1-\left(\dfrac{K_0}{K}\right)^2>0$；同时 $h>h_k$，水流为缓流，$Fr<1$，$1-Fr^2>0$，由式（6.69）可知 $\dfrac{dh}{dl}>0$，即水深沿流程增加，为壅水曲线，所以该区产生 a_1 型壅水曲线。

a_1 型壅水曲线上游端水深逐渐变小，极限情况为 $h\to h_0$，则 $K\to K_0$，$1-\left(\dfrac{K_0}{K}\right)^2\to 0$；又 $h>h_k$，水流为缓流，$1-Fr^2>0$，由式（6.69）可知 $\dfrac{dh}{dl}\to 0$，即水深沿流程不变，这表明 a_1 型水面曲线的上游以 $N-N$ 为渐近线，在无穷远处与正常水深线重合。

a_1 型壅水曲线下游端水深越来越大，极限情况为 $h\to\infty$，则 $K\to\infty$，$1-\left(\dfrac{K_0}{K}\right)^2\to 1$；$Fr=\dfrac{v}{\sqrt{g\bar{h}}}\to 0$，$1-Fr^2\to 1$，因此 $\dfrac{dh}{dl}\to i$，这表明 a_1 型水面曲线的下游端以水平线为渐近线。

在缓坡渠道上修建闸坝后，其上游的水面曲线一般就是 a_1 型壅水曲线，如图 6.29 所示。

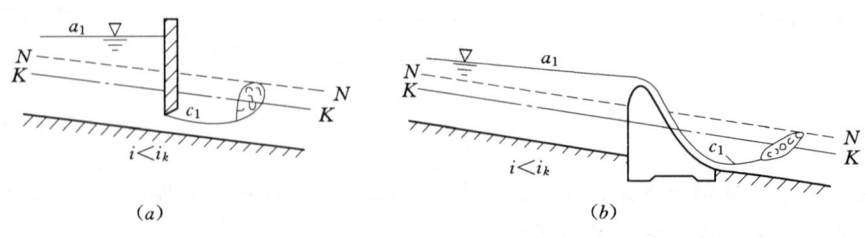

图 6.29

2. b 区（$h_0>h>h_k$）

因为 $h<h_0$，故 $K<K_0$，$1-\left(\dfrac{K_0}{K}\right)^2<0$；同时 $h>h_k$，水流仍为缓流，$Fr<1$，$1-$

$Fr^2>0$,由式(6.69)可知 $\dfrac{dh}{dl}<0$,即水深沿流程减小,为降水曲线,所以该区产生 b_1 型降水曲线。

b_1 型降水曲线上游端水深逐渐增大,极限情况为 $h \to h_0$,则 $K \to K_0$,$1-\left(\dfrac{K_0}{K}\right)^2 \to 0$;又 $h>h_k$,水流为缓流,$1-Fr^2>0$。故 $\dfrac{dh}{dl} \to 0$,这表明 b_1 型水面曲线的上游端仍以 $N-N$ 为渐近线。

b_1 型降水曲线下游端水深逐渐变小,极限情况为 $h \to h_k$。但 $h<h_0$,$K<K_0$,$1-\left(\dfrac{K_0}{K}\right)^2<0$;又 $h \to h_k$,$Fr \to 1$,$1-Fr^2 \to 0$。由式(6.69)可知 $\dfrac{dh}{dl} \to \infty$,这表明在理论上水面曲线与 $K-K$ 线有正交的趋势。但实际上水流此时已不是渐变流,而是急变流,水面以光滑曲线过渡为急流,发生水跌现象。

当缓坡渠道的末端为跌坎,或与陡坡渠道相接时,缓坡渠道上产生的水面曲线就是 b_1 型降水曲线,如图6.30所示。

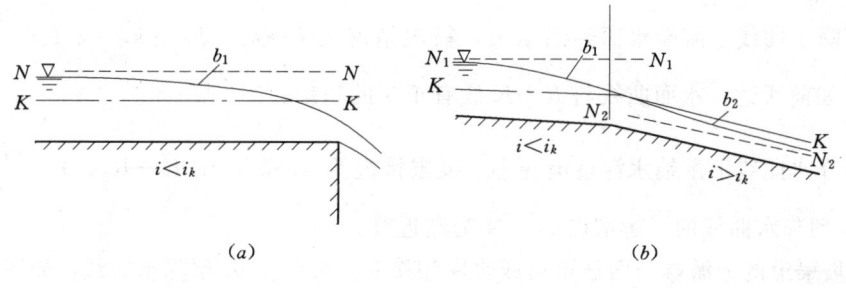

图6.30

3. c 区 ($h_0>h_k>h$)

因为 $h<h_0$,故 $K<K_0$,$1-\left(\dfrac{K_0}{K}\right)^2<0$;又因为 $h<h_k$,水流为急流,$Fr>1$,$1-Fr^2<0$。由式(6.69)可知 $\dfrac{dh}{dl}>0$,即水深沿流程增加,为壅水曲线,所以该区产生 c_1 型壅水曲线。

c_1 型壅水曲线上游端水深逐渐变小,最小水深受来流条件控制(如闸孔开度)。下游端水深逐渐增加,极限情况为 $h \to h_k$,$Fr \to 1$,$1-Fr^2 \to 0$,所以 $\dfrac{dh}{dl} \to \infty$,水面曲线与 $K-K$ 线有正交的趋势。但实际水流是急变流,将发生由急流到缓流的水跃现象。

在缓坡渠道上修建闸、坝等水工建筑物时,其下游急流区产生的水面曲线就是 c_1 型壅水曲线,如图6.29所示。

6.8.2.2 陡坡 ($i>i_k$) 渠道上的水面曲线 (a_2、b_2、c_2)

1. a 区 ($h>h_k>h_0$)

因为 $h>h_0$,故 $K>K_0$,$1-\left(\dfrac{K_0}{K}\right)^2>0$;同时 $h>h_k$,水流为缓流,$Fr<1$,$1-Fr^2>0$,

由式（6.69）可知 $\frac{dh}{dl}>0$，即水深沿流程增加，为壅水曲线，所以该区产生 a_2 型壅水曲线。

a_2 型壅水曲线上游端水深逐渐变小，极限情况为 $h \to h_k$，$Fr \to 1$，$1-Fr^2 \to 0$，所以 $\frac{dh}{dl} \to \infty$，如前所述，水面曲线与 $K-K$ 线有正交的趋势。

图 6.31

a_2 型壅水曲线下游端水深越来越大，极限情况为 $h \to \infty$，如前 a_1 型水面曲线的下游端所示，此时 a_2 型水面曲线的下游端也以水平线为渐近线。

a_2 型壅水曲线一般发生在陡坡上修建了闸、坝等水工建筑物的上游，如图 6.31 所示。

2. b 区（$h_k>h>h_0$）

因为 $h>h_0$，故 $K>K_0$，$1-\left(\frac{K_0}{K}\right)^2>0$；同时 $h<h_k$，水流为急流，$Fr>1$，$1-Fr^2<0$。所以 $\frac{dh}{dl}<0$，即该区产生 b_2 型降水曲线。

b_2 型降水曲线上游端水深逐渐增大，极限情况为 $h \to h_k$，$Fr \to 1$，$1-Fr^2 \to 0$，所以 $\frac{dh}{dl} \to \infty$。如前所述，水面曲线与 $K-K$ 线有正交的趋势。

b_2 型降水曲线下游端水深逐渐变小，极限情况为 $h \to h_0$，则 $K \to K_0$，$1-\left(\frac{K_0}{K}\right)^2 \to 0$。这表明 b_2 型降水曲线的下游端以 $N-N$ 为渐近线。

当陡坡渠道的上游端与缓坡渠道或水库相接时，将产生 b_2 型降水曲线，如图 6.30（b）所示。

3. c 区（$h_k>h_0>h$）

因为 $h<h_0$，故 $K<K_0$，$1-\left(\frac{K_0}{K}\right)^2<0$；又因为 $h<h_k$，水流为急流，$Fr>1$，$1-Fr^2<0$。故 $\frac{dh}{dl}>0$，即该区产生 c_2 型壅水曲线。

c_2 型壅水曲线的上游端水深最小，受来流条件控制（如闸孔开度）。下游端水深逐渐增加，极限情况为 $h \to h_0$，则 $K \to K_0$，$1-\left(\frac{K_0}{K}\right)^2 \to 0$。这表明 c_2 型壅水曲线的下游端以 $N-N$ 为渐近线。

在陡坡渠道上修建闸、坝等水工建筑物时，其下游产生的水面曲线就是 c_2 型壅水曲线，如图 6.31 所示。

6.8.2.3 临界坡（$i=i_k$）和平坡（$i=0$）及逆坡（$i<0$）渠道上的水面曲线

临界坡、平坡和逆坡上的水面曲线也可用式（6.69）进行分析，这里不再一一推导。各种类型水面曲线的形式参见图 6.32。

6.8.3 水面曲线分析的一般原则

分析图 6.32 所示的 12 种水面线，可以看出它们之间既有共同的规律，又有各自的特

图 6.32

点，具体分析时可遵循以下原则：

(1) 每一个流区只能发生一种类型的水面曲线。凡在 a 区和 c 区，各水面曲线都是壅水曲线，而 b 区的水面曲线都是降水曲线。

(2) 急流过渡为缓流时，必然产生水跃，水面线以水跃衔接；缓流过渡为急流时，必然产生水跌，水面线以水跌衔接。

(3) 当水深 $h \to h_0$ 时，水面曲线以正常水深线 $N—N$ 为渐近线；水深 $h \to h_k$ 时，水面曲线与临界水深线 $K—K$ 线有正交的趋势；水深 $h \to \infty$ 时，水面曲线以水平线为渐近线。

(4) 在分析和计算水面曲线时，必须从某个确定水深或水位的已知断面开始，这个断面称为控制断面。缓流的控制断面在下游，急流的控制断面在上游。

6.8.4 水面曲线分析实例

【例 6.12】 如图 6.33 所示一灌溉渠道，因地形变化采用两种底坡连接，其断面形式、尺寸及糙率均相同。已知 $i_1 < i_2 < i_k$，各段渠道均充分长，试分析渠道中可能出现的水面曲线类型。

图 6.33

解：(1) 根据已知条件 $i_1 < i_2 < i_k$，相应正常水深 $h_{01} > h_{02} > h_k$，画出两渠段的 $N—N$ 线和 $K—K$ 线。

(2) 因两渠道均为缓坡，且渠道充分长，故两渠道的上、下游很远处为均匀流。非均匀流的影响仅局限在底坡发生变化的有限渠段范围内，其水深的变化是由 i_1 渠段的 h_{01} 减小到 i_2 渠段的 h_{02}，渠道中水面线一定是降水曲线。

如果 i_1 渠段全部为均匀流，则水流流入 i_2 渠段后，水面线位于 i_2 渠段的 a 区，如图 6.33 中①所示情况。根据水面曲线分析的原则可知，在 a 区只能是壅水曲线，所以①是不可能的。

如图 6.33 中②所示情况，是在上、下游渠段都产生非均匀流降水曲线，但对 i_2 渠段，此时水面曲线位于 a 区，不可能出现降水曲线，所以也是不可能的。

如图 6.33 中③所示情况，是在 i_1 渠段产生非均匀流，为 b_1 型降水曲线，在 i_2 渠段全部为均匀流,只有它是水面曲线衔接的唯一形式。

【例 6.13】 某平底渠道上建有一水闸（图 6.34）,其开度很小,收缩断面 $c-c$ 处的水深 $h_c < h_k$。闸后接一陡坡段。若两段渠道的断面形式、尺寸及糙率均相同,且均充分长,试分析渠道中可能出现的水面曲线类型。

图 6.34

解：(1) 画出渠道的 $K-K$ 线和下游渠道的 $N-N$ 线。

(2) 上游平坡段中,闸下出流为急流,且位于 c 区,为 c_0 型壅水曲线。因为平坡段很长,在平坡段的后段将产生缓流,水深大于临界水深。平坡段上会出现由急流到缓流过渡的现象——水跃。

水流由平坡渠道进入陡坡渠道,要由缓流过渡到急流,产生水跌。因此,上游平坡段水跃以后的水面线为 b_0 型降水曲线,至变坡处穿过 $K-K$ 线,和陡坡段的 b_2 型降水曲线连接,在下游充分远处趋近于 $N-N$ 线。

6.9 明渠恒定非均匀渐变流水面曲线计算

在工程中,仅对明渠恒定非均匀渐变流的水面曲线进行定性分析是不能满足要求的,还需要知道沿程各断面水力要素的改变情况,即要对水面曲线进行定量的计算和绘制。水面曲线的计算结果可以预测水位的变化对两岸的影响,确定淹没范围,估算淹没损失等。

明渠水面曲线的计算方法很多,这里主要介绍最基本和常用的方法——分段求和法（逐段试算法）。分段求和法是一种近似解法,对棱柱体和非棱柱体渠道均可适用。

6.9.1 水面曲线计算公式推导

将明渠恒定非均匀渐变流的基本微分方程式 $\dfrac{dE_s}{dl} = i - J$ 改写为以下差分形式

$$\Delta l = \frac{\Delta E_s}{i - \overline{J}} = \frac{E_{s2} - E_{s1}}{i - \overline{J}} \tag{6.70}$$

式中: E_{s1}、E_{s2} 分别为流段上、下游断面的断面比能; $\overline{J}$ 为流段内的平均水力坡度; i 为渠道的底坡; Δl 为流段长度。

流段的平均水力坡度 $\overline{J}$ 一般采用以下方法计算

$$\overline{J} = \frac{1}{2}(J_1 + J_2) \tag{6.71}$$

或

$$\overline{J} = \frac{Q^2}{\overline{K}^2} \tag{6.72}$$

流量模数平均值 $\overline{K}$ 或 $\overline{K}^2$ 可用以下三种方法之一计算

(1) $$\overline{K} = \overline{A}\,\overline{C}\sqrt{\overline{R}} \tag{6.73}$$

其中 $\overline{A} = \dfrac{1}{2}(A_1 + A_2)$, $\overline{C} = \dfrac{1}{2}(C_1 + C_2)$, $\overline{R} = \dfrac{1}{2}(R_1 + R_2)$

(2) $$\overline{K}^2 = \frac{1}{2}(K_1^2 + K_2^2) \tag{6.74}$$

6.9 明渠恒定非均匀渐变流水面曲线计算

（3）
$$\frac{1}{\overline{K}^2} = \frac{1}{2}\left(\frac{1}{K_1^2} + \frac{1}{K_2^2}\right) \tag{6.75}$$

6.9.2 计算方法步骤

用分段求和法计算水面曲线的基本方法，是先把渠道按水深划分为几个流段，然后对每一流段应用式（6.70）逐段推算。具体步骤如下：

（1）分析判别水面曲线的类型。

（2）确定控制断面，以控制断面的水深作为流段的第一已知水深 h_1。

（3）假设流段另一断面水深为 $h_2 = h_1 \pm \Delta h$，进行分段。

（4）根据水深 h_1 和 h_2，应用式（6.70）求出第一流段长 Δl_1。

（5）将 h_2 作为下一流段的控制水深，重复以上计算，求出第二流段长 Δl_2；依此类推，可求出 Δl_3、Δl_4、…最后求得水面曲线全长。

$$l = \sum_{i=1}^{n} \Delta l_i \tag{6.76}$$

（6）根据计算结果，按比例绘出水面曲线。

详细计算过程见［例6.14］，需要注意的是：分段越多，计算量越大，精度也越高。

【例6.14】 有一长直的梯形断面棱柱体渠道，底宽 $b=20\text{m}$，边坡系数 $m=2.5$，糙率 $n=0.0225$，底坡 $i=0.0001$。当通过流量 $Q=160\text{m}^3/\text{s}$ 时，闸前水深 $h=6.0\text{m}$。求闸前水面曲线的全长，并绘制水面曲线。

解： 1. 计算 h_0、h_k，判别水面线类型

（1）用图解法求正常水深 h_0。

$$K_0 = \frac{Q}{\sqrt{i}} = \frac{160}{\sqrt{0.0001}} = 16000 (\text{m}^3/\text{s})$$

$$\frac{b^{2.67}}{nK_0} = \frac{20^{2.67}}{0.0225 \times 16000} = 8.27$$

查附图1的正常水深求解图，由 $\frac{b^{2.67}}{nK_0} = 8.27$，$m=2.5$，在图上查得 $\frac{h_0}{b} = 0.246$，则

$$h_0 = 0.246 \times 20 = 4.92 (\text{m})$$

（2）用图解法求临界水深 h_k。

$$\frac{Q}{b^{2.5}} = \frac{160}{20^{2.5}} = 0.089$$

查附图3的临界水深求解图，由 $\frac{Q}{b^{2.5}} = 0.089$，$m=2.5$，在图上查得 $\frac{h_k}{b} = 0.086$，则

$$h_k = 0.086 \times 20 = 1.72 (\text{m})$$

（3）判别水面线类型。因为 $h_0 > h_k$，渠底坡为缓坡。因为渠道末端水深 $h=6.0\text{m}$，满足 $h > h_0 > h_k$ 条件，则水面线为 a_1 型壅水曲线。

2. 选控制断面，确定末端水深，进行分段

因为 $h > h_k$，则渠道中的水流为缓流，缓流的控制断面在下游，取闸前断面为控制断面，水深 $h=6\text{m}$，水面线全长的起始水深为

$$h = 1.01h_0 = 1.01 \times 4.92 = 4.97 (\text{m})$$

对棱柱体渠道，为避免试算，常按水深分段，分段后各流段的上游断面水深为5.8m、5.6m、5.4m、5.2m、5.1m、5.03m、4.97m，共7段。

3. 第一流段的流段长计算

本流段的水深为 $h_1=5.8\text{m}$，$h_2=6.0\text{m}$。

(1) 计算 E_{s1}、E_{s2}、ΔE_s。

下游断面 $A_2=(b+mh_2)h_2=(20+2.5\times 6)\times 6=210.0(\text{m}^2)$

$$v_2=\frac{Q}{A_2}=\frac{160}{210}=0.762(\text{m/s})$$

$$E_{s2}=h_2+\frac{\alpha_2 v_2^2}{2g}=6+\frac{1\times 0.762^2}{19.6}=6.030(\text{m})$$

上游断面 $A_1=(b+mh_1)h_1=(20+2.5\times 5.8)\times 5.8=200.1(\text{m}^2)$

$$v_1=\frac{Q}{A_1}=\frac{160}{200.1}=0.800(\text{m/s})$$

$$E_{s1}=h_1+\frac{\alpha_1 v_1^2}{2g}=5.8+\frac{1\times 0.800^2}{19.6}=5.833(\text{m})$$

则两段面的断面比能之差为

$$\Delta E_s=E_{s2}-E_{s1}=6.030-5.833=0.197(\text{m})$$

(2) 计算平均水力坡降 $\overline{J}$。a_1 型水面线计算时，其平均水力坡降 $\overline{J}$ 采用 $\overline{J}=\frac{1}{2}(J_1+J_2)$，$J=\frac{v^2}{C^2 R}$ 计算。

下游断面

$$\chi_2=b+2\sqrt{1+m^2}\,h_2=20+2\sqrt{1+2.5^2}\times 6=52.31(\text{m})$$

$$R_2=\frac{A_2}{\chi_2}=\frac{210.0}{52.31}=4.015(\text{m})$$

$$C_2=\frac{1}{n}R_2^{1/6}=\frac{1}{0.0225}\times 4.015^{1/6}=56.03(\text{m}^{1/2}/\text{s})$$

$$J_2=\frac{v_2^2}{C_2^2 R_2}=\frac{0.762^2}{56.03^2\times 4.015}=0.00004607$$

上游断面

$$\chi_1=b+2\sqrt{1+m^2}\,h_1=20+2\sqrt{1+2.5^2}\times 5.8=51.23(\text{m})$$

$$R_1=\frac{A_1}{\chi_1}=\frac{200.1}{51.23}=3.906(\text{m})$$

$$C_1=\frac{1}{n}R_1^{1/6}=\frac{1}{0.0225}\times 3.906^{1/6}=55.77(\text{m}^{1/2}/\text{s})$$

$$J_1=\frac{v_1^2}{C_1^2 R_1}=\frac{0.800^2}{55.77^2\times 3.906}=0.00005268$$

平均水力坡降

$$\overline{J}=\frac{1}{2}(J_1+J_2)=\frac{1}{2}(0.00004607+0.00005268)=0.00004938$$

6.9 明渠恒定非均匀渐变流水面曲线计算

表 6.12 水面线计算过程及结果

断面序号	h (m)	A (m²)	χ (m)	R (m)	$C=\frac{1}{n}R^{1/6}$ (m$^{1/2}$/s)	v (m/s)	$J=\frac{v^2}{C^2R}$ ($\times 10^{-5}$)	$\frac{\alpha v^2}{2g}$ (m)	$E_s=h+\frac{\alpha v^2}{2g}$ (m)	$\Delta E_s=E_{s2}-E_{s1}$ (m)	$\overline{J}=\frac{1}{2}(J_1+J_2)$ ($\times 10^{-5}$)	$i-\overline{J}$ ($\times 10^{-5}$)	$\Delta L=\frac{\Delta E_s}{i-\overline{J}}$ (m)	$\sum \Delta L$ (m)
(1)	(2)	(3)	(4)	(5)	(6)	(7)	(8)	(9)	(10)	(11)	(12)	(13)	(14)	(15)
1	6.00	210.0	52.31	4.015	56.03	0.7619	4.605	0.0296	6.0296					
2	5.80	200.1	51.23	3.906	55.77	0.7996	5.263	0.0326	5.8326	0.1970	4.934	5.066	3889	3889
3	5.60	190.4	50.16	3.796	55.51	0.8843	6.037	0.0360	5.6360	0.1966	5.650	4.350	4519	8408
4	5.40	180.9	49.08	3.686	55.24	0.8845	6.956	0.0399	5.4399	0.1961	6.496	3.504	5596	14004
5	5.20	171.6	48.00	3.575	54.96	0.9324	8.051	0.0444	5.2444	0.1966	7.504	2.496	7832	21836
6	5.10	167.0	47.46	3.518	54.81	0.9579	8.681	0.0468	5.1468	0.0976	8.366	1.634	5973	27809
7	5.03	163.9	47.09	3.481	54.71	0.9765	9.151	0.0487	5.0787	0.0681	8.916	1.084	6282	34091
8	4.97	161.2	46.76	3.447	53.63	0.9928	9.583	0.0503	5.0203	0.0584	9.367	0.633	9226	43317

流段长度 Δl 计算：将 ΔE_s、$\overline{J}$、i 代入式（6.70）得

$$\Delta l = \frac{\Delta E_s}{i-\overline{J}} = \frac{0.197}{0.0001-0.00004938} = 3892$$

4. 列表计算水面线的全长

计算成果见表 6.12。

5. 按比例绘制水面线

水面曲线如图 6.35 所示。

图 6.35

习 题

6.1 明渠均匀流的渠底坡度 i、水面坡度 J_p 和水力坡度 J 有何关系？

6.2 渠道产生明渠均匀流需要满足哪些条件？

6.3 平坡和逆坡渠道上能产生明渠均匀流吗？为什么？

6.4 一顺坡棱柱体渠道根据生产要求需加大输水能力，可采取哪些措施？

6.5 糙率选得大了，设计出的渠道断面是大还是小？会产生什么后果？

6.6 渠道在设计断面尺寸时是否都应按水力最佳断面设计？为什么？

6.7 两条渠道断面形状、尺寸、糙率、底坡都一样，它们的临界水深一样吗？若两条渠道的流量相同，断面形状、尺寸也相同，糙率、底坡不一样，它们的临界水深一样吗？

6.8 在非均匀流时，缓坡上能否有急流，陡坡上能否有缓流？举例说明。

6.9 底坡一定的渠道，就可以肯定它是陡坡或缓坡吗？为什么？

6.10 某干渠为梯形土渠，通过流量 $Q=35\text{m}^3/\text{s}$，边坡系数 $m=1.5$，底坡 $i=1/5000$，糙率 $n=0.020$。试按水力最佳断面原理设计渠道断面。

6.11 矩形渠槽，底宽 $b=4\text{m}$，水深 $h=1.5\text{m}$，槽底糙率 $n_1=0.0225$，槽壁两边的糙率分别为 $n_2=0.02$ 和 $n_3=0.025$，试计算综合糙率。

图 6.36（单位：m）

6.12 一复式断面河道，$i=0.0001$，深槽糙率 $n_1=0.025$，滩地糙率 $n_2=0.030$，洪水位及其他尺寸如图 6.36 所示。求洪水流量。

6.13 一梯形断面渠道，底坡 $i=0.008$，

糙率 $n=0.030$，边坡系数 $m=1.0$，底宽 $b=4\text{m}$，水深 $h=2.0\text{m}$，求此渠道的流速和流量。

6.14 一半圆混凝土 U 形渠槽，如图 6.37 所示，宽 $b=1.2\text{m}$，渠道底坡 $i=1/1000$，糙率 $n=0.017$，当槽内均匀流水深 $h_0=0.8\text{m}$ 时，求此渠槽的过水能力。

6.15 有一环山渠道如图 6.38 所示，底坡 $i=0.002$。靠山一边按 $1:0.5$ 的边坡开挖，$n_1=0.0275$；另一边为直立的混凝土边墙，$n_2=0.017$；渠底宽度 $b=2.0\text{m}$，$n_3=0.020$。试求 $h=1.5\text{m}$ 时输送的流量。

图 6.37（单位：m）

图 6.38（单位：m）

6.16 一条黏土渠，需要输送的流量为 $2.0\text{m}^3/\text{s}$，初步确定渠道底坡 i 取 0.007，$m=1.5$，$n=0.025$，$b=2.0\text{m}$，试用试算法和图解法求渠中的正常水深，并校核渠中流速。

6.17 渠道的流量 $Q=30\text{m}^3/\text{s}$，底坡 $i=0.009$，边坡系数 $m=1.5$，糙率 $n=0.025$，已知宽深比 $\beta=1.6$，求水深 h 和底宽 b。

6.18 有一混凝土圆形排水管道（$n=0.014$），如图 6.39 所示。已知半径 $R=2.0\text{m}$，管中均匀流水深为 2.5m，要求通过设计流量 $Q=4\text{m}^3/\text{s}$，试求管道底坡。

6.19 有一矩形断面长直渠道，底宽 $b=5\text{m}$，糙率 $n=0.018$，底坡 $i=0.001$，通过的流量 $Q=10\text{m}^3/\text{s}$，试分别用不同方法判别渠中水流的流态。

图 6.39（单位：m）

6.20 某灌溉渠道为矩形断面，底宽 $b=4\text{m}$，通过的流量 $Q=12\text{m}^3/\text{s}$。当渠道中发生水跃时，已知跃前水深 $h'=0.3\text{m}$，求：(1) 跃后水深 h''；(2) 水跃长度 L_j。

6.21 定性分析如图 6.40 所示流量和糙率都不变的长直棱柱体渠道中可能出现的水

图 6.40

面曲线形式，并标注名称（各段均有足够长度）。

6.22 定性分析如图 6.41 所示流量和糙率都不变的长直棱柱体渠道中可能出现的水面曲线形式，并标注名称（各段均有足够长度）。

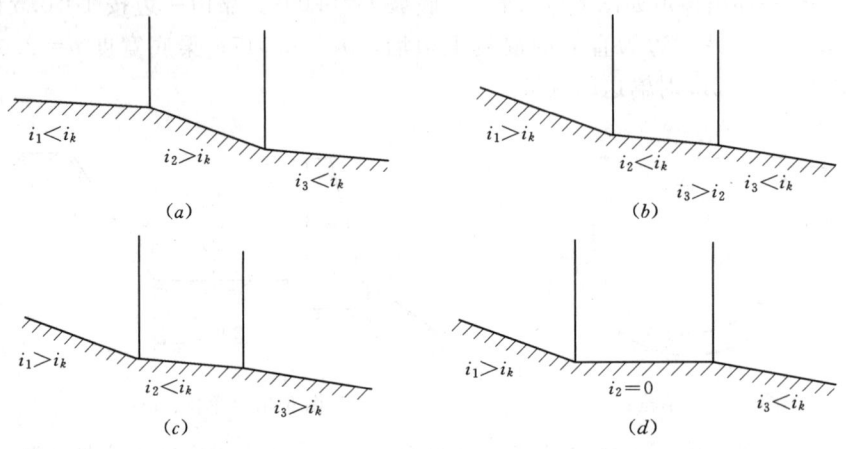

图 6.41

6.23 一矩形断面明渠，$b=8$m，$i=0.00075$，$n=0.025$，当通过流量 $Q=50$m³/s 时，已知渠道末端水深 $h_2=5.5$m，若上游进口水深 $h_1=4.2$m，求渠道长度。

学习单元7 堰闸水力计算

知识内容要求：能够熟练陈述堰、闸的特点及区别；熟练堰闸水力计算的类型、原理、方法、步骤。

能力与素质要求：能解决堰闸水力计算的各种问题；能够指导堰闸的设计与施工。

7.1 堰闸认知

7.1.1 堰流和闸孔出流现象

在水利等工程中，为了泄水或引水等目的，常兴建溢流坝和泄水闸等水工建筑物以控制水流的水位及流量。在水力学中，把顶部溢流的水工建筑物称为堰。溢流坝、水闸的底槛、桥孔和无压涵洞的进口都属于堰的范畴。经过堰的水流，当受到闸门控制时，就是闸孔出流［图7.1（c）、（d）］；当没有受到闸门控制时就是堰流［图7.1（a）、（b）］。

图 7.1

堰流和闸孔出流都是由于建筑物将水流的过水断面缩小而形成的。堰流多因侧向宽度被缩窄或底部被抬高而形成，闸孔出流则因闸门开度较小使水流受到约束而形成。堰流和闸孔出流是两种不同的水流现象。堰流由于闸门对水流不起控制作用，水面线为一条光滑的降落曲线，闸孔出流由于受到闸门的控制，闸门上下游的水面是不连续的。同时，堰流与闸孔出流也存在着许多共同点。首先，堰流和闸孔出流都是因水闸或溢流坝等建筑物壅高了上游水位，在重力作用下形成的水流运动。从能量的观点来看，出流的过程都是一种势能转化为动能的过程。其次,这两种水流都是在较短的距离内流线发生急剧弯曲,出流过程的能量损失主要是局部水头损失。

7.1.2 堰流和闸孔出流的类型及判别

影响堰流的主要特征量有堰宽、堰上水头、堰顶厚度及它的剖面形状、下游水深等。这些特征量对堰流的形态和过堰流量都有影响。

1. 堰的分类

根据堰壁厚度 δ 和堰上水头 H 的相对大小可以将堰分为薄壁堰、实用堰、宽顶堰三类。

(1) 薄壁堰流,$\dfrac{\delta}{H}<0.67$。当水流趋向堰壁时,由于堰壁的阻挡和导流作用,底部水流沿堰壁向上涌。而表层水流继续前进,同时水面逐渐下降,致使堰壁之后的水流形如舌状,称为溢流水舌,如图 7.2(a) 所示。根据实验,过堰顶作水平线与水舌下缘相交,交点至上游堰壁的水平距离约为 $0.67H$。因此堰顶厚度小于此值时,堰顶不会触到水舌下缘。溢流水舌与堰顶只有线接触,水流沿流动方向几乎不受堰顶厚度的影响。这种堰常用作实验室和灌溉渠道中量测流量的设备。

图 7.2

(2) 实用堰流,$0.67<\dfrac{\delta}{H}<2.5$。当堰壁厚度继续增大,薄壁堰厚度已经影响到了水舌,堰壁对水舌已有一定作用,从而在一定程度上对过水能力产生影响。为了减小阻力,使堰顶形状和水舌下缘形状相吻合,称为曲线型实用堰,如图 7.2(c) 所示。某些小型水利工程,为了施工的方便,也常采用折线形剖面堰,如图 7.2(b) 所示。

(3) 宽顶堰流,$2.5<\dfrac{\delta}{H}<10$。当堰壁厚度继续增大,水舌受到堰顶的顶托作用加大,堰壁对过水能力的影响也相应加大。进入堰顶的水头受到堰的垂直方向约束,流速加大,势能减小,水面发生明显跌落,以后水面线与堰顶成近似平行的流动,若堰下游水位很低,出堰水流又将出现第二次跌落。这种堰流就是宽顶堰流,如图 7.2(d) 所示。工程

上有许多堰流属于宽顶堰流,例如闸门全开放时泄水闸上的水流;河渠中通过桥孔、无压涵管的水流。

当堰壁厚度继续增大时,从能量的角度看,沿程水头损失逐渐占据主要地位,这时堰流就逐渐过渡到明渠流了。

2. 堰流和闸孔出流的判别标准

形成堰流和闸孔出流,与闸坝的形式、位置、结构形式等有关,根据实验和实际运行的经验,一般可采用以下判别式来进行区分。

(1) 当闸底坎为平顶堰时:

$$\frac{e}{H} > 0.65 \text{ 时,为堰流;}$$

$$\frac{e}{H} \leqslant 0.65 \text{ 时,为闸孔出流。}$$

(2) 当闸底坎为曲线型堰时:

$$\frac{e}{H} > 0.75 \text{ 时,为堰流;}$$

$$\frac{e}{H} \leqslant 0.75 \text{ 时,为闸孔出流。}$$

式中:e 为闸门开启高度;H 为堰闸前水头,如图 7.1 所示。

从以上判别标准可以看出,即使在同一个建筑物上,在不同运行工况下有时会形成堰流,有时会形成闸孔出流。例如在同一闸坝上,当上游水头 H 一定,闸门开度 e 较大时,闸门下缘不触及水流表面,形成了堰流。若关小闸门开度,闸门下缘约束了水流时形成闸孔出流。同样,当闸门开度一定,上游水头较小时,闸门下缘不触及水流表面,形成堰流。若上游水头增大,水面将触及闸门下缘,水流将受到闸门的约束而形成闸孔出流。

7.2 薄壁堰水力计算

7.2.1 堰流的基本公式

薄壁堰流、实用堰流和宽顶堰流的共同特点决定了堰流具有同一形式的计算过水能力的基本公式。但是不同堰流也有各自的特性,即它们的局部水头损失以及水舌受到堰顶的顶托程度不同,这个差别是各堰流边界条件不全相同引起的,表现在某些系数的数值有所不同。下面以自由出流的无侧收缩的矩形薄壁堰为例,应用能量方程推求堰流的基本公式。

如图 7.3 所示,取通过堰顶的水平面为基准面,第一个过水断面选在水面无明显下降的断面 0—0,该断面堰顶以上的水深 H 称为堰上水头,其断面平均流速 v_0 称为行近流速。实验表明,该断面距堰上游壁面的距离 $L=(3\sim 5)H$ 时符合渐变流条件。第二个过水断面选在基准面与水舌中线的交点所在的断面 1—1。

综上所述,断面 0—0 为渐变流断面,其单位势能 Z

图 7.3

$+\frac{p}{\gamma}$ 等于常数。而断面 1—1 为急变流断面，其 $Z+\frac{p}{\gamma}$ 不等于常数，故采用平均值 $\overline{\left(Z+\frac{p}{\gamma}\right)}$ 表示其断面单位势能。能量方程形式如下

$$H+0+\frac{\alpha_0 v_0^2}{2g}=\overline{\left(Z+\frac{p}{\gamma}\right)}+(\alpha_1+\zeta)\frac{v_1^2}{2g} \tag{7.1}$$

式中：v_1 为断面 1—1 的平均流速；α_0、α_1 分别为断面 0—0 和断面 1—1 的动能修正系数；ζ 为局部水头损失系数。

令 $H+\frac{\alpha_0 v_0^2}{2g}=H_0$，称为堰顶全水头；$\overline{\left(Z+\frac{p}{\gamma}\right)}=K_1 H_0$，$K_1$ 为一修正系数，称为压强系数；$\varphi=\frac{1}{\sqrt{\alpha_1+\zeta}}$，称为流速系数。则式（7.1）可改写为

$$H_0-K_1 H_0=\frac{v_1^2}{2g\varphi^2}$$

所以有

$$v_1=\varphi\sqrt{2gH_0(1-K_1)} \tag{7.2}$$

因为断面 1—1 为矩形，设其宽度为 b；水舌厚度用 $K_2 H_0$ 表示，K_2 为反映堰顶水流垂直收缩的系数，称为垂直收缩系数。则 1—1 断面的面积为 $A_1=K_2 H_0 b$，通过的流量为

$$Q=K_2 H_0 b v_1=K_2 H_0 b\varphi\sqrt{2gH_0(1-K_1)}$$

令 $m=K_2\varphi\sqrt{1-K_1}$，称为流量系数，则

$$Q=mb\sqrt{2g}H_0^{3/2} \tag{7.3}$$

式（7.3）就是堰流水力计算的基本公式。可以看出，过堰流量 Q 与堰上全水头 H_0 的 3/2 次方成正比。

由上述推导过程可知，影响流量系数 m 的因素有：流速系数 φ、压强修正系数 K_1 和垂直收缩系数 K_2，即 $m=f(\varphi,K_1,K_2)$。不同类型、不同尺寸、不同水头的堰流，其流量系数 m 值各不相同。

当下游水位较高，影响到堰的泄流时，堰流为淹没出流，需考虑淹没的影响。解决的方法是给式（7.3）的右端乘一个小于 1 的淹没系数 σ_s。另外，实际工程中堰顶一般有边墩和闸墩，使得堰顶宽度小于上游河道或渠道的宽度，过堰水流在平面上受到横向约束，产生局部水头损失，减小过堰流量。因此，还要给式（7.3）的右端乘一个小于 1 的侧收缩系数 ε。

综上所述，堰流的实际水力计算基本公式为

$$Q=\sigma_s\varepsilon mb\sqrt{2g}H_0^{3/2} \tag{7.4}$$

若堰流为自由出流时，取 $\sigma_s=1$；若堰流无侧收缩时，取 $\varepsilon=1$。

7.2.2 薄壁堰流

薄壁堰流由于具有稳定的水头和流量关系，因此，常作为水力模型试验或野外测量中一种有效的量水工具。另外，工程上广泛应用的曲线型实用堰，其外形一般按照矩形薄壁堰流水舌下缘的曲线设计。所以，薄壁堰的研究是具有实际意义的。薄壁堰的堰口形状有矩形、

三角形、梯形等，如图 7.4 所示。分别称为矩形薄壁堰、三角形薄壁堰和梯形薄壁堰。

图 7.4
(a) 矩形堰；(b) 三角形堰；(c) 梯形堰

1. 矩形薄壁堰流

实验证明，当矩形薄壁堰为无侧收缩，自由出流时，水流最为稳定，量测精度也较高。因此，用来量水的矩形薄壁堰应使上游渠宽与堰宽相同，下游水位低于堰顶。此外，为保证堰流为自由出流，还应满足：

(1) 堰上水头不能太小，一般 $H > 2.5\text{cm}$（以免除表面张力的影响）。

(2) 水舌下面与大气相通（避免形成真空）。

无侧收缩、非淹没矩形薄壁堰的流量计算，通常用 H 代替式 (7.3) 中 H_0，则

$$Q = mb\sqrt{2g}H_0^{3/2} = m_0 b\sqrt{2g}H^{3/2} \tag{7.5}$$

式中：m_0 为包含行近流速影响在内的流量系数，可按如下雷保克公式计算

$$m_0 = 0.403 + 0.053\frac{H}{P_1} + \frac{0.0007}{H} \tag{7.6}$$

式中，P_1 为上游堰高，此式适用条件为：$H \geq 0.025\text{m}$，$\frac{H}{P_1} \leq 2$，$P_1 \geq 0.3\text{m}$。

薄壁堰有侧收缩时通常不单独计算侧收缩系数，而是将侧收缩影响并入流量系数 m 中考虑。

2. 三角形薄壁堰流

当所测流量较小（$Q < 0.1\text{m}^3/\text{s}$）时，应用矩形薄壁堰水头过小，误差增大，一般可采用三角形薄壁堰，堰口夹角常用 90°、60° 等。

三角形薄壁堰的流量公式为

$$Q = C_0 H^{5/2} \tag{7.7}$$

对于直角三角形薄壁堰，可用如下经验公式计算

$$C_0 = 1.354 + \frac{0.004}{H} + \left(0.14 + \frac{0.2}{\sqrt{P_1}}\right)\left(\frac{H}{B} - 0.09\right)^2 \tag{7.8}$$

式中：H 为堰上水头；P_1 为上游堰高；B 为堰上游引渠宽，均以 m 计。

适用范围：$0.5\text{m} \leq B \leq 1.2\text{m}$，$0.1\text{m} \leq P_1 \leq 0.75\text{m}$，$0.07\text{m} \leq H \leq 0.26\text{m}$，$H \leq B/3$。

粗略计算时取：$C_0 = 1.4$。

【例 7.1】 某矩形渠道设有一矩形无侧收缩薄壁堰，上、下游堰 $P_1 = P_2 = 0.55\text{m}$。当通过流量 $Q = 250\text{L/s}$ 时，堰顶水头 $H = 0.35\text{m}$，下游水深 $h_t = 0.45\text{m}$。试求薄壁堰的宽度。

解：因 $h_t < P_2$，故为自由出流，无侧收缩堰按式（7.5）计算流量系数 m_0。

$$m_0 = 0.403 + 0.053 \frac{H}{P_1} + \frac{0.0007}{H}$$

$$= 0.403 + 0.053 \times \frac{0.35}{0.55} + \frac{0.0007}{0.35}$$

$$= 0.439$$

因此，堰顶宽度

$$B = \frac{Q}{m_0 \sqrt{2g} H^{3/2}} = \frac{0.25}{0.439 \times \sqrt{2 \times 9.8} \times 0.35^{3/2}} = 0.621(\text{m})$$

7.3 实用堰水力计算

实用堰是溢流坝中常见的堰型，剖面形式大体可分为曲线型［图 7.2（c）］和折线型［图 7.2（b）］。

7.3.1 曲线型实用堰的剖面形状

合理的剖面具有过水能力大、堰面不出现过大负压且经济、稳定的优点。一般情况下，曲线型实用堰有下列几个部分组成（图 7.5）：上游直线段 AB：常是垂直的，有时也是倾斜的，其坡度由坝体的稳定和强度要求选定；下游直线段 CD：其坡度也是由坝体的稳定和强度要求选定；反弧段 DE：使直线段 CD 与下游河底平滑连接，避免水流直冲河床，并有利于下游的消能；堰顶曲线段 BC：对水流特性的影响最大，是设计曲线型实用堰剖面的关键。

图 7.5

曲线 BC 与薄壁堰自由出流的水舌下缘吻合，水舌不受堰面形状影响，堰面压强为大气压；曲线 BC 突出于水舌下缘，堰面将顶托水流，水舌不能保持原有形状，堰面压强大于大气压，过水能力降低；曲线 BC 低于水舌下缘，脱离处空气被水流带走，堰面形成负压区，过水能力增大。由于液体质点在堰面附近除有重力作用外，还有惯性力作用，因而水舌形状与理论值有差异。因此，实际采用的剖面形状都是按薄壁堰水舌下缘曲线适当修改。

目前国内外采用的实用堰剖面形状有许多种，最常见的是美国陆军工程兵团水道实验站（Waterways Experiment Station）提出的 WES 剖面。此外，还有克—奥剖面、渥奇剖面等。过去我国采用较多的是克—奥剖面，但该剖面嫌肥大，且剖面的数据点较少，不便施工。现在大多采用 WES 堰，曲线用方程表示，便于控制，剖面较瘦节省工程量，且压强分布合理。下面主要讨论 WES 剖面实用堰的形状及水力计算。

（1）堰顶 O 点的下游部分采用幂曲线，按以下方程控制

$$x^n = k H_d^{n-1} y \tag{7.9}$$

式中：H_d 为堰剖面的定型设计水头，工程设计中一般选用 $H_d = (0.75 \sim 0.95) H_{\max}$

（H_{max}为相应于最高洪水位时的堰顶水头）；x、y为O点下游堰面的横、纵坐标；k、n为与上游堰面坡度有关的参数，取值见表7.1。

表 7.1　　　　　　　　　　WES 标准剖面曲线方程参数表

上游堰面坡度	k	n	R_1	R_2	a	b
垂直	2.000	1.850	$0.50H_d$	$0.20H_d$	$0.175H_d$	$0.282H_d$
3∶1	1.936	1.836	$0.68H_d$	$0.21H_d$	$0.139H_d$	$0.237H_d$
1.5∶1	1.939	1.810	$0.48H_d$	$0.22H_d$	$0.115H_d$	$0.214H_d$
1∶1	1.873	1.776	$0.45H_d$	0	$0.119H_d$	0

（2）堰顶O点的上游部分可采用以下三种曲线：

1) 三圆弧形曲线（图7.6）。

2) 两圆弧形曲线（图7.7），图中k、n、R_1、R_2、a、b取值见表7.1。

3) 椭圆形曲线，椭圆方程为

$$\frac{x^2}{(aH_d)^2}+\frac{y^2}{(bH_d)^2}=1.0 \tag{7.10}$$

式中：aH_d、bH_d分别为椭圆的长半轴和短半轴。当$P_1/H_d \geqslant 2$时，$a=0.28\sim0.3$，$a/b=0.87+3a$；当$P_1/H_d<2$时，$a=0.215\sim0.28$，$b=0.127\sim0.163$。

图 7.6　　　　　　　　　　　　　　　　　图 7.7

7.3.2 流量系数

对于不同堰型，流量系数不同。水力计算时可参考有关文献，对于重要工程需要通过模型试验确定。实验研究表明，曲线型实用堰的流量系数主要决定于上游堰高P_1和设计水头H_d之比，堰顶全水头H_0与设计水头H_d之比以及堰上游面的坡度。对于堰上游面垂直的WES剖面：

（1）若$P_1/H_d \geqslant 1.33$，称为高堰，不考虑行近流速水头。在这种情况下，当实际工作全水头等于设计水头，即$H_0=H_d$时，流量系数$m=m_d=0.502$；当$H_0<H_d$时，$m<m_d=0.502$；当$H_0>H_d$时，$m>m_d=0.502$。$m=f(H_0/H_d)$的关系由图7.8确定。

（2）若$P_1/H_d<1.33$，称为低堰。行近流速较大，流量系数m随P_1/H_d值的减小而减小。同时，在相同的P_1/H_d情况下，还随着总水头H_0与设计水头H_d的比值而变化，

如图 7.8 所示。图 7.8 中左上角为考虑上游面坡度影响的修正系数 c。流量系数值为 $c\dfrac{m}{m_d}$ 乘积，其中 $\dfrac{m}{m_d}$ 的大小由图 7.8 右下角的曲线查出。

图 7.8

7.3.3 侧收缩系数

计算侧收缩系数 ε 的经验公式很多。这些公式均需反映出中墩与边墩的平面形状、溢流的孔数、堰上水头、溢流宽度的影响。常用公式如下

$$\varepsilon = 1 - 0.2[\zeta_k + (n-1)\zeta_0]\dfrac{H_0}{nb} \tag{7.11}$$

式中：n 为溢流的孔数；b 为每孔的净宽；H_0 为堰顶全水头；ζ_k 为边墩形状系数，与边墩几何形状有关，查图 7.9 确定；ζ_0 为闸墩形状系数，与墩头形状、墩的平面位置有关

图 7.9

7.3 实用堰水力计算

以及淹没程度有关，查表 7.2 确定。

式（7.11）在应用时，如果 $H_0/b>1$ 时，仍按 $H_0/b=1$ 计算。

表 7.2 闸墩形状系数 ζ_0 值

闸墩头部平面形状	$h_s/H_0 \leqslant 0.75$	$h_s/H_0=0.80$	$h_s/H_0=0.85$	$h_s/H_0=0.90$	$h_s/H_0=0.95$	说　明
直角形	0.80	0.86	0.92	0.98	1.00	h_s 为下游水面超过堰顶的高度
半圆形	0.45	0.51	0.57	0.63	0.69	
尖角形						
尖圆形	0.25	0.32	0.39	0.46	0.53	

7.3.4　淹没系数

流经实用堰后的水流一般为急流，和下游缓流衔接时可能发生远驱式水跃、临界式水跃或淹没式水跃。试验表明，当下游发生远驱式或临界式水跃时，下游水位不影响堰的过水能力。当下游发生淹没式水跃，但下游水位尚未超过堰顶时，下游水位仍不能影响堰的过水能力。当下游发生淹没式水跃，且下游水位已超过堰顶某一范围（对 WES 剖面 $h_s/H_0>0.15$）时，下游水位将影响堰的过水能力，即所谓淹没出流。当其他条件相同时，下游水位越高，过水能力越小。另外，当下游护坦较高，即下游堰高较小（对 WES 剖面 $P_2/H_0 \leqslant 2$）时，即使下游水位低于堰顶，过堰水位受下游护坦的影响，也会产生类似淹没的效果而流量降低。

实际计算时，一般用淹没系数 σ_s 来综合反映下游水位及护坦高程对过水能力的影响。对 WES 剖面，其关系如图 7.10 所示。从图中可以看出，$h_s/H_0 \leqslant 0.15$ 及 $P_2/H_0 \geqslant 2$ 时，出流不受下游水位及护坦的影响，称为自由出流 $\sigma_s=1.0$。

中小型水利工程常用当地材料如条石、砖或木材做成折线型低堰，如图 7.11 所示，其中以梯形实用堰用得最多。梯形断面堰的流量系数一般介于宽顶堰和曲线型实用堰之间，并随相对堰高（P_1/H）、相对堰宽（δ/H）和前后坡的不同而异。具体应用时可由

《水力计算手册》查取。侧收缩系数、淹没系数可近似按曲线型实用堰的方法确定。

图 7.10

图 7.11

【例 7.2】 某水利枢纽的溢流坝采用 WES 标准剖面实用堰，闸墩的头部为半圆形，边墩的头部为圆弧形，共 16 孔，每孔净宽 15.0m。已知堰顶高程为 110.0m，下游河床为 30.0m。当上游设计水位为 125.0m 时，相应下游水位为 52.0m，流量系数 $m_d=0.502$，求过堰流量。

解： 因下游水位比堰顶低很多，应为自由出流 $\sigma_s=1.0$。

7.3 实用堰水力计算

因 $\dfrac{P_1}{H_d} = \dfrac{80}{15} = 5.33 > 1.33$，所以为高堰，$v_0 \approx 0$，$H_0 \approx H = 15\text{m}$。

查图 7.9 得圆弧形边墩的形状系数 $\zeta_k = 0.7$，查表 7.2 得半圆形闸墩的形状系数 $\zeta_0 = 0.45$，代入式（7.11）得侧收缩系数

$$\varepsilon = 1 - 0.2[\zeta_k + (n-1)\zeta_0]\dfrac{H_0}{nb} = 1 - 0.2[(16-1) \times 0.45 + 0.7]\dfrac{15}{16 \times 15}$$
$$= 0.907$$

$$Q = \sigma_s \varepsilon m b \sqrt{2g} H_0^{3/2}$$
$$= 1.0 \times 0.907 \times 0.502 \times 15 \times 16 \times \sqrt{2 \times 9.8} \times 15^{3/2}$$
$$= 28105(\text{m}^3/\text{s})$$

【例 7.3】 某河道宽 160m，设有 WES 型实用堰，堰上游面垂直。闸墩头部为圆弧形，边墩头部为半圆形。共 7 孔，每孔净宽 10m。当设计流量为 5500m³/s 时，相应的上游水位为 55.0m，下游水位为 39.2m，上下游河床高程为 20.0m，确定该实用堰堰顶高程。

解：堰上全水头

$$H_0 = \left(\dfrac{Q}{\sigma_s \varepsilon m B \sqrt{2g}}\right)^{2/3}$$

对于 WES 型实用堰，在设计水头下（$H_0 = H_d$ 时），流量系数 $m_d = 0.502$；侧收缩系数 ε 与 H_0 有关，应先假定 ε，求出 H_0，再求 ε（即逐次迭代逼近）。先假定 $\varepsilon = 0.9$，因堰顶高程 H_0 未知，无法判断堰的出流情况，可先按自由出流计算，即取淹没系数 $\sigma_s = 1.0$，然后再校核。

$$H_0 = \left(\dfrac{5500}{0.9 \times 0.502 \times 70 \times \sqrt{2 \times 9.8}}\right)^{2/3} = 11.55(\text{m})$$

将求得的 H_0 近似值代入式（7.11），求 ε 值。

查表 7.1 得闸墩形状系数 $\zeta_0 = 0.45$，查图 7.9 得边墩形状系数 $\zeta_k = 0.7$。

因 $\dfrac{H_0}{b} = \dfrac{11.55}{10} = 1.155 > 1$，按 $\dfrac{H_0}{b} = 1$ 代入计算。

$$\varepsilon = 1 - 0.2[\zeta_k + (n-1)\zeta_0]\dfrac{H_0}{nb} = 1 - 0.2 \times [(7-1) \times 0.45 + 0.70] \times \dfrac{1}{7} = 0.903$$

用求得的 ε 近似值代入公式重新计算 H_0。

$$H_0 = \left(\dfrac{5500}{0.903 \times 0.502 \times 70 \times \sqrt{2 \times 9.8}}\right)^{2/3} = 11.53(\text{m})$$

因 $\dfrac{H_0}{b} = \dfrac{11.53}{10} = 1.153 > 1$，仍按 $\dfrac{H_0}{b} = 1$ 计算，所求得的 ε 不变，说明所求得的 $H_0 = 11.53\text{m}$ 是正确的。

已知上游河道宽为 160m，上游设计水位为 55.0m，河床高程为 20.0m，近似按矩形计算上游过水断面面积

$$A_0 = 160 \times (55.0 - 20.0) = 5600(\text{m}^2)$$

$$v_0 = \frac{Q}{A_0} = \frac{5500}{5600} = 0.98(\text{m/s})$$

则堰的设计水头

$$H_d = H_0 - \frac{\alpha_0 v_0^2}{2g} = 11.53 - 0.05 = 11.48(\text{m})$$

堰顶高程

$$55.0 - 11.48 = 43.52(\text{m})$$

最后校核出流条件:

上游堰高

$$P_1 = 43.52 - 20.00 = 23.52(\text{m})$$

$$\frac{P_1}{H_0} = \frac{23.52}{11.53} = 2.04 > 2$$

因下游水位比堰顶低,$\frac{h_s}{H_0} < 0.15$,满足自由出流条件,以上按自由出游计算的结果正确。

7.4 宽顶堰水力计算

在水利工程中,宽顶堰流的现象很多,例如水库溢洪道进口、各种水闸、桥孔、无压涵洞、施工围堰等过流时都会出现宽顶堰流现象,如图 7.12 所示。

图 7.12

7.4.1 流量系数

宽顶堰的流量系数取决于堰的进口形状和堰的相对高度 $\frac{P_1}{H}$,不同的进口堰头形状,可按下列方法确定。

1. 直角前沿进口 [图 7.12 (a)]

当 $0 < \dfrac{P_1}{H} < 3.0$ 时，$m = 0.32 + 0.01 \dfrac{3 - \dfrac{P_1}{H}}{0.46 + 0.75 \dfrac{P_1}{H}}$； (7.12)

当 $\dfrac{P_1}{H} \geqslant 3.0$ 时，$m = 0.32$。

2. 边缘修圆的进口 [图 7.13 (a)]

当 $0 < \dfrac{P_1}{H} < 3.0$ 时，$m = 0.36 + 0.01 \dfrac{3 - \dfrac{P_1}{H}}{1.2 + 1.5 \dfrac{P_1}{H}}$； (7.13)

当 $\dfrac{P_1}{H} \geqslant 3.0$ 时，$m = 0.36$。

3. 斜坡和斜角式进口 [图 7.13 (b)]

流量系数取决于 $\dfrac{P_1}{H}$ 及上游堰面倾角，具体数值可由《水力计算手册》查取。在应用时注意：

(1) 当 $P_1 = 0$ 时，$m = 0.385$ 为最大值。

(2) 当 $\dfrac{P_1}{H} \geqslant 3.0$ 时，由堰高引起的水流垂向收缩已达到相当充分程度，m 值不再受 $\dfrac{P_1}{H}$ 值的影响，计算时以 $\dfrac{P_1}{H} = 3.0$ 代入计算。

图 7.13

比较实用堰和宽顶堰的流量系数，可以看到前者比后者大，对此，可以这样理解：实用堰顶水流是流线向上弯曲的急变流，断面上的动水压强小于按静水压强规律计算的值，即堰顶水流的压强和势能较小，动能和流速较大，所以过水能力较大；宽顶堰则因堰顶水流是流线近似平行的渐变流，其断面动水压强近似按静水压强规律分布，堰顶水流压强和势能较大，动能和流速较小，所以过水能力较小。

7.4.2 侧收缩系数

影响侧收缩的主要因素是闸墩和边墩的头部形状、数目和闸墩在堰上的相对位置及堰上水头等。计算侧收缩系数 ε 可采用实用堰的计算式（7.11）。

7.4.3 淹没系数

试验证明：如图 7.14 所示，当下游水位较低，宽顶堰为自由出流时，进入堰顶水流，因受到堰顶垂直方向的约束，产生进口水面跌落，并在进口后约 $2H$ 处形成收缩断面，收缩断面 1—1 的水深 $h_c < h_k$。此后，堰顶水流保持急流状态，并在出口后产生第二次水面跌落。所以，在自由出流的条件下，水流由堰前的缓流状态变为堰顶上的急流状态。当下游水位升高到足以使收缩断面水深 h_c 增大时，宽顶堰才会形成淹没出流，降低过水能力。当下游水位上升并高于 K—K 线，堰顶将产生波状水跃，水跃位置随下游水深 h_t 的增加

图 7.14

而向上游移动。水跃移动到收缩断面 1—1 的上游，收缩断面水深增大为 h，而 $h_c > h_k$，此时，整个堰顶水流变为缓流状态，成为淹没出流。实验证明，宽顶堰的淹没条件为

$$h_s > 0.8H_0$$

宽顶堰的淹没系数 σ_s 随 $\dfrac{h_s}{H_0}$ 的增大而减小，表 7.3 是试验得到的淹没系数值。

表 7.3　　　　　　　　　　宽顶堰的淹没系数表

h_s/H_0	0.80	0.81	0.82	0.83	0.84	0.85	0.86	0.87	0.88	0.89
σ_s	1.00	0.995	0.99	0.98	0.97	0.96	0.95	0.93	0.90	0.87
h_s/H_0	0.90	0.91	0.92	0.93	0.94	0.95	0.96	0.97	0.98	
σ_s	0.84	0.82	0.78	0.74	0.70	0.65	0.59	0.50	0.40	

【例 7.4】　如图 7.15 所示直角进口堰，堰顶厚度 $\delta = 5\text{m}$，堰宽与上游矩形渠道宽度相同，$b = 1.28\text{m}$，求过堰流量。

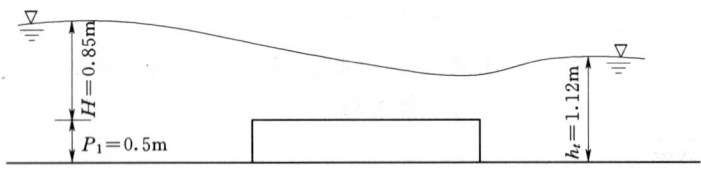

图 7.15

解：(1) 判别堰型。

$\dfrac{\delta}{H} = \dfrac{5}{0.85} = 5.88$，所以该堰为宽顶堰

(2) 确定系数。$B = b$，所以 $\varepsilon = 1$。

$\dfrac{P_1}{H} = \dfrac{0.5}{0.85} = 0.59 < 3$，所以 $m = 0.32 + 0.01 \dfrac{3 - \dfrac{P_1}{H}}{0.46 + 0.75 \dfrac{P_1}{H}} = 0.3466$。

$$\frac{h_s}{H_0} \approx \frac{h_s}{H} = \frac{h_t - P_2}{H} = 0.73 < 0.80, \text{ 所以 } \sigma_s = 1 \text{。}$$

（3）第一次近似计算流量。

设 $H_{01} = H = 0.85\text{m}$

$$Q_1 = mb\sqrt{2g}H_{01}^{3/2} = 0.3466 \times 1.28 \times 4.43 \times 0.85^{3/2} = 1.54(\text{m}^3/\text{s})$$

（4）第二次近似计算流量。

$$H_{02} = H + \frac{v_{01}^2}{2g} = H + \frac{Q_1^2}{2gA_0^2} = 0.85 + \frac{1.54^2}{19.6 \times (1.28 \times 1.35)^2} = 0.89(\text{m})$$

$$Q_2 = mb\sqrt{2g}H_{02}^{3/2} = 0.3466 \times 1.28 \times 4.43 \times 0.89^{3/2} = 1.65(\text{m}^3/\text{s})$$

（5）第三次近似计算流量。

$$H_{03} = H + \frac{v_{02}^2}{2g} = H + \frac{Q_2^2}{2gA_0^2} = 0.85 + \frac{1.54^2}{19.6 \times (1.28 \times 1.35)^2} = 0.90(\text{m})$$

$$Q_3 = mb\sqrt{2g}H_{03}^{3/2} = 0.3466 \times 1.28 \times 4.43 \times 0.90^{3/2} = 1.68(\text{m}^3/\text{s})$$

$$\left|\frac{Q_3 - Q_2}{Q_3}\right| = \left|\frac{1.68 - 1.65}{1.68}\right| = 1.79\%$$

符合要求。

（6）验证出流形式。

$$\frac{h_s}{H_{03}} = \frac{h_t - P_2}{H_{03}} = 0.689 < 0.8$$

仍为自由出流。所以所求流量为 $1.68\text{m}^3/\text{s}$。

7.4.4 无坎宽顶堰流

无坎宽顶堰是由于水流平面上束窄产生的侧向收缩，从而引起水面跌落而形成的水流现象，具有和宽顶堰流类似的性质。因此在计算流量时，仍可用宽顶堰流公式。对于平底单孔闸，由翼墙的侧收缩引起的无坎宽顶堰，在计算时不单独考虑侧向收缩的影响，而是把它包含在流量系数中一并考虑。即

$$Q = \sigma_s m'b\sqrt{2g}H_0^{3/2} \tag{7.14}$$

其中

$$m' = \varepsilon m$$

式中：m' 为包括侧收缩在内的流量系数，可根据进口翼墙形式（图7.16）及平面收缩程度，由表7.4查得。

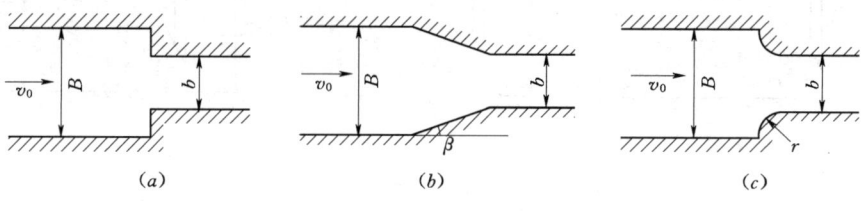

图 7.16

无坎宽顶堰的淹没系数确定方法与普通宽顶堰相同，可近似由表7.3确定。

表 7.4　　　　　　　　　无坎宽顶堰的流量系数 m' 值

b/B	直角形翼墙	八字形翼墙 $\cot\theta$			圆角形翼墙 r/B		
		0.5	1.0	2.0	0.2	0.3	$\geqslant 0.5$
0	0.320	0.343	0.350	0.353	0.349	0.354	0.360
0.1	0.322	0.344	0.351	0.354	0.350	0.355	0.361
0.2	0.324	0.346	0.352	0.355	0.351	0.356	0.362
0.3	0.327	0.348	0.354	0.357	0.353	0.357	0.363
0.4	0.330	0.350	0.356	0.358	0.355	0.359	0.364
0.5	0.334	0.352	0.358	0.360	0.357	0.361	0.366
0.6	0.340	0.356	0.361	0.363	0.360	0.363	0.368
0.7	0.346	0.360	0.364	0.366	0.363	0.366	0.370
0.8	0.355	0.365	0.369	0.370	0.368	0.371	0.373
0.9	0.367	0.373	0.375	0.376	0.375	0.376	0.378
1.0	0.385	0.385	0.385	0.385	0.385	0.385	0.385

7.5　闸孔出流水力计算

实际工程的水闸，闸底坎一般为宽顶堰和曲线型实用堰，闸门类型主要有平板闸门和弧形闸门。

7.5.1　宽顶堰上的闸孔出流

如图 7.17 所示水平底坎上的平板闸门出流，H 为闸前水头，e 为闸门开度，水流出闸后流线继续收缩，在闸门下游（0.5～1）e 处形成收缩断面。收缩断面的水深 h_c 小于临界水深，水流呈急流状态，在下游发生水跃。当下游水位较低，$h_t \leqslant h''_c$（收缩断面水深 h_c 的跃后水深），使闸孔发生远驱式水跃或临界式水跃，这时下游水位不影响闸孔流量为自由出流，当下游水位较高，$h_t > h''_c$，使闸孔下游发生淹没式水跃，影响闸孔出流时，为淹没出流。

图 7.17
(a) $h_t < h''_c$；(b) $h_t = h''_c$；(c) $h_t > h''_c$

1. 自由出流

如图 7.18 所示，列闸前断面与收缩断面的能量方程

7.5 闸孔出流水力计算

$$H + \frac{\alpha_0 v_0^2}{2g} = h_c + \frac{\alpha_c v_c^2}{2g} + h_w$$

即

$$H_0 = h_c + (\alpha_c + \zeta)\frac{v_c^2}{2g}$$

则

$$v_c = \varphi \sqrt{2g(H_0 - h_c)}$$

其中

$$\varphi = \frac{1}{\sqrt{\alpha_c + \zeta}}$$

则

$$Q = \varphi b h_c \sqrt{2g(H_0 - h_c)}$$

令 $h_c = \varepsilon_2 e$,$u_0 = \varepsilon_2 \varphi$,则

$$Q = \mu_0 b e \sqrt{2g(H_0 - \varepsilon_2 e)} \quad (7.15)$$

令 $u = \varepsilon_2 \varphi \sqrt{1 - \varepsilon_2 \frac{e}{H_0}}$,则

$$Q = \mu b e \sqrt{2gH_0} \quad (7.16)$$

图 7.18

式中:φ 为流速系数;H_0 为闸前全水头;μ_0 和 μ 均为闸孔自由出流的流量系数。流量系数的影响因素有闸底坎的形式、闸门的类型和闸门的相对开度。φ 与闸孔入口的边界条件有关。对于平板闸门,垂直收缩系数 ε_2 与相对开度 e/H 有关,其值见表 7.5,对于弧形闸门,ε_2 主要取决于弧形闸门底缘的切线和水平线的夹角 θ,如图 7.19 所示,ε_2 的数值见表 7.6。

表 7.5　　　　　　　　　　平板闸门垂直收缩系数

闸门相对开度 e/H	0.10	0.15	0.20	0.25	0.30	0.35	0.40	0.45	0.50	0.55	0.60	0.65
ε_2	0.615	0.618	0.620	0.622	0.625	0.630	0.630	0.638	0.645	0.650	0.660	0.675

表 7.6　　　　　　　　　　弧形闸门垂直收缩系数

θ (°)	35	40	45	50	55	60	65	70	75	80	85	90
ε_2	0.789	0.766	0.742	0.720	0.698	0.678	0.662	0.646	0.635	0.627	0.622	0.620

图 7.19

夹角 θ 可以用下式计算

$$\cos\theta = \frac{C - e}{R} \quad (7.17)$$

式中:C 为弧形门转轴与闸门关闭时落点高差;R 为弧形门的半径。

由于闸孔出流时,边墩及闸墩对流量的影响很小,因此不单独考虑其影响。

(1)平板闸门。用式(7.15)计算闸孔出流的流量时,其流量系数为

$$u_0 = \varepsilon_2 \varphi \quad (7.18)$$

式中:ε_2 为垂直收缩系数,可查表 7.5;φ 为流速系数,可查表 7.7。

表 7.7　　　　　　　　　　　流 速 系 数 φ 值

闸门孔口型式	图　形	φ
闸底板与引水渠道底齐平，无坎		0.95～1.00
闸底板高于引水渠底，有平顶坎		0.85～0.95
无坎跌水处		0.97～1.00

用式（7.16）计算闸孔出流的流量时，其流量系数为

$$\mu = 0.60 - 0.176\frac{e}{H} \tag{7.19}$$

应用范围：$0.1 < \frac{e}{H} < 0.65$。

（2）弧形闸门。用式（7.16）计算闸孔出流的流量时，其流量系数为

$$\mu = \left(0.97 - 0.81\frac{\theta}{180°}\right) - \left(0.56 - 0.81\frac{\theta}{180°}\right)\frac{e}{H} \tag{7.20}$$

θ 为闸门下缘切线与水平线的夹角。适用于：$25° < \theta < 90°$，$0.1 < \frac{e}{H} < 0.65$。

注意：同样的 $\frac{e}{H}$ 时，弧形闸门的流量系数大于平板闸门，因为弧形闸门更接近于流线形状。

2. 淹没出流

由上面分析可以看出，闸孔淹没出流的条件为 $h_t > h''_c$。当闸孔为淹没出流时，泄流能力比同样条件下的自由出流小，在实际计算时，是将平底闸孔自由出流的式（7.16）右端乘上一个淹没系数 σ_s，即

$$Q = \sigma_s \mu b e \sqrt{2gH_0} \tag{7.21}$$

式中：σ_s 为淹没系数，可由 $\frac{e}{H}$ 及 $\frac{\Delta z}{H}$ 查图 7.20 得到；Δz 为闸上、下游水位差。

【**例 7.5**】　矩形渠道中修建一水闸，闸底板与渠底齐平，闸孔宽 b 等于渠道宽度 b，为 3m，闸门为平板门。今已知闸前水深 H 为 5m，闸孔开度 e 为 1m。求下游水深 h_t 为 3.5m 时通过闸孔的流量。

解：因为 $\frac{e}{H} = \frac{1}{5} = 0.2 < 0.65$，故为闸孔出流。

判别闸孔出流的性质：由表 7.5，当 $\frac{e}{H} = 0.2$ 时，$\varepsilon_2 = 0.620$，则收缩水深 $h_c = \varepsilon_2 e = 0.620 \times 1 = 0.620$（m）。

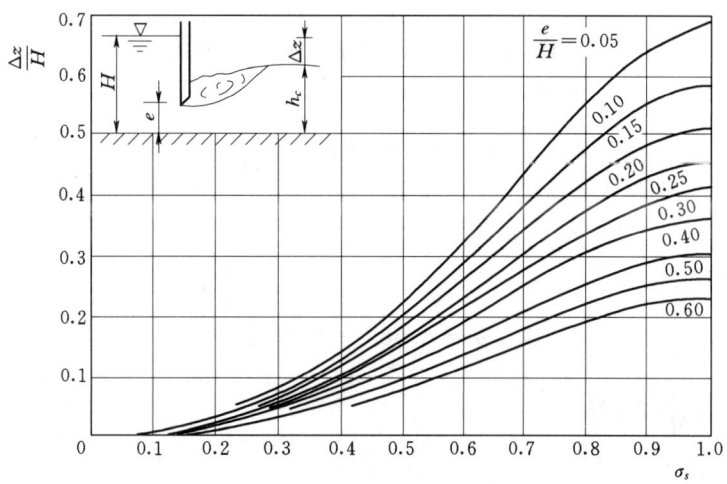

图 7.20

收缩断面 h_c 的共轭水深 h''_c，由下式计算

$$h''_c = \frac{h_c}{2}\left(\sqrt{1+8\frac{v_c^2}{gh_c}}-1\right)$$

收缩断面的流速

$$v_c = \frac{Q}{bh_c} = \frac{\mu be\sqrt{2gH_0}}{be\varepsilon_2} = \frac{\mu}{\varepsilon_2}\sqrt{2gH_0}$$

若忽略行近流速的影响，则

$$v_c = \frac{0.60-0.176\times 0.2}{0.620}4.43\times\sqrt{5} = 9.04(\text{m/s})$$

收缩断面的共轭水深

$$h''_c = \frac{0.620}{2}\left(\sqrt{1+8\frac{9.04^2}{9.80\times 0.620}}-1\right) = 2.91(\text{m})$$

因为 $\qquad h_t = 3.5\text{m} > h''_c = 2.91\text{m}$

故闸孔为淹没出流，流量根据式（7.19）计算。查图 7.20 可得淹没系数 $\sigma_s=0.72$，所以闸孔出流流量为

$$Q = 0.72\times(0.6-0.176\times 0.2)\times 3\times 1\times 4.43\times\sqrt{5} = 121(\text{m}^3/\text{s})$$

7.5.2 曲线型实用堰上的闸孔出流

曲线型实用堰上的闸孔出流也有自由出流和淹没出流两种情况。

1. 自由出流

曲线型实用堰闸孔自由出流的流线受堰面曲线影响，当水流由闸前趋近闸孔时，流线在闸前的整个深度内向闸孔集中，因此水流的收缩比平底闸孔充分和完善很多。出闸后，下泄水流在重力作用下，紧贴溢流面，不像平底闸孔那样存在明显的收缩断面。所以，曲线型实用堰闸孔出流不同于宽顶堰闸孔出流，它们有不同的流量系数。

曲线型实用堰单孔自由出流流量公式按式（7.16）计算

$$Q = \mu b e \sqrt{2gH_0}$$

式中：μ 为实用堰闸孔自由出流流量系数，可用下列经验公式计算。

（1）平板闸门。

$$\mu = 0.745 - 0.274 \frac{e}{H} \tag{7.22}$$

应用范围：$0.1 < \frac{e}{H} < 0.75$。

（2）弧形闸门。

$$\mu = 0.685 - 0.19 \frac{e}{H} \tag{7.23}$$

应用范围：$0.1 < \frac{e}{H} < 0.75$。

2. 淹没出流

在实际工程中，由于下游水位过高而使曲线型实用堰闸孔形成淹没出流的情况（图7.21）是十分少见的，一般当下游水位超过实用堰的堰顶时，下游水位将影响闸孔的泄流量，实用堰上单孔闸孔淹没出流流量可近似按下式计算

$$Q = \mu b e \sqrt{2g(H_0 - h_s)} \tag{7.24}$$

式中：μ 为实用堰闸孔自由出流流量系数；h_s 为下游水位超过堰顶的高度。

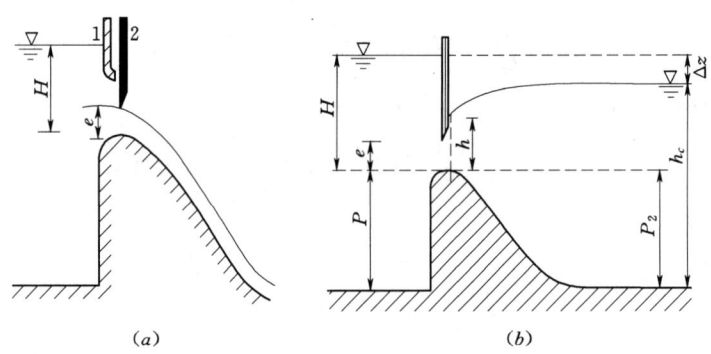

图 7.21
（a）自由出流；（b）淹没出流

习 题

7.1 何谓堰流，堰流的类型有哪些？它们有哪些特点？如何判别？

7.2 堰流计算的基本公式及适用条件有哪些？影响流量系数的主要因素有哪些？

7.3 在相同水头作用下，为什么实用堰的过水能力比宽顶堰的过水能力大？

7.4 堰流的流量系数与哪些因素有关？在所有堰流中，哪种堰流的流量系数大，哪种堰流的流量系数小？

7.5 在其他条件相同的情况下，平板闸门与弧形闸门的流量系数哪个大？为什么？

7.6 闸孔出流时是否考虑侧收缩对过流能力的影响？为什么？

7.7 有一无侧收缩的矩形薄壁堰,上游堰高 P_1 为 0.5m,堰宽 b 为 0.8m,堰顶水头 H 为 0.6m,下游水位不影响堰顶出流。求通过堰的流量。

7.8 某上游堰面垂直的 WES 标准剖面堰。上下游堰高 $P_1=P_2=40$m,闸墩头部为半圆形,边墩头部为圆弧形,共 6 孔,每孔净宽 5m。已知堰上实际水头 $H=4$m(设计水头 $H_d=4$m),下游水位超过堰顶的高度 $H_s=2$m,求通过的流量 Q 为多少?

7.9 某河中筑有单孔溢流坝如图 7.22 所示。剖面按 WES 曲线设计。已知:筑坝处河底高程为 12.20m,坝顶高程为 20.00m,上游设计水位高程为 21.31m,下游水位高程为 16.35m,坝前河道近似矩形,河宽 B 为 100m,边墩头部呈圆弧形。试求上游为设计水位时,通过流量 Q 为 100m³/s 所需的堰顶宽度 b。

图 7.22

7.10 某河道宽 160m,设有 WES 型实用堰,堰上游面垂直。闸墩头部为圆弧形,边墩头部为半圆形。共 7 孔,每孔净宽 10m。当设计流量为 5000m³/s 时,相应的上游水位为 55.0m,下游水位为 39.2m,上、下游河床高程为 20.0m,确定该实用堰的堰顶高程。

图 7.23

7.11 某水利枢纽设平底冲沙闸如图 7.23 所示,用弧形闸门控制流量。闸孔宽 b 为 10m,弧门半径 R 为 15m,门轴高程为 16.0m,上游水位高程为 18.0m,闸底板高程为 60m。试计算闸孔开度 e 为 2m,下游水位高程为 8.5m 及 14.0m 时,通过闸孔的流量(不计行近流速的影响)。

7.12 某平底水闸,采用平板闸门。已知:水头 H 为 4m,闸孔宽 b 为 5m,闸门开度为 e 为 1m,行近流速 v_0 为 1.2m/s。试求下游为自由出流时的流量。

7.13 一溢流坝为曲线型实用堰,今在坝顶设弧形闸门。已知:上游水头 H 为 3m,闸门孔净宽 b 为 5m,下游为自由出流,不计行近流速。试求闸孔开度 e 为 0.9m 时的流量。

7.14 如图 7.24 所示,在底宽 b_1 为 6.8m,边坡系数 m 为 1 的梯形渠道中,设置有两孔水闸,用平板闸门控制流量。闸坎高度为零,闸孔为矩形断面,闸墩头部为半圆形,墩厚 d 为 0.8m,边墩头部为矩形。试求闸孔开度 e 为 0.6m,闸前水深 H 为 1.6m 时,保证通过流量 Q 为 9m³/s 所需的闸宽 B(下游为自由出流)。

图 7.24

学习单元 8 建筑物下游消能水力计算

知识内容要求：熟练陈述水工建筑物衔接与消能的类型、原理、特点；熟练陈述底流式消能设计的类型、原理、方法、步骤。

能力与素质要求：能够熟练地对水工建筑物进行消能计算与处理；能够指导建筑物消能设计与施工。

8.1 泄水建筑物下游水流衔接消能形式

在水利工程中，为了实现各种水利目标，常在河、渠上修建闸、溢流坝等泄水建筑物。泄水建筑物的修建改变了原来天然水流的状态，表现在以下两个方面：①闸坝拦蓄河水，使上游水位抬高，水流的势能增大，当闸坝泄水时，势能转换成巨大的动能；②闸坝的泄水宽度一般小于原河宽，单宽泄流量较原河道大得多，所以闸、坝的下泄流量往往多为流速高、单宽流量大、能量集中的急流，会引起河床及岸坡的严重冲刷，甚至对闸坝建筑物的安全构成威胁。下泄水流的能量随着冲刷距离的延长和冲刷深度的增加而不断地减少，直到和下游河道中水流的能量相一致为止。而下游天然河道一般为缓流。因此，通过怎样的形式和采取什么工程措施使下泄水流和下游河道中的正常水流互相衔接起来而不影响建筑物的安全，这是本章要学习的内容。

泄水建筑物的消能设计原理一方面是水流在摩擦和碰撞中将动能转化为热耗散掉，另一方面是水流在铅直方向和水平方向得到扩散。目前，常用的衔接与消能措施，大致有下列三种类型。

8.1.1 底流式消能

由前述可知，急流向缓流过渡时必然发生水跃，并且消除很大一部分能量。所谓底流式消能就是人为地修建消能池，使水跃发生在消能池内，把急流段限制在消能池中，从而实现急流与缓流的自然衔接，如图 8.1 所示。因水跃区高流速的主流在底部，故称为底流式消能。底流式消能历史悠久，技术成熟，流态稳定，适应性强，特别是雾化影响小。但是在水头和流量较大时，消能池过分庞大，因此多用于中低水头泄水建筑物的下游。

8.1.2 挑流式消能

在泄水建筑物末端修建挑流鼻坎，利用下泄水流本身的巨大动能因势利导将水流挑射入空中，使其扩散并与空气摩擦，消除部分动能，然后水流落入下游水垫中时，又在下游水流中紊动消能，由于这种消能方式是将高速水流抛射至远离建筑物的下游，使下落水流对河床的冲刷不危及建筑物的安全，故称为挑流式消能，如图 8.2 所示。这种消能方式结构简单，投资节省，消能效果好，易于检修。但是雾化现象明显，一般雾化区内电压气等设备要密封。

图 8.1

图 8.2

8.1.3 面流式消能

一般在下游水位比较大比较稳定，且上下游水位落差不大的丰水河流上，利用建筑物末端的跌坎，将下泄的高速急流导入尾水的表面，使主流与河床之间由巨大的底部漩滚隔开，避免了主流冲刷河床，如图 8.3 所示。由于高流速的主流在下游水流的表面，故称为面流式消能。影响面流流态演变过程的因素复杂，流态多变，下游水面扰动传播较远，对下游岸坡和护岸边坡稳定有影响，因此对河岸和边坡要进行保护。

图 8.3

在实际工程中，消能型式的选择是一个非常复杂的问题，不是单一的形式，也可能是上述三种基本消能方式的结合。本章主要介绍底流式消能及面流式消能的水力计算方法。

8.2 底流式消能的水力计算

8.2.1 底流式衔接形式的判别

在底流式衔接形式的判别中，泄水建筑物下游收缩断面的水深 h_c、h_c 的共轭水深 h''_c 及下游渠道或河道中的水深 h_t 是三个重要参数，必须首先确定。

1. 泄流收缩断面水深的计算

如图 8.4 所示，泄水建筑物下游有一过水断面水深达到最小值，流速达到最大值，这个断面称为收缩断面 c—c。下面推导收缩断面水深的计算公式。以通过收缩断面底部的水平面为基准面，下游坝高为 P_2，列坝前断面 0—0 及收缩断面 c—c 的能量方程

$$E_0 = P_2 + H + \frac{v_0^2}{2g} = h_c + \alpha_c \frac{v_c^2}{2g} + \zeta \frac{v_c^2}{2g}$$

$$E_0 = P_2 + H_0 = h_c + (\alpha_c + \zeta)\frac{v_c^2}{2g} \tag{8.1}$$

式中：ζ 为断面 0—0 至断面 c—c 间的水头损失系数；E_0 为收缩断面底部为基准面的坝前水流总能量。

图 8.4

令流速系数 $\varphi = \dfrac{1}{\sqrt{\alpha_c + \zeta}}$，则 $E_0 = h_c + \dfrac{v_c^2}{2g\varphi^2}$，即

$$E_0 = h_c + \dfrac{Q^2}{2gA_c^2\varphi^2} \quad (8.2)$$

对于矩形断面

$$E_0 = h_c + \dfrac{q^2}{2gh_c^2\varphi^2} \quad (8.3)$$

由于式（8.2）及式（8.3）是一元三次方程，一般可用下述三种方法求解。

(1) 试算法。当溢流坝坝前断面总能量 E_0 已知时，假设一个 h_c，计算式（8.2）及式（8.3）的右边，如果计算值恰好等于给出的 E_0 值，则所设的 h_c 即为所求。否则，重新假设 h_c 计算，直至相等或接近为止。

(2) 迭代法（逐次渐近法）。矩形断面迭代公式

$$h_{c(i+1)} = \sqrt{\dfrac{q^2}{2g\varphi^2(E_0 - h_{c(i)})}} \quad (8.4)$$

初始收缩断面水深取 $h_{c1}=0$，计算得出 h_{c2}，将 h_{c2} 代入公式，计算得出 h_{c3}，比较 h_{c2} 和 h_{c3}，若两者相等，h_{c3} 即为所求 h_c。若不相等，将 h_{c3} 代入公式继续计算，直至代入值和求得值相等为止。

(3) 图解法。对于矩形断面的 h_c，步骤如下：

1) 根据已知条件计算 $h_k\left(h_k^3 = \dfrac{q^2}{g}\right)$ 和 $\xi_0 = \dfrac{E_0}{h_k}$。

2) 据 $\xi_0 = f(\xi_c, \varphi)$，$\xi_c'' = f(\xi_c')$ 在附图 4 的关系曲线上求得 ξ_c' 及 ξ_c''。

3) 解得 $h_c = \xi_c' h_k$，$h_c'' = \xi_c'' h_k$。

以上的计算不但适用于溢流坝，也适用于水闸及其他形式的建筑物，流速系数决定于建筑物的型式和尺寸，对于低坝可参考表 8.1 选取。

表 8.1 流 速 系 数 表

建筑物泄流方式	泄流图形及收缩断面位置	φ
低曲线型实用堰溢流		0.90~0.95（中小型建筑物）
低曲线型实用堰顶闸孔（或胸墙）出流		0.85~0.95
折线型实用堰及宽顶堰溢流		0.80~0.90
折线型实用堰及宽顶堰闸孔（或胸墙）出流		0.75~0.85

2. 底流式衔接形式的判断

收缩断面处一般为急流，而下游河渠或河道中的水流为缓流，急流向缓流过渡时必然以水跃的形式相衔接。当下泄流量一定时，随下游水深 h_t 的变化将会产生不同的底流衔接形式。

(1) 当 $h_t = h_c''$ 时，为临界式水跃衔接。

(2) 当 $h_t < h_c''$ 时，为远离式水跃衔接。

(3) 当 $h_t > h_c''$ 时，为淹没式水跃衔接。

以上三种底流衔接形式虽然都是通过水跃消能，但是他们的消能率、工程上的保护范围以及稳定性都是不相同的，远驱式水跃对工程最为不利，因其急流段长，所需加固的河段较长，不经济，所以不采用，临界式水跃虽然消能效果好，保护范围也较短，但是水跃位置不稳定，也不宜采用。对于淹没度较大的淹没式水跃，由于水跃主流扩散较慢，水跃长度较上面两种情况长，且由于表面漩滚潜入底部，紊动强度减弱，故消能效率低。因此，工程上采用稍许淹没的水跃衔接，这时的水跃既稳定又不太长，且消能效果较高。

【例 8.1】 某溢流坝为 WES 剖面，上、下游坝高均为 10m，坝顶部设闸门控制流量。今保持坝顶水头 $H=3.2$m，调节闸门开度，使单宽流量 $q=6$m³/(s·m)，相应的下游水深 $h_t=3.05$m。试判别坝下游水跃的衔接形式。

解：(1) 收缩断面水深 h_c 的计算。

$$h_{c(i+1)} = \sqrt{\frac{q^2}{2g\varphi^2(E_0 - h_{c(i)})}}$$

$E_0 = P_1 + H + \dfrac{q^2}{2g(P_1+H)^2} = 13.2$m，取 $\varphi = 0.9$，$h_{c0} = 0$。

第一次迭代计算 $h_{c1} = \dfrac{q}{\varphi\sqrt{2g(E_0 - h_{c0})}} = \dfrac{6}{0.9 \times \sqrt{19.6 \times (13.2-0)}} = 0.414$

第二次迭代计算 $h_{c2} = \dfrac{q}{\varphi\sqrt{2g(E_0 - h_{c1})}} = \dfrac{6}{0.9 \times \sqrt{19.6 \times (13.2-0.414)}} = 0.421$

第三次迭代计算 $h_{c3} = \dfrac{q}{\varphi\sqrt{2g(E_0 - h_{c2})}} = \dfrac{6}{0.9 \times \sqrt{19.6 \times (13.2-0.421)}} = 0.421$

所以取 $h_c = 0.421$。

(2) h_c 的共轭水深 h_c'' 的计算。

$$h_c'' = \frac{h_c}{2}\left(\sqrt{1 + \frac{8q^2}{gh_c^3}} - 1\right) = \frac{0.42}{2}\left(\sqrt{1 + \frac{8\times 6^2}{9.8 \times 0.42^3}} - 1\right) = 3.98 \text{(m)}$$

(3) 底流衔接的判断。$h_c'' > h_t$，故下游产生远驱式水跃。

8.2.2 消力池的水力计算

由前述可知，消能效果最好的是稍有淹没的淹没式水跃，那么如果判断出泄水建筑物下游发生远驱式水跃或临界式水跃，则需要采取工程措施，以保证发生淹没式水跃。要使远驱式水跃或临界式水跃转变为淹没式水跃需要增加下游水深 h_t。但对于一定的河槽，在通过某一流量时，下游的水深为一定值。由于水跃范围不长，因此只需在临近泄水建筑物的较短距离内增加水深即可,常采用的工程措施是在泄水建筑物下游修建消力池。消力池的形式有三种:①降低护坦高程;②在护坦末端修建消力坎;③既降低护坦高程又修建消能墙的综合方式。消力池的水力计算的任务就是消力池的深度或墙高及消力池长度。

1. 降低护坦高程消力池深度 d 的计算

以矩形断面平底消力池的水力计算为例。

从下游河床下挖一深度为 d、长度为 L_k 的消力池,并使水跃发生在池内,如图 8.5 所示。由消力池出口的几何关系得

$$h_T = d + h_t + \Delta z$$

或

$$d = h_T - h_t - \Delta z \tag{8.5}$$

现分析式中右边各项如下:

(1) h_T 为消力池末端水深,在池中发生淹没水跃时,$h_T = \sigma_j h_{c1}''$;σ_j 为水跃淹没系数,一般取 $\sigma_j = 1.05 \sim 1.10$;$h_{c1}''$ 为挖池后临界水跃的跃后水深,可根据挖池后收缩断面水深 h_{c1} 求得。而挖池后的收缩断面 h_{c1} 可根据式(8.3)求得。但这时式(8.3)左端水头为挖池后的值 E_0',即

图 8.5

$$E_0' = E_0 + d = h_{c1} + \frac{q^2}{2g\varphi^2 h_{c1}^2}$$

因此 h_{c1} 与池深 d 有关,因而 h_{c1}'' 也与池深 d 有关。

(2) h_t 为下游河道或渠道中的水深,一般是已知的。

(3) Δz 为消力池出口的水面落差,一般将消力池出口的水流视为宽顶淹没出流。以下游河床为基准面,列池末断面及下游断面的能量方程,则有

$$h_t + \Delta z + \frac{\alpha_1 v_1^2}{2g} = h_t + \frac{\alpha v_2^2}{2g} + \zeta_1 \frac{v_2^2}{2g}$$

即

$$\Delta z = (\alpha + \zeta_1)\frac{v_2^2}{2g} - \frac{\alpha_1 v_1^2}{2g}$$

将池末断面流速 $v_1 = \dfrac{q}{h_T} = \dfrac{q}{\sigma_j h_{c1}''}$,下游渠道内流速 $v_2 = \dfrac{q}{h_t}$,以及出口的流速系数 $\varphi' = \dfrac{1}{\sqrt{\alpha + \zeta_1}}$ 代入上式得

$$\Delta z = \frac{q^2}{2g}\left[\frac{1}{(\varphi' h_t)^2} - \frac{1}{(\sigma_j h_{c1}'')^2}\right] \tag{8.6}$$

因为 h_{c1}'' 与池深 d 有关,所以 Δz 也与 d 有关。

根据上面的分析可知,式(8.5)中右边两项都与池深 d 有关,因此无法求解,需采用试算法或迭代法求解。试算法的步骤大致是:首先假设一个池深 d,然后根据上面所推求的公式计算出一个池深 d_1。如果 d 与 d_1 基本相等,则认为假设的池深正确,否则重

设池深 d，进行同样的计算，直到两者基本相等为止。

2. 护坦末端建消力坎坎高的计算

当河床不易开挖或开挖太深不经济时，可在护坦末端修建消力坎。这类消力池与挖深消力池不同的是出池水流不是宽顶堰流，而是折线型实用堰流。在建筑物下游河床上修建一高度为 C 的实体坎，坎的上游面距下泄水流收缩断面的距离为 L_k，水跃在坎前发生，如图 8.6 所示。

图 8.6

由图 8.6 可知 $\qquad h_T = \sigma_j h_c'' = c + H_1$

于是得坎高的计算公式 $\qquad c = \sigma_j h_c'' - H_1 \qquad (8.7)$

式中：c 为坎高；H_1 为坎顶水头。

堰上水头 H_1 可用堰流公式推导，若为矩形断面河渠，渠底宽等于池宽，即无侧收缩的情况，则有

$$H_1 = H_{10} - \frac{q^2}{2g(\sigma_j h_c'')^2} = \left(\frac{q}{\sigma_s m_1 \sqrt{2g}}\right)^{2/3} - \frac{q^2}{2g(\sigma_j h_c'')^2}$$

将 H_1 的计算代入式（8.7）得

$$c = \sigma_j h_c'' - \left(\frac{q}{\sigma_s m_1 \sqrt{2g}}\right)^{2/3} + \frac{q^2}{2g(\sigma_j h_c'')^2} \qquad (8.8)$$

改写为 $\qquad c + \left(\frac{q}{\sigma_s m_1 \sqrt{2g}}\right)^{2/3} = \sigma_j h_c'' + \frac{q^2}{2g(\sigma_j h_c'')^2} \qquad (8.9)$

式中：m_1 为折线型实用堰的流量系数，一般取 $m_1 = 0.42$；σ_s 为消力坎淹没系数，其大小与下游水深和坎高有关，即

$$\sigma_s = f\left(\frac{h_s}{H_{10}}\right) = f\left(\frac{h_t - c}{H_{10}}\right)$$

试验表明：当 $\frac{h_s}{H_{10}} \leqslant 0.45$ 时，为非淹没堰，$\sigma_s = 1$；当 $\frac{h_s}{H_{10}} > 0.45$ 时，为淹没堰，σ_s 值可根据相对淹没度 $\frac{h_s}{H_{10}}$ 查表 8.2 确定。

对于坎高的计算，可采用试算法。式（8.9）中左边 σ_s 是坎高 c 的函数，用 $f(c)$ 表示；右边为已知数，用 B 表示，则式（8.9）可写成

$$f(c) = B$$

表 8.2　　　　　　　　　　　　　　　淹 没 系 数 表

$\dfrac{h_s}{H_{10}}$	≤0.45	0.50	0.55	0.60	0.65	0.70	0.72	0.74	0.76	0.78
σ_s	1.00	0.990	0.985	0.975	0.960	0.940	0.930	0.915	0.900	0.885
$\dfrac{h_s}{H_{10}}$	0.80	0.82	0.84	0.86	0.88	0.90	0.92	0.95	1.00	
σ_s	0.865	0.845	0.815	0.785	0.750	0.710	0.651	0.535	0.000	

假定一系列 c 值，计算相应的 $f(c)$，可绘 $c-f(c)$ 关系曲线，由曲线查得 $f(c)=B$ 所对应的 c 值，即为所求的坎高。如果溢过消力坎的水流为自由堰流，则淹没系数 $\sigma_s=1$，H_1 与 c 无关，坎高 c 可直接由式 (8.8) 求得。

应当指出的是，对于自由出流的消力坎，如坎后发生远驱式或临界式水跃时，可能引起坎后河床的冲刷，因而需第二道甚至第三道消力池，直到保证坎后发生淹没出流衔接为止。

【例 8.2】某矩形断面渠道中筑有一溢流坝。已知渠宽 $B=18\text{m}$，流量 $Q=265\text{m}^3/\text{s}$，坝下收缩断面处水深 $h_c=1.1\text{m}$，当坝下游水深 $h_t=4.7\text{m}$ 时，问：

(1) 坝下游是否发生水跃？

(2) 如发生水跃，属于何种形式的水跃？

(3) 是否需要修建消能工？若需要修建消能工，估算消力池深。

解：(1) 计算临界水深 h_k，判断收缩断面和下游水流流态。

$$q = Q/B = 265/18 = 14.72\,[\text{m}^3/(\text{s}\cdot\text{m})]$$

$$h_k = \sqrt[3]{\dfrac{\alpha q^2}{g}} = \sqrt[3]{\dfrac{14.72^2}{9.8}} = 2.81(\text{m})$$

因为收缩断面水深 $h_c=1.1\text{m}<h_k$ 为急流，下游水深 $h_t=4.7\text{m}>h_k$ 为缓流，所以溢流坝下游必定发生水跃。

(2) 计算收缩断面处水深 h_c 的共轭水深 h_c''。

$$h_c''=\dfrac{h_c}{2}\left(\sqrt{1+8\dfrac{q^2}{gh_c^3}}-1\right)=\dfrac{1.1}{2}\times\left(\sqrt{1+8\dfrac{14.72^2}{9.8\times1.1^3}}-1\right)=5.81(\text{m})$$

因为 $h_c''>h_t$，该水跃为远驱水跃。

(3) 溢流坝下游发生远驱水跃，需要修建消力池。估算消力池深 d，取水跃淹没系数 $\sigma_j=1.05$，则池深约为

$$d=\sigma_j h_c''-h_t=1.05\times5.81-4.7=1.40(\text{m})$$

3. 消力池长度的计算

消力池的长度不能过长也不能过短。过长增加建筑费用，造成浪费；过短，不能在池中形成消能充分的水跃，达不到充分消能的目的，并且底部主流会跳出消力池。所以消力池的长度可以从水跃长度出发考虑。由于消力池内的水跃受到消力池末端的垂直壁面产生的一个反向作用力，减小了水跃长度。所以，消力池内的水跃长度仅为平底渠道中自由水

跃长度的 70%～80%。

池内淹没水跃的长度

$$L_k = (0.7 \sim 0.8)L_j \tag{8.10}$$

式中：L_j 为平底渠中自由水跃长度。

8.2.3 消力池的设计流量

前面所讨论的消力池的水力计算是在某个给定流量及相应的下游水深条件下进行的。但建池后的消力池却要在不同的流量下运行，为了保证消力池能在各个流量下都能起到控制水跃的作用，正确选择消力池的设计流量在实际工程中是十分必要的。实际计算时，消力池的设计流量的选择应依据以下原则：

(1) 求消力池池深 d 的设计流量。作"$(h_c''-h_t)-Q$"关系曲线，相应于 $(h_c''-h_t)_{max}$ 的流量即为设计流量。

(2) 求消力坎高度 c 的设计流量。一般是选择使消力坎最高的流量作为坎高的设计流量。实际计算时，一般是在给定的流量范围内，选取包括 Q_{min} 和 Q_{max} 在内的若干个流量值，分别计算出坎高 c，绘制 $c-Q$ 关系曲线，坎高 c 最大值所对应的流量即为设计流量。

(3) 求池长 L_k 的设计流量。一般自由水跃的长度随流量的增大而增加，而池长与自由水跃长度有关，因此使自由水跃最长的流量就是设计流量。一般选择使 $(h''-h')$ 或 h_c'' 最大的流量作为池长的设计流量。

应当指出的是：三个设计流量不一定是泄水建筑物运行时的最大流量，三种流量不一定相等。在实际工程设计中，合理选择组合设计流量是个重要的问题。

8.2.4 辅助消能工

为了提高消能效率，常在消力池中设置辅助消能工，如趾墩、消能墩及尾槛等，如图 8.7 所示。辅助消能工的体型很多，下面举例说明几种消能工及其作用。

(1) 趾墩（也称分流齿墩）。布置在消力池进口，其作用是分散入池水股，增加水跃区中主流与漩滚的交界面，加剧紊动混掺来提高消能效率。

图 8.7

(2) 消能墩。布置在消力池内池长的护坦上，它的作用除分散水流，形成更多的漩涡以增加消能效率之外，还有迎拒水流，对水流的冲击产生反作用力。根据动量方程可知，这个反力降低了水跃共轭水深的要求，具有减小池深和池长的作用。

(3) 尾坎。设置在消力池末端，其作用是将池末流速较大的底部水流挑起，导入下游水体上层，以改善消力池后的水流流速分布，减轻对下游河床的冲刷。

这些辅助消能工可以根据具体情况分别采用或合并采用。一般能起到缩短池长，减小挖深的作用。但必须注意的是消力池前部消能作用较大，易发生空蚀，冲击力大。消力池后部消能作用较小，不易发生空蚀，改善水流。另外，有漂浮物或推移质的河道，辅助消能工常遭撞击破坏。

8.3 挑流式消能的水力计算

将建筑物下游部分设计成向上翘起的鼻坎,泄流的高速水股被鼻坎导向空中,经较远距离后跌入河槽,这种消能方式就是挑流式消能。挑流消能主要有以下两个过程。

(1) 空中消能。水股从挑流鼻坎射向空中,在空中裂散并掺气,增加了与空气的摩擦与内摩擦,从而消耗了部分能量。消能小部分发生在空中,水股越扩散,消能越充分。在这个过程中,往往会形成雾化现象。

(2) 水下消能。扩散的水股在建筑物下游跌入河床中,与下游水体发生碰撞,入水点附近形成两个巨大的漩滚,主流与漩滚之间发生强烈的动量交换及剪切作用,从而消耗大部分能量。由于下泄水流不断冲刷河床,形成冲刷坑,水流不断陶蚀冲刷坑,坑内水深逐渐增加,从而形成较厚的水垫,对水股起到缓冲和消能作用。水垫越厚,消能越好。一般来说,水下消能消耗了水流的大部分能量。

挑流消能水力计算的主要任务是:根据已知的水力条件,正确选择挑坎形式和尺寸,计算水舌挑距,估算冲刷坑,并检查主体建筑物的安全。

8.3.1 挑流射程的计算

挑流射程是指挑坎末端至冲刷坑最深点的位置,也称挑距。计算挑距的目的就是为了确定冲刷坑最深点的位置。由图8.8可以看出,挑距 L 由空中挑距 L_1 和水下挑距 L_2 组成,即 $L = L_1 + L_2$。

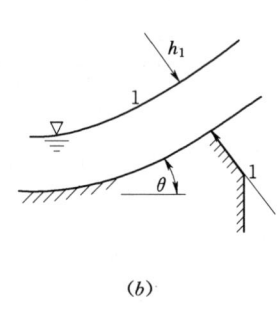

图 8.8

1. 空中挑距的计算

空中挑距 L_1 是指挑坎末端至水舌轴线与下游水面交点间的水平距离。假设挑流鼻坎断面 1—1 上的流速 v 分布均匀,流速与鼻坎相切,忽略水舌的扩散、掺气、破碎与空气阻力的影响,把抛射水流的运动视为自由抛射体的运动,应用质点自由抛射运动原理可导出空中挑距 L_1 的计算公式如下

$$L_1 = \varphi^2 S_1 \sin 2\theta \left[1 + \sqrt{1 + \frac{(a-h_t)}{\varphi^2 S_1 \sin^2 \theta}} \right] \quad (8.11)$$

其中

$$\varphi = \sqrt[3]{1 - \frac{0.055}{K^{0.5}}} \quad (8.12)$$

式中：S_1 为上游水面至挑坎顶部的高差；a 为挑坎高度，即下游河床至挑坎顶部的高差；θ 为鼻坎挑射角；h_t 为冲刷坑后下游水深；φ 为坝面流速系数；K 为流能比，$K = \dfrac{q}{\sqrt{g}S_1^{1.5}}$；$q$ 为单宽流量。

式 (8.12) 用于 $K = 0.004 \sim 0.15$ 范围内，当 $K > 0.15$ 时，取 $\varphi = 0.95$。

2. 水下挑距的计算

水下挑距 L_2 是指水舌轴线与下游水面交点至冲刷坑最深点间的水平距离。水舌进入下游水体后，属于射流的潜没扩散运动，与质点的自由抛射运动有一定的区别。可近似认为，水舌落入下游水面后仍沿入水角方向直线前进，则

$$L_2 = \frac{t + h_t}{\tan\beta} \tag{8.13}$$

式中：t 为冲刷坑深度；β 为水舌入水角，可按下式近似计算

$$\cos\beta = \sqrt{\frac{\varphi^2 S_1}{\varphi^2 S_1 + Z - S_1}}\cos\theta \tag{8.14}$$

式中：Z 为上、下游水位差。

8.3.2 冲刷坑深度的估算

当水舌跃入下游河道时，主流潜入下游河底，主流前后形成两个漩滚而消除一部分能量。若潜入下游河床的水舌所具有的冲刷能力仍大于河床的抗冲能力时，河床被冲刷，从而形成冲刷坑。随着坑深的增加，水舌冲刷能力降低。直到水舌的冲刷能力与河床的抗冲能力达到平衡时，冲刷坑才趋于稳定。

冲刷坑的深度取决于水舌跃入下游水体后的冲刷能力和河床的抗冲能力，它与单宽流量、上下游水位差、下游河床的地质条件、下游水深、鼻坎型式、坝面和空中的水流能量损失以及掺气程度等因素有关。由于影响的因素众多，特别是牵涉到其中主要因素之一的岩基河床的地质条件，因而遇到了困难。过去，虽然研究不少，提出的计算方法也很多，但问题至今尚未得到满意的解决。我国目前较普遍采用的计算公式为

$$t = Kq^{0.5}Z^{0.25} - h_t \tag{8.15}$$

式中：K 为抗冲系数，主要与河床的地质条件有关。

K 值是一个难以确定的因素。近年来，某些工程和科研单位，对 K 值得确定取得了进展。例如：坚硬完整的岩石 $K = 0.9 \sim 1.2$；坚硬但完整性较差的岩石 $K = 1.2 \sim 1.5$；软弱破碎、裂隙发育的基岩 $K = 1.5 \sim 2.0$。

需要注意的是：只有在先算出冲刷坑的深度 t 后才能计算挑流射程 L，然后按照下式检查冲刷坑后坡 i 是否满足坝体的安全要求

$$i = \frac{t}{L} < (0.2 \sim 0.4) \tag{8.16}$$

式中，$0.2 \sim 0.4$ 为冲刷坑最大后坡，若此式成立，坝体安全，否则不安全。

8.3.3 挑流鼻坎的型式和尺寸

1. 挑坎型式

常用的挑坎型式有连续式和差动式两种。

(1) 连续式。如图 8.9 (a) 所示，在整个挑坎宽度上具有同一反弧半径 R 和挑射角 θ。其优点是施工简便，不易空蚀，挑流射程远；缺点是水舌比较集中，冲刷坑深。

(2) 差动式。如图 8.9 (b) 所示，由具有不同反弧半径 R 和挑射角 θ 的高齿和低槽构成。其优点是由于水舌在铅直方向上有较大的扩散，消能效果好，冲刷坑浅；缺点是齿坎侧面容易发生空蚀破坏，且施工复杂。

图 8.9
(a) 连续式；(b) 差动式

2. 挑坎尺寸的拟定

目前采用较多的是连续式挑坎。连续式挑坎尺寸包括挑角 θ、反弧半径 R 及挑坎高程三个方面。合理的挑坎尺寸，可以在同样水力条件下得到的射程最大，冲刷坑深度较浅。

(1) 挑角 θ。按质点抛射运动考虑。当 $\theta < 45°$ 时，θ 值越大，空中挑距 L_1 越大，当 $\theta = 45°$ 时射程最大。但这时水舌的入水角 β 也相应增大，水下挑距 L_2 减小，冲刷坑深度增加。另外，随着挑角增大，开始形成挑流的流量也增大。当实际通过的流量小于起挑流量时，由于动能不足，水流挑不出去，在挑坎的反弧段内形成漩滚，然后沿挑坎溢流而下，在紧靠挑坎下游形成冲刷坑，对建筑物威胁较大。所以挑角不宜选得过大。我国工程上常取 $\theta = 15° \sim 35°$。高挑坎时取较小值，低挑坎、大单宽流量及较小上下游水位差时取较大值。

(2) 反弧半径 R。当水流在反弧半径内做曲线运动时，将有部分动能转化为离心惯性能，从而使出射水流的动能减小，挑距减小。反弧半径越小离心惯性能越大，挑距越小。但是反弧半径也不能太大，否则将增加坝体的工程量。一般取 $R = (4 \sim 10) h_c$，h_c 为反弧段最低点水深。

(3) 挑坎高程。挑坎高程越低，出口断面流速越大，射程越远。同时，挑坎高程低，工程量小，造价低。但是过低的挑坎将被下游水位淹没，不能形成挑射，或者因为水舌下缘与坝址附近的下游水面间被带走的空气得不到充分补充，而造成局部负压使射程减小。所以，工程设计中常使挑坎最低高程等于或略高于下游最高水位。

【例 8.3】 某溢流坝共 7 孔，每孔净宽 $b = 6$m，闸墩厚度 $d = 1.8$m。溢流坝顶高程为 161m，设计水位为 167.15m，流量系数 $m = 0.49$，收缩系数 $\varepsilon = 0.95$，挑坎为连续式，坎顶高程为 111.0，挑角 $\theta = 28°$；下游河床高程为 102m，岩基冲刷系数为 1.10（Ⅱ类岩），下游水深为 7.0m。试估算挑流射程及冲刷深度并检查冲刷坑是否危及大坝安全。

解：本题首先确定在设计水位 167.15m 时，溢流坝下泄流量 Q；然后进行挑流射程 L 及冲刷坑深度 t 的估算，最后进行冲刷坑后坡 i 的验算。

(1) 溢流坝下泄流量 Q 的计算。因溢流坝较高，行近流速水头可忽略不计，即 $H_0 \approx H = 167.15 - 161 = 6.15$ (m)；同时下游水位较低，溢流坝为自由泄流，故下泄流量计算式为

$$Q = \varepsilon mnb \sqrt{2g} H^{3/2}$$

代入已知条件得

$$Q = 0.95 \times 0.49 \times 7 \times 6 \times \sqrt{2 \times 9.8} \times 6.15 = 1320 (\text{m}^3/\text{s})$$

(2) 冲刷坑深度 t 估算。为了计算水下射程 L_2，先计算冲刷坑深度 t。冲刷坑深度估算式为：

$$t = Kq^{0.5}Z^{0.25} - h_t$$

式中，岩基冲刷系数 $K = 1.10$，其他各参数计算如下

$$q = \frac{Q}{nb + (n-1)d} = \frac{1320}{7 \times 6 + (7-1) \times 1.8} = 25(\text{m}^3/\text{s})$$

$$Z = 167.15 - 109 = 58.15(\text{m})$$

$$h_t = 109 - 102 = 7(\text{m})$$

$$t = 1.1 \times 25^{0.5} \times 58.15^{0.25} - 7 = 8.19(\text{m})$$

(3) 射程 L 估算。根据已知条件求得

$$S_1 = 167.15 - 111 = 56.15(\text{m})$$

$$a = 111 - 102 = 9(\text{m})$$

流速系数的计算公式为

$$\varphi = \sqrt[3]{1 - \frac{0.055}{K^{0.5}}}$$

式中流能比

$$K = \frac{q}{\sqrt{g}S_1^{1.5}} = \frac{25}{\sqrt{9.8} \times 56.15^{1.5}} = 0.019$$

因此

$$\varphi = \sqrt[3]{1 - \frac{0.055}{K^{0.5}}} = 0.86$$

于是

$$L_1 = \varphi^2 S_1 \sin 2\theta \left[1 + \sqrt{1 + \frac{(a - h_t)}{\varphi^2 S_1 \sin^2 \theta}}\right]$$

$$= 0.86^2 \times 56.15 \times \sin(2 \times 28°)$$

$$\times \left(1 + \sqrt{1 + \frac{9 - 7}{0.86^2 \times 56.15 \times \sin(2 \times 28°)}}\right) = 64.87(\text{m})$$

同理将已知条件代入公式 $\cos\beta = \sqrt{\dfrac{\varphi^2 S_1}{\varphi^2 S_1 + Z - S_1}}\cos\theta$ 及公式 $L_2 = \dfrac{t + h_t}{\tan\beta}$ 中求得

$$L_2 = 25.57 \text{m}$$

(4) 检验冲刷坑后坡 i。

$$i = \frac{t}{L} = \frac{8.19}{64.87 + 25.57} = 0.091$$

由于 $i < (0.2 \sim 0.4)$，故认为冲刷坑不至于危及大坝的安全。

习　题

8.1　泄水建筑物下游常采用的水流衔接与消能措施有哪几种？它们各自的消能原理是什么？各应用在什么条件下？

8.2　怎样判别堰、闸下游水流衔接形式（即确定水跃位置），可能有哪三种形式的水

跃产生？

8.3 在进行消力坎设计时，什么情况下要校核坎后水流衔接情况？为什么？当坎后为淹没水跃衔接时，出坎水流是不是淹没出流？怎样判断出坎水流状态？

8.4 在设计消力池或消力坎时，为什么要先确定设计流量？怎样确定池深、坎高、池长的设计流量？

8.5 简述挖深式消力池池内水流及出池水流的特征。

8.6 挑流消能的挑距包括哪些部分？影响挑距的主要因素有哪些？怎样选择连续式鼻坎的挑角、反弧半径及挑坎高程？

8.7 某矩形单孔引水闸，闸门宽等于河底宽，闸前水深 $H=8m$。闸门开度 $e=2.5m$ 时，下泄单宽流量 $q=12m^3/(s \cdot m)$，下游水深 $h_t=3.5m$，闸下出流的流速系数 $\varphi=0.97$，要求判断下游水流的衔接情况。

8.8 一5孔 WES 型剖面溢流坝，每孔净宽 $b=6m$，闸墩厚度 $d=1.5m$，边墩及中墩均为半圆形，下游坝高 $P_2=20m$，在设计情况下，下泄流量 $Q_d=300m^3/s$，流量系数 $m_d=0.502$，下游水深 $h_t=3.5m$，收缩断面处河宽 $B=nb+nd$，试求：

（1）判别坝下游的底流衔接形式。

（2）如为远驱式水跃衔接，设计一消力坎式消力池。

8.9 在矩形断面河道上有一平板门泄水闸，已知闸门上游水深 $H=6m$，闸门开度 $e=1.5m$，下游水深 $h_t=2.5m$，流速系数 $\varphi=0.95$，试求：

（1）判别闸门下游的底流衔接形式。

（2）如果产生远驱式水跃，设计一降低护坦高程式消力池。

8.10 某电站溢流坝为3孔，每孔宽 b 为 $16m$；闸墩厚 $4m$；设计流量 Q 为 $6480m^3/s$；相应的上、下游水位高程及河底高程如图 8.10 所示。今在坝末端设一挑坎，采用挑流消能。已知：挑坎末端高程为 $218.5m$，挑坎挑角 θ 为 $25°$，反弧半径 R 为 $24.5m$。试计算挑流射程和冲刷坑深度（下游河床基岩坚硬，但完整性较差）。

图 8.10 （单位：m）

学习单元 9　水 力 计 算 案 例

知识内容要求：能陈述拦河坝、管网、有压隧洞、渠道、溢流坝、溢洪道等水工建筑物的作用及水力计算的内容、方法、步骤。

能力与素质要求：能够熟练地对拦河坝、管网、有压隧洞、渠道、溢流坝、溢洪道进行水力计算；具备认真仔细、勇于创新的精神。

9.1　拦河坝的水力计算

9.1.1　资料及任务

某水利枢纽一非溢流混凝土重力坝断面如图 9.1 所示，为校核坝的稳定性，试分别计算下游有水和无水两种情况下，作用于 1m 长坝体上的水平水压力与垂直水压力。

图 9.1

9.1.2　水压力计算

（1）下游有水时。画出坝面的水平水压力和垂直水压力分布图，如图 9.1 所示，分别计算水平水压力与垂直水压力。

上游水平水压力　　$P_{x1} = S_1 b = \frac{1}{2} \times 9.8 \times 26^2 \times 1 = 3312.4 \text{(kN)}$

上游垂直水压力　　$P_{Z1} = \gamma V_1 = 9.8 \times \frac{1}{2} \times (26+18) \times 4 \times 1 = 862.4 \text{(kN)}$

下游水平水压力　　$P_{x2} = S_2 b = \frac{1}{2} \times 9.8 \times 6^2 \times 1 = 176.4 \text{(kN)}$

下游垂直水压力　　$P_{Z2} = \gamma V_2 = 9.8 \times \frac{1}{2} \times \left(\frac{12}{18} \times 6\right) \times 6 \times 1 = 117.6 \text{(kN)}$

坝体水平水压力　　$P_x = P_{x1} - P_{x2} = 3312.4 - 176.4 = 3136 \text{(kN)}$

坝体垂直水压力　　　$P_Z = P_{Z1} + P_{Z2} = 862.4 + 117.6 = 980 (kN)$

（2）下游无水时。画出坝面的水平水压力和垂直水压力分布图，如图9.2所示。因下游无水，故上游水压力就是坝体水压力。

坝体水平水压力　　　$P_x = P_{x1} = 3312.4 (kN)$

坝体垂直水压力　　　$P_Z = P_{Z1} = 862.4 (kN)$

图 9.2

9.2　管 网 水 力 计 算

9.2.1　枝状管网水力计算

9.2.1.1　枝状管网水力计算方法步骤

多数小型给水和工业企业给水在建设初期采用枝状管网，以后随着用水量的发展，可根据需要逐步连接形成环状管网。枝状管网中的计算比较简单，因为水从供水起点到任一节点的水流路线只有一个，每一段管也只有唯一确定的计算流量。因此，在枝状管网计算中，应首先计算对供水经济性影响最大的干管，即管网起点到控制点的管线，然后再计算支管。

当管网起点水压未知时，应先计算干管，按经济流速和流量选定管径，并求得水头损失；再计算支管。此时支管起点及终点水压均为已知，支管计算应按充分利用起端的现有水压条件选定管径，经济流速不起主导作用，但需考虑技术上对流速的要求，若支管负担消防任务，其管径还应满足消防要求。

当管网起点水压已知时，仍先计算干管，再计算支管，但注意此时干管和支管的计算方法均与管网起点水压未知时的支管相同。

枝状管网水力计算步骤：

（1）按城镇管网布置图，绘制计算草图，对节点和管段顺序编号，并标明管段长度和节点地形标高。

（2）按最高日最高时用水量计算节点流量，并在节点旁引出箭头，注明节点流量。大用户的集中流量也标注在相应的节点上。

9.2 管网水力计算

(3) 在管网计算草图上,按照任一管段中的流量等于其下游所有节点的流量之和关系,求出每一管段流量。

(4) 选定泵房到控制点的管线为干线,按经济流速求出管径和水头损失。

(5) 按控制点要求的最小服务水头和从水泵到控制点管线的总水头损失,求出水塔高度和水泵扬程。

(6) 支管管径参照支管的水力坡度选定,即按充分利用起点水压的条件来确定。

(7) 根据管网各节点的压力和地形标高,绘制等水压线和自由水压线图。

9.2.1.2 资料及任务

某城镇有居民6万人,用水量定额为120L/(人·d),用水普及率为83%时变化系数为1.6,要求最小服务水头为20m。管网布置如图9.3所示。用水量较大的工厂和一公共建筑集中流量分别为25.0L/s和17.4L/s,分别由管段3—4和7—8供给,其两侧无其他用户。城镇地形平坦,高差极小。节点4、5、8、9处的地形标高分别为56.0m、56.1m、55.7m、56.0m。水塔处地面标高为57.4m,其他点的地形标高见表9.1,管材选用给水铸铁管。试完成枝状给水管网的设计计算,并求水塔高度和水泵扬程。

图 9.3

表 9.1　　　　　　　　　节 点 地 形 标 高

节点	2	3	4	5
地形标高 (m)	56.6	56.3	56.3	56.2

注　在给排水工程设计中,通常按照 $h_f = li$ 计算沿程水头损失,i 为管路的水力坡降,l 为管道的长度。

9.2.1.3 水力计算

(1) 计算节点流量。计算过程略,计算结果见表9.2和表9.3。

(2) 选择控制点,确定干管和支管。由于各节点要求的自由水压相同,根据地形和用水量情况,控制点选为节点9,干管定为1—2—6—9,其余为支管。

(3) 编制干管和支管水力计算表格,见表9.2和表9.3。

(4) 将节点编号、地形标高、管段编号和管段长度等已知条件分别填于表9.2和表9.3中的第(1)、(2)、(3)、(4)项。

表9.2　　　　　　　　　　　　干管水力计算表

节点	地形标高 (m)	管段编号	管段长度 (m)	流量 (L/s)	管径 (mm)	1000i	流速 (m/s)	水头损失 (m)	水压标高 (m)	自由水压 (m)
(1)	(2)	(3)	(4)	(5)	(6)	(7)	(8)	(9)	(10)	(11)
9	56.0	6—9	600	12.67	150	7.20	0.73	4.32	76.00	20.0
6	56.3	2—6	500	68.08	300	4.90	0.96	2.45	80.32	24.02
2	56.6								82.77	26.17
1	57.4	1—2	400	144.62	500	1.53	0.73	0.61	83.38	25.98

(5) 确定各管段的计算流量。按 $q_i + \sum q_{ij} = 0$ 的条件，从管线终点（包括各支管）开始，同时向供水起点方向逐个节点计算，即可得到各管段的计算流量。

由9节点得

$$q_{6-9} = q_9 = 12.67 \text{L/s}$$

由6节点得

$$q_{2-6} = q_6 + q_{6-9} + q_7 + q_{7-8} = 30.62 + 12.67 + 7.39 + 17.4 = 68.08 (\text{L/s})$$

同理可得其余各管段计算流量，计算结果分别列于表9.2中第（5）项。

(6) 干管水力计算。

1) 由各管段的计算流量，查铸铁管水力计算表，参照经济流速，确定各管段的管径和相应的1000i及流速。

管段6—9的计算流量为12.67L/s，由铸铁管水力计算表查得：当管径为125mm、150mm、200mm时，相应的流速分别为1.04m/s、0.72m/s、0.40m/s。前已指出，当管径$D<400$mm时，平均经济流速为$0.6\sim 0.9$m/s，所以管段6—9的管径应确定为150mm，相应的$1000i=7.20$，$v=0.73$m/s。同理，可确定其余管段的1000i及流速，其结果见表9.2中第（6）、（7）、（8）项。

2) 根据$H=li$计算出各管段的水头损失，即表9.2中第（9）项等于 $\left[\dfrac{(7)}{1000} \times (4)\right]$，则

$$h_{6-9} = \frac{7.20}{1000} \times 600 = 4.32 (\text{m})$$

同理，可计算出其余各管段的水头损失，其结果见表9.2中第（9）项。

3) 计算干管各节点的水压标高和自由水压。因管段起端水压标高H_i和终端水压标高H_j与该管段的水头损失h_{ij}存在下列关系

$$H_i = H_j - h_{ij} \tag{9.1}$$

节点水压标高H_i自由水压H_{0i}与该处地形标高Z_i存在下列关系：

$$H_{0i} = H_i - Z_i \tag{9.2}$$

由于控制点9节点要求的水压标高为已知：$H_9 = H_0 + H_{09} = 56.0 + 20 = 76.0$（m），因此，在本例中要从节点9开始，按式（9.1）和式（9.2）逐个向供水起点推算。

节点4　　　　　$H_6 = H_9 + h_{6-9} = 76.0 + 4.32 = 80.32$（m）

$$H_{0-6} = H_6 - Z_6 = 80.32 - 56.3 = 24.02 (\text{m})$$

同理，可得出干管上各节点的水压标高和自由水压。计算结果见表9.2中第（10）、

(11)项。

（7）支管水力计算。由于干管上各节点的水压已经确定（表 9.2），即支管起点的水压已定，因此支管各管段的经济管径选定必须满足：从干管节点到该支管的控制点（常为支管的终点）的水头损失之和应等于或小于干管上此节点的水压标高与支管控制点所需的水压标高之差，即按平均水力坡度确定管径。但当支管由两个或两个以上管段串连而成时，各管段水头损失之和可有多种组合能满足上述要求。现以支管 6—7—8 说明：

首先计算支管 6—7—8 的平均允许水力坡度，即

$$允许\ 1000i = 1000 \times \frac{80.32-(55.7+20.0)}{350+700} = 4.4$$

由 $q_{6-7}=24.79$L/s，查铸铁管水力计算表，参照允许 $1000i=4.4$，得 $D_{6-7}=200$mm，相应的实际 $1000i=5.88$，则

$$h_{6-7} = \frac{5.88}{1000} \times 350 = 2.06(\text{m})$$

计算 7 点的水压标高和自由水压

$$H_7 = H_6 - h_{6-7} = 80.32 - 2.06 = 78.26(\text{m})$$
$$H_{07} = H_7 - Z_7 = 78.26 - 56.2 = 22.06(\text{m})$$

由节点 7 的水压标高即可计算管段 7—8 的平均允许 $1000i$ 为

$$允许\quad 1000i = 1000 \times \frac{78.26-(55.7+20.0)}{7000} = 3.66$$

由 $q_{7-8}=17.4$L/s，查铸铁管水力计算表，参照允许 $1000i=3.66$，得 $D_{7-8}=200$mm，相应的实际 $1000i=2.99$，则

$$h_{7-8} = \frac{2.99}{1000} \times 700 = 2.09(\text{m})$$

同理，可计算出节点 8 的水压标高和自由水压

$$H_8 = h_7 - h_{7-8} = 78.26 - 2.09 = 76.17(\text{m})$$
$$H_{08} = h_8 - Z_8 = 78.17 - 55.7 = 20.47(\text{m})$$

按上述方法可计算出所有支管管段，计算结果见图 9.4 和表 9.3。

图 9.4

表9.3　　　　　　　　　　　支管水力计算表

节点	地形标高 (m)	管段编号	管段长度 (m)	管段流量 (L/s)	允许 1000i	管段管径 (mm)	实际 1000i	水头损失 (m)	水压标高 (m)	自由水压 (m)
(1)	(2)	(3)	(4)	(5)	(6)	(7)	(8)	(9)	(10)	(11)
6	56.3	6—7	350	24.79	4.4	200	5.88	2.06	80.32	24.02
7	56.2								78.26	22.06
8	55.7	7—8	700	17.4	3.66	200	2.99	2.09	76.17	20.47
2	56.6	2—3	450	48.03	8.7	250	6.53	2.94	82.77	26.17
3	56.3								79.83	23.53
3	56.3	3—5	320	6.76	11.65	150	2.31	0.74	79.83	23.53
5	56.1								79.09	22.99
3	56.3	3—4	370	25.00	10.35	200	5.98	2.21	79.83	23.53
4	56.0								77.62	21.62

注　管段 7—8、3—5 按现有水压条件均可选用 100mm 管径，但考虑到消防流量较大（$q_x=35$L/s），管网最小管径定为 150mm。

（8）确定水塔高度。由表9.2可知，水塔高度应为 $H_t=25.98$m。

（9）确定二级泵站所需的总扬程。设吸水井最低水位标高为 53.00m，泵站内吸、压水管的水头损失取 $\sum h_p=3.0$m，水塔水柜深度为 4.5m，水泵至 1 点间的水头损失为 0.5m，则二级泵站所需的总扬程为

$$H_p = H_{ST} + \sum h + \sum h_p$$
$$= (Z_t + H_t + H_0 + Z_p) + h_{泵-1} + \sum h_p$$
$$= (57.4 + 25.98 + 4.5 - 53.0) + 0.5 + 3.0$$
$$= 38.38(\text{m})$$

9.2.2　环状管网水力计算

9.2.2.1　资料及任务

图 9.5 所示的管网为铸铁管，糙率 $n=0.0125$，由 1、2、3、4 四个节点组成，各管段长度和节点流量分别在图 9.5 中标出。试确定各管段的直径及管网中的流量分配（要求闭合差 $\sum h_{fi}$ 小于 0.1m）。

9.2.2.2　水力计算

（1）初拟流向，分配流量。初拟各管段的流向，如图 9.5 所示。根据节点流量平衡 $Q_i=0$，第一次分配的流量值，列于表 9.4。

（2）根据初步分配的流量，按允许流速选择标准管径。

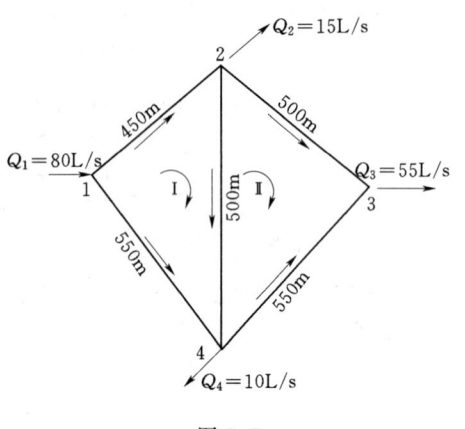

图 9.5

9.2 管网水力计算

表 9.4　环状管网水力计算表

环号	管段	管长 (m)	管径 (mm)	一次分配流量 (L/s)	K_i (L/s)	v_i (m/s)	修正系数 k	h_{fi} (m)	$\dfrac{h_{fi}}{Q_i}$	ΔQ (L/s)	校正流量 (L/s)	二次分配流量 (L/s)	v_i (m/s)	修正系数 k	h_{fi} (m)	$\dfrac{h_{fi}}{Q_i}$	ΔQ (L/s)	校正流量 (L/s)	三次分配流量 (L/s)	v_i (m/s)	修正系数 k	h_{fi} (m)
I	1—2	450	250	50	618.5	1.02	1.027	3.020	0.060		−0.85	49.15	1.00	1.030	2.927	0.060		−0.18	48.97	1.00	1.030	2.906
I	2—4	500	200	20	341.1	0.64	1.103	1.896	0.095		−0.85 +0.40	19.55	0.62	1.110	1.823	0.093		−0.18 +0.21	19.37	0.624	1.110	1.829
I	1—4	550	200	−30	341.1	0.95	1.035	−4.403	0.147	−0.085	−0.85	−30.85	0.98	1.032	−4.643	0.151	−0.18	−0.18	−31.03	0.988	1.031	−4.693
	Σ							0.513	0.302						0.11	0.304						0.04
II	2—3	500	150	15	158.4	0.85	1.050	4.708	0.314		−0.40	14.60	0.82	1.060	4.503	0.308		−0.21	14.39	0.813	1.057	4.362
II	2—4	500	200	−20	341.1	0.04	1.103	−1.896	0.095	−0.40	−0.40 +0.85	−19.55	0.62	1.110	−1.823	0.093	−0.21	−0.21 +0.18	−19.76	0.624	1.110	−1.829
II	4—3	550	250	−40	618.5	0.81	1.060	−2.438	0.061		−0.40	−40.40	0.82	1.062	−2.487	0.062		−0.21	−40.61	0.827	1.055	−2.500
	Σ							0.374	0.470						0.193	0.463						0.033

(3) 计算两环中各管段的水头损失。按分配流量利用式 $h_{fi}=k_i\dfrac{Q_i^2}{K_i^2}l_i$，计算各管段的水头损失。例如计算 1—2 管段的水头损失：可由 $d=250\mathrm{mm}$，$n=0.0125$，查表 5.2 得 $K=618.5\mathrm{L/s}$。第一次分配流量 $Q=50\mathrm{L/s}$，则相应的流速

$$v=\frac{4Q}{\pi d^2}=\frac{4\times 0.05}{3.14\times 0.25^2}=1.02(\mathrm{m/s})$$

查表 5.3，得修正系数 $k=1.027$，则 1—2 管段的水头损失为

$$h_f=1.027\times\frac{0.05^2}{618.5^2}\times 450=3.02(\mathrm{m})$$

按同样的方法可计算出两环各管段的水头损失，结果列于表 9.4。

(4) 检查两环水头损失的闭合值 $\sum h_{fi}$ 是否满足要求。根据第一次分配的流量，Ⅰ 环闭合差 $\sum h_{fi}=0.513\mathrm{m}$；Ⅱ 环闭合差 $\sum h_{fi}=0.374\mathrm{m}$，闭合差均大于规定值。

(5) 分别计算两环的校正流量 ΔQ，将 ΔQ 与各管第一次分配的流量相加，得二次分配流量。

值得注意的是，对于两个闭合环路共用的管段，该管段的流量校正值应为两个闭合环流量校正值的代数和。校正值符号由所在环路的方向确定。例如本案例 2—4 管段为Ⅰ、Ⅱ 闭合环路共用的管段，计算Ⅰ环路管段的校正流量时，除加上Ⅰ环求出的校正值外，还要加上Ⅱ环路求出的校正值，其符号由在Ⅰ环路中的方向确定。

由再分配的流量重复上述步骤的计算，直到各环路满足闭合差要求为止。本题按三次分配流量计算，各环路满足闭合差的要求，故三次分配流量即为各管段通过的流量。

9.3 有压隧洞水力计算

9.3.1 有压隧洞的出口压强

9.3.1.1 自由出流

自由出流管道出口压强为 0 是针对小直径管道而言，对于大直径隧洞，出口为自由出流时，通常下游接平底渠槽，并在出口附近的隧洞顶部向下收缩，以保证出口水流不致脱顶。在此情况下，出口断面水流近似为渐变流，断面压强接近静水压强分布，通常取该断面的平均势能（以出口洞底高程为准）$h_p=\beta h$，β 由出口边界情况而定，一般取 0.5～0.85。这样，在隧洞自由出流的情况下，其作用水头应该是 (H_0-h_p)。

9.3.1.2 淹没出流

淹没出流的有压隧洞出口压强与淹没出流的有压管道相同。

9.3.2 输水能力计算

有压隧洞断面尺寸一般较大，且因工程需要和地形地质条件的制约，沿程断面形状往往是改变的，水力计算时当作串联短管进行计算。

9.3.2.1 自由出流有压隧洞的输水能力计算

串联短管自由出流的泄流量计算公式为

$$Q=\mu A\sqrt{2gH_0} \tag{9.3}$$

其中，流量系数

$$\mu = \frac{1}{\sqrt{1+\sum\lambda_i\dfrac{l_i}{d_i}\left(\dfrac{A}{A_i}\right)^2+\sum\zeta_i\left(\dfrac{A}{A_i}\right)^2}} \quad (9.4)$$

$$H_0 = H + \frac{\alpha_0 v_0^2}{2g}$$

式中：Q 为管道的泄流量，m^3/s；A 为管道出口的过水断面面积，m^2；$\sum\zeta_i$ 为管路中局部水头损失系数的总和；λ 为沿程阻力系数；l 为管长；d 为管径；H_0 为包括行近流速水头在内的总水头；H 为管道出口端面中心与水池水面的高差。

有压隧洞自由出流时因作用水头为 (H_0-h_p)，故泄流量计算公式为

$$Q = \mu A \sqrt{2g(H_0-h_p)} \quad (9.5)$$

9.3.2.2 淹没出流有压隧洞的输水能力计算

有压隧洞淹没出流时泄流量计算与串联短管淹没出流时相同。

$$Q = \mu A \sqrt{2gZ_0} \quad (9.6)$$

流量系数

$$\mu = \frac{1}{\sqrt{\sum\lambda_i\dfrac{l_i}{d_i}\left(\dfrac{A}{A_i}\right)^2+\sum\zeta_i\left(\dfrac{A}{A_i}\right)^2}} \quad (9.7)$$

当考虑下游流速时，$Z_0 = Z + \dfrac{\alpha_0 v_0^2}{2g} - \dfrac{\alpha_2 v_2^2}{2g}$，$Z$ 为上下游水面差；当不考虑下游流速时，$Z_0 = Z + \dfrac{\alpha_0 v_0^2}{2g}$，其他符号意义与前自由出流相同。

9.3.3 资料及任务

某水利枢纽的有压泄水隧洞纵剖面布置如图 9.6 所示，由进口段、洞身段、出口渐变段及出口收缩段组成。喇叭进口为 $6m\times 6m$ 的方形断面，末端为 $4m\times 4m$ 的方形断面，设有喇叭进水口及平板闸门，长度为 6m，后接长度为 8m 的渐变段。洞身段为混凝土衬

图 9.6 （单位：m）

砌的圆形断面，直径 $d=4.0$m，糙率 $n=0.014$，长度为 60m。圆变方的渐变段长 10m，其末端矩形断面的尺寸为 3.2m×4m。收缩段长度为 6m 的，其末端即隧洞出口，为 3.2m×3m（宽×高）的矩形断面，设有平板闸门。隧洞为平底的自由出流，下接消力池，试计算当闸门全开时隧洞的泄流量。

9.3.4 水力计算

此隧道为自由出流的有压隧洞。

(1) 确定隧洞各段的沿程阻力系数 λ。

1) 喇叭口的沿程阻力系数 λ_1。

起始断面：6m×6m 的方形断面，其面积 $A_1=6\times6=36$（m²），湿周 $\chi_1=4\times6=24$（m），水力半径

$$R_1=\frac{A_1}{\chi_1}=\frac{36}{24}=1.5(\text{m})$$

此断面相当于直径 $D_1=\left(\frac{4A_1}{\pi}\right)^{1/2}=\left(\frac{4\times36}{3.14}\right)^{1/2}=6.722$（m）的圆。

末端断面：4m×4m 的方形断面，面积 $A_2=4\times4=16$（m²），湿周 $\chi_2=4\times4=16$（m），水力半径

$$R_2=\frac{A_2}{\chi_2}=\frac{16}{16}=1(\text{m})$$

此断面相当于直径 $D_2=\left(\frac{4A_2}{\pi}\right)^{1/2}=\left(\frac{4\times16}{3.14}\right)^{1/2}=4.515$（m）的圆。

喇叭口平均水力半径

$$\overline{R}=\frac{R_1+R_2}{2}=\frac{1.5+1}{2}=1.25(\text{m})$$

谢才系数

$$C=\frac{1}{n}R^{1/6}=\frac{1}{0.014}\times1.25^{1/6}=74.135(\text{m}^{1/2}/\text{s})$$

沿程阻力系数

$$\lambda_1=\frac{8g}{C^2}=\frac{8\times9.8}{74.135^2}=0.0143$$

2) 进口渐变段的沿程阻力系数 λ_2。

起始断面：4m×4m 的方形断面，$A_1=16\text{m}^2$，$R_1=1\text{m}$，相当于直径 $D_1=4.515\text{m}$ 的圆。

末端断面：直径 $d=4.0\text{m}$ 的圆，面积

$$A_2=\frac{\pi d^2}{4}=\frac{3.14\times4^2}{4}=12.56(\text{m}^2)$$

水力半径

$$R_2=\frac{d}{4}=\frac{4}{4}=1(\text{m})$$

$$\overline{R}=\frac{R_1+R_2}{2}=\frac{1+1}{2}=1(\text{m})$$

$$C=\frac{1}{n}R^{1/6}=\frac{1}{0.014}\times1^{1/6}=71.429(\text{m}^{1/2}/\text{s})$$

$$\lambda_2 = \frac{8g}{C^2} = \frac{8 \times 9.8}{71.429^2} = 0.0154$$

3)洞身的沿程阻力系数 λ_3。洞身为直径 $d=4.0\text{m}$ 的圆，$R=1\text{m}$，$C=71.429\text{m}^{1/2}/\text{s}$，$\lambda_3=0.0154$。

4)出口渐变段的沿程阻力系数 λ_4。

起始断面：直径 $d=4.0\text{m}$ 的圆，$R_1=1\text{m}$。

末端断面：$3.2\text{m}\times 4\text{m}$ 的矩形断面。

$$A_2 = 3.2 \times 4 = 12.8(\text{m}^2)$$
$$\chi_2 = 2 \times (3.2+4) = 14.4(\text{m})$$
$$R_2 = \frac{A_2}{\chi_2} = \frac{12.8}{14.4} = 0.889(\text{m})$$

相当于直径 $D_2 = \left(\frac{4A_2}{\pi}\right)^{1/2} = \left(\frac{4\times 12.8}{3.14}\right)^{1/2} = 4.038$（m）的圆。

$$\bar{R} = \frac{R_1 + R_2}{2} = \frac{1+0.889}{2} = 0.945(\text{m})$$
$$C = \frac{1}{n}R^{1/6} = \frac{1}{0.014} \times 0.945^{1/6} = 70.758(\text{m}^{1/2}/\text{s})$$

沿程阻力系数

$$\lambda_4 = \frac{8g}{C^2} = \frac{8\times 9.8}{70.758^2} = 0.0157$$

5)出口收缩段的沿程阻力系数 λ_5。

起始断面：$3.2\text{m}\times 4\text{m}$ 的矩形断面，$R_1=0.889\text{m}$，相当于直径 $D_1=4.038\text{m}$ 的圆。

末端断面：$3.2\text{m}\times 3\text{m}$ 的矩形断面，$A_2=3.2\times 3=9.6$（m²），$\chi_2=2\times(3.2+3)=12.4$（m），$R_2=\frac{A_2}{\chi_2}=\frac{9.6}{12.4}=0.774\text{m}$，相当于直径 $D_2=\left(\frac{4A_2}{\pi}\right)^{1/2}=\left(\frac{4\times 9.6}{3.14}\right)^{1/2}=3.497\text{m}$ 的圆。

$$\bar{R} = \frac{R_1+R_2}{2} = \frac{0.889+0.774}{2} = 0.832(\text{m})$$
$$C = \frac{1}{n}R^{1/6} = \frac{1}{0.014} \times 0.832^{1/6} = 69.272(\text{m}^{1/2}/\text{s})$$

沿程阻力系数 $$\lambda_5 = \frac{8g}{C^2} = \frac{8\times 9.8}{69.272^2} = 0.0163$$

(2)确定隧洞各处的局部水头损失系数 ζ。

1)喇叭进口的局部水头损失系数 ζ_1 近似取 0.1，平板门槽局部水头损失系数 ζ_2 取 0.3。

2)进口方变圆的渐变段局部水头损失系数 ζ_3 近似取 0.05。

3)出口圆变方的渐变段局部水头损失系数 ζ_4 近似取 0.1。

4)出口收缩段的局部水头损失系数 ζ_5 近似采用圆管逐渐收缩的局部水头损失系数值。

收缩段起始断面：面积 $A_1=12.8\text{m}^2$，相当于直径 $D_1=4.038\text{m}$ 的圆；末端断面：面积 $A_2=9.6\text{m}^2$，相当于直径 $D_2=3.497\text{m}$ 的圆。局部水头损失系数 ζ_5 近似采用圆管逐渐收缩的局部水头损失系数值。

$$\tan\frac{\theta}{2}=\frac{\frac{1}{2}(D_1-D_2)}{l}=\frac{\frac{1}{2}(4.038-3.497)}{6}=0.045$$

故 $\theta=5.2°$，近似按 $10°$ 计算，查《水力计算手册》，$K_1=0.4$，$\frac{A_2}{A_1}=0.75$，$K_1=0.18$，$\zeta_5=0.4\times0.18=0.072$，实际该段不是圆形渐缩管，而是矩形渐缩管，局部损失应稍大一些，近似取 $\zeta_5=0.08$。

5）出口平板门槽的局部水头损失系数 ζ_6 取 0.3。

(3) 用式 (9.4) 计算流量系数 μ。式中隧洞出口面积 $A=9.6\text{m}^2$，d_i、A_i 分别采用本段的平均直径和面积。

如喇叭口：$d=\dfrac{6.772+4.515}{2}=5.644$ (m)，$A=\dfrac{36+16}{2}=26$ (m^2)

$$\sum\lambda_i\frac{l_i}{d_i}\left(\frac{A}{A_i}\right)^2=0.0143\times\frac{6}{5.644}\times\left(\frac{9.6}{26}\right)^2+0.0154$$

$$\times\left[\frac{8}{4.258}\times\left(\frac{9.6}{14.28}\right)^2+\frac{60}{4}\times\left(\frac{9.6}{12.56}\right)^2\right]+0.0157$$

$$\times\frac{10}{4.019}\times\left(\frac{9.6}{12.68}\right)^2+0.0163\times\frac{6}{3.768}\times\left(\frac{9.6}{11.2}\right)^2=0.1916$$

$$\sum\zeta_i\left(\frac{A}{A_i}\right)^2=0.1\times\left(\frac{9.6}{26}\right)^2+0.3\times\left(\frac{9.6}{16}\right)^2+0.05\times\frac{60}{4}\times\left(\frac{9.6}{14.28}\right)^2$$

$$+0.1\times\left(\frac{9.6}{12.68}\right)^2+0.08\times\left(\frac{9.6}{11.2}\right)^2+0.3=0.5603$$

所以

$$\mu=\frac{1}{\sqrt{1+0.1916+0.5603}}=0.756$$

(4) 计算出口断面的平均势能 h_p。隧洞前水库的行近流速水头忽略不计，以出口洞底为基准面，则 $H_0=100-40=60$ (m)，取 $h_p=\beta h=0.8h=0.8\times3=2.4$ (m)。

(5) 用式 (9.5) 计算泄流量 Q。

$$Q=\mu A\sqrt{2g(H_0-h_p)}=0.756\times9.6\times\sqrt{2\times9.8\times(60-2.4)}=243.86(\text{m}^3/\text{s})$$

由以上推导与案例看出，水工有压隧洞在进行水力计算时按管流复杂管路中的串联管道进行，但计算中有些地方进行了近似处理，与一般串联管道有所区别。

9.4 渠道水力计算

9.4.1 资料及任务

陕西省某灌区灌溉渠道设计流量 $Q_d=10\text{m}^3/\text{s}$，渠道为不长草的清水渠道，土质为轻壤土，糙率 $n=0.014$，拟采用梯形断面，边坡系数 $m=1.25$，初定底坡 $i=0.0002$，试求出几个断面尺寸以便选择。

9.4.2 渠道断面设计

9.4.2.1 水力最佳断面的计算

梯形渠道水力最佳断面的条件是

$$\beta_m = \frac{b_m}{h_m} = 2(\sqrt{1+m^2} - m) \tag{9.8}$$

$$b_m = 2(\sqrt{1+m^2} - m)h_m \tag{9.9}$$

相应的水力半径
$$R_m = \frac{h_m}{2} \tag{9.10}$$

谢才系数
$$C = \frac{1}{n} R^{1/6} = \frac{1}{n} \left(\frac{h_m}{2}\right)^{1/6} \tag{9.11}$$

将以上结果代入流量计算式 $Q = \frac{A}{n} R^{2/3} i^{1/2}$，有

$$Q = 4(2\sqrt{1+m^2} - m) \frac{\sqrt{i}}{n} \left(\frac{h_m}{2}\right)^{8/3} \tag{9.12}$$

将 $Q_d = 10 \text{m}^3/\text{s}$，$n = 0.014$，$m = 1.25$，$i = 0.0002$ 代入式（9.12），解得水深

$$h_m = \left[\frac{2^{8/3} n Q}{4(2\sqrt{1+m^2} - m)\sqrt{i}}\right]^{3/8}$$

$$= \left[\frac{2^{8/3} \times 0.025 \times 10}{4(2\sqrt{1+1.25^2} - 1.25)\sqrt{0.0002}}\right]^{3/8} = 2.72(\text{m})$$

则 $b_m = 2(\sqrt{1+m^2} - m)h_m = 2 \times (\sqrt{1+1.25^2} - 1.25) \times 2.72 = 1.92(\text{m})$

校核不冲不淤条件：当 $R = 1$m 时，不冲允许流速 $v_{\max} = 0.7$m/s，现 $R_m = \frac{h_m}{2} = \frac{2.72}{2} = 1.36$（m），故本渠不冲流速为

$$v_{\max} = 0.7 \times 1.36^{1/4} = 0.76(\text{m/s})$$

不长草的清水渠道不淤流速

$$v_{\min} = 0.3 \sim 0.5 \text{m/s}$$

渠道断面平均流速为

$$v_m = \frac{Q}{(b_m + m h_m)h_m} = \frac{10}{(1.92 + 1.25 \times 2.72) \times 2.72} = 0.69(\text{m/s})$$

可见有 $v_{\min} < v < v_{\max}$，拟定的断面是合适的。但此断面水深大于底宽，对施工不利，不能达到经济的目的，在实际应用中有很大的局限性。

9.4.2.2 实用经济断面的计算

实用经济断面的水深与底宽有一个较广的选择范围以适应各种具体情况的需要，而在此范围内又能基本上满足水力最佳断面的要求（即过水断面面积 A 与水力最佳断面面积 A_m 相接近），令 $\alpha = \frac{A}{A_m}$，实用经济断面可按表 9.5 查用。

底坡与水力最佳断面时的底坡一样，取 $\alpha = 1.01$，由表 9.5 得 $h/h_m = 0.822$，同时根据 $m = 1.25$，得 $\beta = 1.673$，即

$$h = 0.822 h_m = 0.822 \times 2.72 = 2.24(\text{m})$$

$$b = \beta h = 1.673 \times 2.24 = 3.73 (\text{m})$$

表 9.5　　　　　　　　　　实用经济断面水力计算表

α	1.00	1.01	1.02	1.03	1.04
h/h_m	1.000	0.822	0.760	0.718	0.683
m			β		
0.00	2.000	2.992	3.530	3.996	4.462
0.25	1.561	2.459	2.946	3.368	3.790
0.50	1.236	2.097	2.564	2.968	3.373
0.75	1.000	1.868	2.339	2.746	3.154
1.00	0.828	1.734	2.226	2.652	3.078
1.25	0.704	1.673	2.199	2.654	3.109
1.50	0.608	1.653	2.221	2.712	3.202
1.75	0.528	1.658	2.271	2.802	3.332
2.00	0.480	1.710	2.377	2.955	3.533
2.25	0.420	1.744	2.463	3.058	3.707
2.50	0.380	1.808	2.583	3.254	3.925
3.00	0.320	1.967	2.860	3.633	4.407

分别取 α=1.02、1.03、1.04，可用同样方法算出其结果见表 9.6。

表 9.6　　　　　　　　　　实用经济断面计算结果

α	h/h_m	b/h	h (m)	b (m)	v (m/s)	R (m)	v_{max} (m/s)
1.00	1.000	0.704	2.72	1.92	0.69	1.36	0.76
1.01	0.832	1.673	2.24	3.73	0.68	1.34	0.75
1.02	0.760	2.199	2.06	4.54	0.67	1.32	0.75
1.03	0.718	2.654	1.95	5.18	0.67	1.30	0.75
1.04	0.683	3.109	1.86	5.75	0.66	1.28	0.75

最后，根据工程的具体条件，选取一组适当的 b、n 值作为设计断面。

9.5　溢流坝水力计算

9.5.1　资料及任务

某水利枢纽属一等工程，以防洪和发电为主，兼有航运等综合效益。其主要建筑物有：混凝土实心重力坝、引水建筑物、泄洪建筑物、放空建筑物、过坝建筑物和电站厂房等。

枢纽按 1000 年一遇洪水设计，5000 年一遇洪水校核。水库正常蓄水位 178.0m，设计洪水位 179.3m，校核洪水位 180.13m。主体建筑物实体重力坝坝顶高程 182.04m，最大坝高 46.04m；泄洪采用表孔，共 3 孔，每孔宽 12m，堰顶高程 170.92m；放空采用深孔，设 1 孔，宽 3.5m，高 4m，底板高程 151m；电站引水采用坝内压力钢管，钢管直径 4.5m；电站厂房为坝后式。

试设计溢流重力坝的剖面，并进行下游消能水力计算。

9.5.2 溢流坝设计

溢流坝剖面除了应满足强度、稳定和经济等要求外，还需考虑水流运动的要求。通常它是由基本三角形（图 9.7 中虚线所示）即非溢流坝修改而成。内部构造则不变，和非溢流坝保持相同。

溢流坝面由顶部溢流段、中部直线段和下游消能段组成，上游边为直线或折线。溢流面的中间直线段一般可与非溢流坝下游面斜率保持相同，上端与堰顶溢流曲线线相切，下端与下游反弧段相切，其作用是使水流平顺地按要求的消能方式与下游水流衔接。

1. 顶部溢流段（ac 段）

溢流坝顶部溢流曲线，应使水流平顺的通过堰顶，在堰面不产生过大负压的情况下，溢流能力较大。

2. 溢流堰面曲线（bc 段）

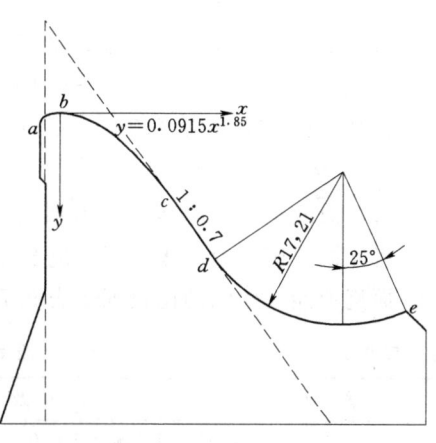

图 9.7

有两种曲线可供选择使用：克—奥曲线和 WES 曲线。但最近的工程实例证明 WES 曲线比克—奥曲线瘦，宜与坝面连接，计算切点位置及放样均方便的多，与上游面可呈坡形连接，按定型水头设计此堰面曲线时，在不同水头下，可增加泄流量，因此我国《混凝土重力坝设计规范》推荐采用 WES 曲线。故拟订采用 WES 曲线。当上游面垂直时，WES 曲线方程如下

$$y = \frac{x^{1.85}}{2H_d^{0.85}}$$

式中：x、y 分别为堰顶曲线的水平和垂直坐标，原点为堰顶的最高点；H_d 为定型设计水头，按堰顶最高水头的 75%～95% 计算。

$$H_d = 80\% \times (180.13 - 170.92) = 7.37 \text{(m)}$$

则 WES 曲线为

$$y = \frac{x^{1.85}}{2H_d^{0.85}} = \frac{x^{1.85}}{2 \times 7.37^{0.85}} = 0.0915 x^{1.85}$$

3. 上游曲线（ab 段）

堰顶上游面为 1/4 椭圆曲线，其方程为

$$\frac{x^2}{(aH_d)^2} + \frac{(bH_d - y)}{(bH_d)^2} = 1$$

式中：a、b分别为椭圆的长短轴系数，因为上游面垂直，所以，$a=0.3$，$b=\dfrac{a}{0.78+3a}=0.178$；$H_d$为定型设计水头，在这里为 7.37m。

椭圆曲线方程为

$$\frac{x^2}{2.21^2}+\frac{(y-1.31)^2}{131^2}=1$$

4. 中部直线段（cd段）

溢流坝的中部为直线段，要求和非溢流坝的基本三角形的下游边相重合，上端和堰顶曲线相切，下端和反弧相切，其作用是使水流平顺的按要求的消能方式与下游水位衔接，其坡度和非溢流坝保持一致，为 1:0.7。下面求 WES 曲线和直线段切点。

由于曲线和直线相切，那么切点处 WES 曲线的导数的值为 1/0.7。对 WES 求导，得

$$y'=(0.0915x^{1.85})'=0.169x^{0.85}=1/0.7$$

经过计算得切点位置为（12.3，9.5）。

5. 下游消能设计（de段）

（1）消能形式及原理。重力坝的下泄水流具有很大能量，如不能妥善消杀水流的能量，将冲刷建筑物及河床基岩，危及建筑物的安全。常用的消能形式有底流消能、挑流消能、面流消能，他们的比较列于表 9.7。

表 9.7　　　　　　　　　消 能 形 式 及 其 比 较

消能形式	原理及特点	适用情况
底流消能	基本原理是使水流产生稍有淹没的水跃，通过表面漩滚消能；常需要护坦、消力池等措施，对于基岩往往不够经济	常用于水闸
挑流消能	挑流消能，利用鼻坎将自溢流面下泄的高速水流向空中抛射，使水流扩散并卷入大量的空气，然后落入下游河床水垫中。水流在同空气摩擦的过程中，消耗了约 20%的能量。抛射到下游水垫后，形成强烈的旋滚区，冲刷河床形成冲坑，同时消耗掉大部分的能量	它一般适用于基岩上的水工建筑物，特别是高水头、大流量的泄水建筑物
面流消能	原理是将高速水流挑至尾水面，在表层主流和河床之间形成逆流旋涡和跃波，通过旋涡和主流扩散而消能。水流在表面可减轻对坝下河床的冲刷，但可能水滚裹挟石块，磨损坝脚地基	它适用于下游尾水较深，流量变化范围小，水位变幅不大的情况，由于表层水流流速很大，对下游的电站和航运有影响

由于该枢纽河床地质条件较好，且水头较高，同时有通航和发电要求。拟采用挑流消能。

（2）挑流设计。挑流设计的要求：选择合适的鼻坎型式、反弧半径、鼻坎高程和挑射角度，使挑射水流形成的冲刷坑不会影响到坝体的安全。

1）常用的鼻坎型式有连续式和差动式。连续式构造简单，射程远，水流平顺，一般不会产生空蚀，施工方便；差动式消能效果好，冲刷坑较小，但有空蚀问题存在，施工难度较连续式大。

由于本枢纽的地基条件较好，考虑到施工的方便使用连续式鼻坎，同时也避免了空蚀的问题，但要保证冲坑不会危及到坝体的安全。

2）连续式的挑流鼻坎的挑射角，根据我国的工程实践经验，以 20°～25°为宜，拟定

采用25°的挑射角。

3) 鼻坎反弧段半径 R 以 8~12 倍的 h_c 为宜，h_c 为鼻坎上的水深，流速越大，倍数宜选用较大值。

建立该坝段水流的能量方程（图 9.8 中断面 0—0 至断面 1—1）

$$E_0 = h_c + \frac{v_c^2}{2g\varphi^2}$$

式中：φ 为流速系数，对于该枢纽为中等长度的溢流面，取为 0.95；v_c 为该断面流速；h_c 为该断面处水深。

图 9.8

$$E_0 = 180.13 - 147.13 = 33$$

代入得
$$33 = h_c + \frac{v_c^2}{2 \times 9.8 \times 0.95^2} \tag{9.13}$$

断面流速
$$v_c = \frac{q}{h_c}$$

式中：q 为该处单宽流量。

$$q = \frac{Q}{B} = \frac{2110.66}{36 + 2 \times 3} = 50.25(\mathrm{m^3/s})$$

即
$$v_c = \frac{20.25}{h_c} \tag{9.14}$$

联立式(9.13)、式(9.14)得
$$v_c = 23.36 \mathrm{m/s}$$
$$h_c = 2.15 \mathrm{m}$$

则反弧段半径为
$$R = 8h_c = 8 \times 2.15 = 17.21(\mathrm{m})$$

4) 为了保证挑流的效果，必须要求挑流要高于下游水面。一般情况下鼻坎高程以高于下游水位 1~2m 为宜。

鼻坎高程为
$$147.13 + R(1 - \cos\theta) = 147.13 + 17.21 \times (1 - \cos 25°) = 147.13 + 1.61 = 148.74(\mathrm{m})$$
$$\Delta h = 148.74 - 147.13 = 1.61(\mathrm{m})$$

高出下游水位 1.61m，满足要求。

综上，拟订的挑流消能的鼻坎型式为连续式鼻坎，反弧半径 $R=17.21\mathrm{m}$，挑射角度 $\theta=25°$，鼻坎高程顶部 148.74m。

(3) 水力校核。鼻坎设计完毕后，还需验算该挑流消能是否会危及建筑物的安全，常用冲坑上游坡作为标准，即

$$i = \frac{t_k}{L} < i_c$$

式中：t_k 为冲坑深度，m；L 为冲坑最深深度距建筑物距离；i 为冲坑上游坡；i_c 为安全临界坡，可取 1/3~1/4。

校核情况下挑距计算

$$L = \frac{1}{g}[v_1^2 \sin\theta\cos\theta + v_1\cos\theta\sqrt{v_1^2\sin^2\theta + 2g(h_1+h_2)}]$$

其中
$$v_1 = 1.1v = 1.1\varphi\sqrt{2gH_0} =$$
$$1.1 \times 0.95 \times \sqrt{2\times 9.8\times(180.13-148.85)} = 25.88(\text{m/s})$$
$$h_1 = h_c\cos\theta = 2.15 \times \cos 25° = 1.95(\text{m})$$
$$h_2 = 148.85 - 136 = 12.85(\text{m})$$

代入计算得
$$L = 71.832\text{m}$$

式中：L 为水舌抛距，按水舌外缘计算，m；v_1 为坎顶水面流速，m/s，按鼻坎处平均流速 v 的 1.1 倍计；θ 为鼻坎挑射角，$\theta=25°$；h_1 为坎顶垂直方向水深；h_2 为坎顶与河床间的高差。

冲刷坑计算
$$t_k = \alpha_1 q^{0.5} H^{0.25}$$

其中 $q = \mu h\sqrt{2gH_0} = 0.9 \times 4 \times \sqrt{2\times 9.8\times(180.13-153)} = 83.015[\text{m}^3/(\text{s}\cdot\text{m})]$
$$H = 180.13 - 147.13 = 33(\text{m})$$

代入计算得
$$t_k = 1.0 \times 83.015^{0.5} \times 33^{0.25} = 21.838(\text{m})$$

式中：α_1 为冲坑系数，由于该枢纽地基岩石完整坚硬，取 1.0；q 为鼻坎处的单宽流量；H 为上下游水位差。

冲坑上游坡
$$i = \frac{t_k}{L} = \frac{21.838}{71.832} = 0.304 < \frac{1}{3}$$

满足要求。

综上，拟定的鼻坎型式为连续式鼻坎，反弧半径 $R=17.21\text{m}$，挑射角度 $\theta=25°$，鼻坎顶部高程 148.74m。

9.6 河岸溢洪道水力计算

9.6.1 资料及任务

某水库的河岸式溢洪道，由进口段、陡坡段和出口消能段三部分组成，如图 9.9 所示，进口段为带胸墙的宽顶堰段，且用平板闸门控制泄流量。溢洪道共三孔，每孔净宽 10m。闸墩墩头为尖圆形，墩厚 2m。翼墙为八字形，闸底板高程为 35.00m。胸墙底部为圆弧形，圆弧半径为 0.53m，墙底高程与门顶高程均为 40.00m。闸后水平段长 6.0m，闸后接第一斜坡段，底坡 $i_1=\frac{1}{100}$，长度为 100m。第一斜坡段后接第二斜坡段，底坡 $i_2=\frac{1}{6}$，水平长度为 60m。

图 9.9

9.6 河岸溢洪道水力计算

第二斜坡段末端设连续式挑流坎,挑射角 $\theta=30°$,挑坎坎顶高程 25m,挑流坎末端地面高程为 18.0m。上述两斜坡段的断面均为具有铅直边墙,底宽 $B_1=34$m 的矩形断面,其余尺寸如图 9.10 所示。溢洪道用混凝土浇筑,糙率 $n=0.014$。溢洪道地基为岩石,在闸底板前端设帷幕灌浆以防渗。水库设计洪水位 44.57m,校核洪水位为 45.0m,溢洪道下游水位与流量关系曲线如图 9.9 所示。当溢洪道闸门全开,求:

(1)绘制库水位与溢洪道流量关系曲线。
(2)绘制库水位为设计洪水位时的溢洪道水面曲线。
(3)计算溢洪道下游最大冲刷坑深度及相应的挑距。
(4)校核溢洪道下游冲刷稳定性。

图 9.10 (单位:m)

9.6.2 绘制库水位与溢洪道流量关系曲线

9.6.2.1 确定堰流和孔流的分界水位

宽顶堰上堰流和孔流的界限为

$$\frac{e}{H} = 0.65$$

闸门全开时,闸孔高度 $e=40.0-35.0=5.0$(m),则堰流和孔流分界时的相应水头为

$$H = \frac{e}{0.65} = \frac{5.0}{0.65} = 7.7 \text{(m)}$$

堰流和孔流的分界水位$=35.0+7.7=42.7$(m)。库水位在 42.7m 以下按堰流计算;库水位在 42.7m 以上按孔流计算。

9.6.2.2 堰流流量计算

堰流流量按下式计算

$$Q = \sigma \varepsilon m B \sqrt{2g} H_0^{3/2}$$

式中,溢流宽度 $B=nb=3\times10=30$(m)。因溢洪道上游为水库,$v_0 \approx 0$,$H_0 \approx H$。溢洪道进口上游面倾斜的宽顶堰,上游堰高 $P=35.0-34.5=0.5$(m),斜面坡度为 1:5,则 $\cot\theta=5$(θ 为斜面与水平面的夹角),宽顶堰流量系数 m 可按 $\frac{P}{H}$ 及 $\cot\theta$ 查宽顶堰流量系数表得知;侧收缩系数 ε 按下式计算

$$\varepsilon = 1 - 0.2\left[(n-1)\zeta_0 + \zeta_k\right]\frac{H_0}{nb}$$

其中孔数 $n=3$；对尖圆形闸墩墩头，$\zeta_0=0.25$；对八字形翼墙，$\zeta_k=0.7$。因闸后为陡坡段，下游水位较低，不致影响堰的过水能力，为宽顶堰自由出流，取 $\sigma=1$。

设一系列库水位，计算相应的 H、m、ε 和 Q，计算成果列于表 9.8。

表 9.8 堰流水位流量关系计算表

库水位（m）	H（m）	$H^{3/2}$	$\frac{P}{H}$	m	ε	Q（m³/s）
37.0	2.0	2.83	0.250	0.382	0.984	142
39.0	4.0	8.00	0.125	0.383	0.965	394
41.0	6.0	14.70	0.083	0.383	0.952	713
42.7	7.7	21.36	0.065	0.384	0.938	1024

9.6.2.3 孔流流量计算

因胸墙底缘为圆弧形，闸孔流量可按具有圆弧底缘的平面闸门下自由孔流流量公式计算

$$Q = \mu eB\sqrt{2g(H_0 - \varepsilon' e)}$$

已知 $e=5.0\text{m}$，$B=30\text{m}$，$H_0=H$，自由孔流流量系数 $\mu=\varepsilon'\varphi$，由表 7.6 查取闸孔流速系数 $\varphi=0.95$，垂向收缩系数 ε' 按经验式计算

$$\varepsilon' = \frac{1}{1+\sqrt{k\left[1-\left(\frac{e}{H}\right)^2\right]}}$$

其中系数 $k = \dfrac{0.4}{2.718^{16\frac{r}{e}}}$，而门底（即胸墙底）圆弧半径 $r=0.53\text{m}$，$\dfrac{r}{e} = \dfrac{0.53}{5.0} = 0.106$，则

$$k = \frac{0.4}{2.718^{16\frac{r}{e}}} = \frac{0.4}{2.718^{16\times 0.106}} = 0.073$$

设一系列库水位，计算一系列相应的 H、ε'、μ 及 Q，计算成果列于表 9.9。

表 9.9 孔流水位流量关系计算表

库水位（m）	H（m）	$\dfrac{e}{H}$	ε'	μ	Q（m³/s）	备注
42.70	7.70	0.650	0.830	0.788	986	
43.50	8.50	0.588	0.821	0.780	1086	
44.57	9.57	0.522	0.813	0.772	1203	设计洪水位
45.00	10.00	0.500	0.810	0.770	1247	校核洪水位

按表 9.8 及表 9.9 的数据绘制库水位与溢洪道流量曲线于图 9.11。

9.6.3 绘制库水位为设计洪水位时的溢洪道水面曲线

水库设计洪水位为 44.57m，由表 9.9 知相应闸上水头为 9.57m 及相应设计流量为 1203m³/s。

溢洪道水面曲线由闸门后水平段、第一斜坡段及第二斜坡段上的水面曲线所组成。现分别计算各段的水面曲线。

9.6.3.1 门后水平段

由图 9.9 闸门后水平段长度为 6m。当库水位为设计洪水位时,由表 9.10 知垂向收缩系数 $\varepsilon'=0.813$,故闸门后收缩断面水深

$$h_c = \varepsilon' e = 0.813 \times 5.0 = 4.065 (\text{m})$$

图 9.11

闸孔单宽流量

$$q = \frac{Q}{B} = \frac{1203}{30} = 40.1 [\text{m}^3/(\text{s} \cdot \text{m})]$$

临界水深

$$h_k = \sqrt[3]{\frac{\alpha q^2}{g}} = \sqrt[3]{\frac{1.0 \times 40.1^2}{9.8}} = 5.47(\text{m})$$

因 $h_k > h_c$,闸后水平段水面曲线为 c_0 型壅水曲线。

收缩断面至闸门的水平距离为 $(0.5 \sim 1)e$,由于该孔口为大孔口,故收缩断面至闸门的水平距离取为 $e = 5.0$m,已接近水平段末端,c_0 曲线长仅 1m,不必计算。参照 h_c 值,取水平段末端为收缩水深 4.1m。

9.6.3.2 第一斜坡段

1. 判别底坡类型

先求正常水深 h_0。底坡 $i_1 = 0.01$,底宽 $B_1 = 34$m,矩形断面边坡系数 $m=0$,糙率 $n = 0.014$,均匀流流量模数

$$K_0 = \frac{Q}{\sqrt{i}} = \frac{1203}{\sqrt{0.01}} = 12030(\text{m}^3/\text{s})$$

$$\frac{B_1^{2.67}}{nK_0} = \frac{34^{2.67}}{0.014 \times 12030} = 72.9$$

由附图 2 查得,$\frac{h_0}{B_1} = 0.082$,则

$$h_0 = 0.082 B_1 = 0.082 \times 34 = 2.79(\text{m})$$

再求临界水深 h_k

$$q = \frac{Q}{B} = \frac{1203}{34} = 35.38[\text{m}^3/(\text{s} \cdot \text{m})]$$

$$h_k = \sqrt[3]{\frac{\alpha q^2}{g}} = \sqrt[3]{\frac{1.0 \times 35.38^2}{9.8}} = 5.04(\text{m})$$

求得 $h_k = 5.04$m。因 $h_k > h_0$,底坡为陡坡。

2. 水面曲线计算

用分段法计算水面曲线。应用的公式为

$$\Delta l = \frac{\Delta E_s}{i - \overline{J}}$$

因为是陡坡，以第一斜坡段起始断面为控制断面，以该断面水深（即闸后水平段末端水深）$h=4.1\text{m}$ 为控制水深，第一斜坡正常 $h_{01}=2.79\text{m}$，因此根据水面线原理判断第一斜坡段水面曲线为 b_2 型降水曲线，然后假设下游断面水深 h，计算相应的距离 Δl。这样逐段进行计算，即可求得水面曲线。计算结果列于表 9.10。第一斜坡段长度为 100m，根据表 9.10 的计算结果其末端水深为 3.6m。

表 9.10　　　　　　　　第一斜坡段水面线计算结果表

h (m)	A (m²)	χ (m)	R (m)	C (m$^{1/2}$/s)	v (m/s)	J	$\frac{\alpha v^2}{2g}$ (m)	E_s (m)
4.1	139.4	42.2	3.303	87.17	8.630	0.00297	3.800	7.900
4	136.0	42.0	3.238	86.88	8.846	0.00320	3.992	7.992
3.9	132.6	41.8	3.172	86.58	9.072	0.00346	4.199	8.099
3.8	129.2	41.6	3.106	86.28	9.311	0.00375	4.423	8.223
3.7	125.8	41.4	3.039	85.96	9.563	0.00407	4.666	8.366
3.6	122.4	41.2	2.971	85.64	9.828	0.00443	4.928	8.528
3.5	119.0	41.0	2.902	85.31	10.109	0.00484	5.214	8.714

$\Delta E_s = E_{s2} - E_{s1}$ (m)	$\overline{J} = \frac{1}{2}(J_1+J_2)$	$i - \overline{J}$	$\Delta l = \frac{\Delta E_s}{i - \overline{J}}$ (m)	$\sum \Delta l$ (m)
0.092	0.003084	0.006916	13.355	13.355
0.107	0.003331	0.006669	16.097	29.452
0.124	0.003606	0.006394	19.381	48.833
0.142	0.003911	0.006089	23.376	72.208
0.163	0.004253	0.005747	28.327	100.536
0.186	0.004636	0.005364	34.608	135.144

9.6.3.3　第二斜坡段

因底坡 $i_2 = \frac{1}{6} > i_1 = 0.01$，故为陡坡。

第二斜坡水平长度为 60m，始末高程差 $= 34.0 - 24.0 = 10.0\text{m}$，则第二斜坡段长度 $= \sqrt{60^2 + 10^2} = 60.8$（m）。

以第一斜坡段末端水深 $h=3.6\text{m}$ 作为第二斜坡段的控制断面水深，再用分段法计算该段的水面曲线。其计算结果列于表 9.11。用内插法求得第二斜坡段末端水深为 2.07m。

9.6 河岸溢洪道水力计算

表 9.11　　第二斜坡段水面线计算结果表

h (m)	A (m²)	χ (m)	R (m)	C (m$^{1/2}$/s)	v (m/s)	J	$\frac{\alpha v^2}{2g}$ (m)	E_s (m)
3.6	122.4	41.2	2.971	85.64	9.828	0.00443	4.928	8.528
3.4	115.6	40.8	2.833	84.97	10.407	0.00529	5.525	8.925
3.2	108.8	40.4	2.693	84.25	11.057	0.00640	6.238	9.438
3	102.0	40.0	2.550	83.49	11.794	0.00783	7.097	10.097
2.8	95.2	39.6	2.404	82.67	12.637	0.00972	8.147	10.947
2.6	88.4	39.2	2.255	81.80	13.609	0.01227	9.449	12.049
2.4	81.6	38.8	2.103	80.85	14.743	0.01581	11.089	13.489
2.2	74.8	38.4	1.948	79.82	16.083	0.02084	13.197	15.397
2	68.0	38.0	1.789	78.70	17.691	0.02824	15.968	17.968
1.8	61.2	37.6	1.628	77.47	19.657	0.03955	19.714	21.514

$\Delta E_s = E_{s2} - E_{s1}$ (m)	$\bar{J} = \frac{1}{2}(J_1 + J_2)$	$i - \bar{J}$	$\Delta l = \frac{\Delta E_s}{i - \bar{J}}$ (m)	$\sum \Delta l$ (m)
0.397	0.005414	0.161586	2.46	5.63
0.512	0.00656	0.16044	3.19	8.82
0.659	0.008057	0.158943	4.15	12.97
0.850	0.01005	0.15695	5.42	18.39
1.102	0.012764	0.154236	7.14	25.53
1.440	0.016557	0.150443	9.57	35.10
1.908	0.022023	0.144977	13.16	48.26
2.571	0.030197	0.136803	18.80	67.06
3.546	0.014118	0.152882	23.19	90.25

根据表 9.10 和表 9.11 的水面曲线计算结果即可确定溢洪道边墙高度。由于第二斜坡段上水流流速较大，水中可能掺气，在确定边墙高度时应考虑由于掺气增加的水深，一般可增加纯水水深的 20%。

9.6.4 计算溢洪道下游最大冲刷坑深度及相应挑距

9.6.4.1 计算最大冲刷坑的深度 t_s

先计算冲刷坑水深 t_p，而 t_p 可按下式计算

$$t_p = 1.25 q^{0.5} Z^{0.25}$$

式中：q 为单宽流量；Z 为上下游水位差，而上、下游水位可根据流量分别由图 9.9 及图

9.11查得。计算冲刷坑深度 t_k 为

$$t_k = 1.25q^{0.5}Z^{0.25} - h_t = t_p - h_t$$

式中：t_k 为冲刷坑深度；h_t 为下游水深，由下游水位减去挑流坎末端地面高程为18.0m。

设一系列流量值，求出一系列相应的冲刷坑高程，绘制冲刷坑深度与流量关系曲线，即可找出冲刷坑最低高程及相应流量。计算结果列于表9.12。按表9.12的数据绘制冲刷坑高程及流量关系曲线于图9.12。由图9.12查得冲刷坑最大深度为 $t_k = 12$m，相应的流量为960m³/s。

表9.12   冲刷坑深度与流量关系曲线计算表

Q (m³/s)	q [(m³/(s·m)]	$q^{0.5}$	库水位 (m)	下游水位 (m)	Z (m)	$Z^{0.25}$	t_p (m)	冲刷坑深度 (m)
1203	35.4	5.95	44.57	24.0	20.57	2.13	15.83	9.83
1100	32.4	5.69	43.60	22.8	20.80	2.14	15.18	10.38
1000	29.4	5.42	42.80	22.0	20.80	2.14	14.48	10.48
900	26.5	5.14	42.02	20.0	22.02	2.17	13.93	11.93
800	23.5	4.85	41.48	19.5	21.98	2.17	13.13	11.63
700	20.6	4.54	40.92	19.0	21.92	2.16	12.27	11.27
500	14.7	3.83	39.66	18.0	21.66	2.16	10.34	10.34

9.6.4.2 计算最大冲刷坑深度相应挑距 L

已知挑射角 $\theta = 30°$，相应于最大冲刷坑深度 $t_s = 12$m 的流量 $Q = 960$m³/s，$q = 960/34 = 28.24$ [m³/(s·m)]，相应于此流量的库水位和下游水位分别由图9.11和图9.10查得为 $Z_上 = 42.35$m 和 $Z_下 = 21.35$m，冲刷坑最大深度为12m。则上下游水位差

图9.12

$$Z = 42.35 - 21.35 = 21(\text{m})$$

挑流坎坎顶高程24.00m，上游库水位与挑流坎坎顶高差

$$S_1 = 42.35 - 25.00 = 17.35(\text{m})$$

挑流高 a 为挑流坎坎顶与河床地面高差

$$a = 25.00 - 18.00 = 7.00(\text{m})$$

单宽流量

$$q = \frac{Q}{b} = \frac{960}{34} = 28.24[\text{m}^3/(\text{s}\cdot\text{m})]$$

下游水深

$$h_t = 21.35 - 18.00 = 3.35(\text{m})$$

$$\sin\theta = \sin30° = 0.5$$
$$\sin2\theta = \sin(2\times30°) = 0.866$$
$$\cos\theta = \cos30° = 0.866$$

流能比

$$K = \frac{q}{\sqrt{g}Z^{1.5}} = \frac{28.24}{\sqrt{9.8}\times21^{1.5}} = 0.094$$

坝面流速系数，可按水力学手册经验公式计算得

$$\varphi = \sqrt[3]{1 - \frac{0.055}{K^{0.5}}} = \sqrt[3]{1 - \frac{0.055}{0.094^{0.5}}} = 0.936$$

空中挑距 $L_0 = \varphi^2 S_1 \sin 2\theta \left[1 + \sqrt{1 + \frac{a - h_t}{\varphi^2 S_1 \sin^2 \theta}}\right]$

$$= 0.936^2 \times 18.35 \times \sin(2 \times 30°) \times \left(1 + \sqrt{\frac{6 - 3.35}{0.936^2 \times 18.35 \times \sin^2 30°}}\right)$$

$$= 25.8 (\text{m})$$

水下挑距 $L_1 = \dfrac{t_s + h_t}{\sqrt{\tan^2 \theta + \dfrac{a - h_t}{\varphi^2 S_1 \cos^2 \theta}}}$

$$= \frac{12 + 3.35}{\sqrt{\tan^2 30° + \dfrac{6 - 3.35}{0.936^2 \times 18.35 \times \cos^2 30°}}} = 18.99 (\text{m})$$

总挑距 $\quad L = L_0 + L_1 = 25.8 + 18.99 = 44.79 (\text{m})$

冲刷坑后坡 $\quad i = \dfrac{t_k}{L} = \dfrac{12}{44.79} = \dfrac{1}{3.73}$

由于 i 介于冲刷后坡 $i_y = (1/2.5 \sim 1/5)$，故认为冲刷会危及大坝的安全，应考虑加固处理。

学习单元 10　理正工程水力计算软件使用说明

知识内容要求：能陈述软件的特点、功能、系统环境与安装、操作方法。

能力与素质要求：能够用软件对水工建筑物进行水力计算；具备认真仔细、勇于创新的精神。

10.1　系统环境与安装

10.1.1　系统运行的环境要求

1. 硬件环境

主机	CPU	主频	内存	剩余空间
最低配置	P3	533MHz	64M	100M 以上
推荐配置	P3	1GHz 以上	256M	500M 以上
鼠　标	三键或两键鼠标一个			
显示器	VGA、SVGA 型号的彩色显示器，分辨率 800×600 以上。			

2. 软件环境

适合中文版 Windows98、Windows2000 专业版、Windows2000 服务器版和 WindowsXP，不适合 WindowsNT。要求将 Windows 系统的字体设置为小字体，否则对话框显示不全。

10.1.2　安装说明

1. 安装流程

运行安装盘根目录下的 SETUP.EXE，选择"岩土计算"，按如下流程安装：

进入安装向导→接受软件许可协议→录入用户信息→选择安装路径→选择程序文件夹→完成安装。

注意：运行安装盘：\\Yantu\Yantu\SETUP.EXE，也可安装岩土软件。

2. 运行程序

执行程序将自动加载到"开始"→"程序"菜单。选择"开始"→"程序"→"理正岩土计算"菜单组中的"岩土计算系列软件"即可运行。

10.2　功　能　概　述

理正工程水力学计算软件包含有 5 个计算内容：倒虹吸水力学计算、渠道水力学计算、水闸水力学计算、隧洞水力学计算和消能工水力学计算。

倒虹吸水力学计算模块可计算倒虹吸的过水能力、设计倒虹吸管径。

渠道水力学计算模块含有清水渠道均匀流的水力计算、清水渠道非均匀流的水力计算和挟沙水流渠道的水力计算。

水闸水力学计算模块适用于无坎宽顶堰、有坎宽顶堰、WES实用堰上的平板和弧形闸门，可计算水闸的泄流能力、设计闸孔宽度和确定闸门的开启度。

水工隧洞水力学计算模块适用于矩形、圆形、拱形断面隧洞的水力设计，对无压隧洞可计算洞的过流能力和设计断面尺寸，半有压隧洞可校核隧洞的过流能力，对于有压隧洞可计算隧洞在不同水位、不同闸门开度下的泄流量，并可在已知过流量条件下校核上游水位，还可绘制出总水头线和压坡线，形象地显示洞身各点有无负压。

消能工水力学计算模块适用于底流式消能工和挑流式消能工的水力设计。底流式消能工中包括下挖式消力池、突槛式消力池（消力墙）和综合式消力池三种基本型式，可进行消力池尺寸设计计算和校核消能能力。挑流式消能工可进行连续式挑流鼻坎的水力计算。

5个计算模块最后都给出计算的图形结果、文字结果及图文并茂的计算书。

10.3 快速操作指南

10.3.1 操作流程

理正工程水力学计算软件的操作流程如图10.1所示，每一步骤都有相对应的菜单操作。

10.3.2 快速操作指南

1. 选择工作路径

设置工作路径，既可以调入已有的工作目录，也可在输入框中键入新的工作目录，后面操作中生成的所有文件（包括工程数据及计算书等）均保存在设置的工作目录下，如图10.2所示。

注意：此处指定的工作路径是所有岩土模块的工作路径。进入某单个计算模块后，还可以通过按钮"选工程"重新指定此模块的工作路径。

2. 增加计算项目

工程水力学计算软件包含有5个计算内容：倒虹吸水力计算、渠道水力计算、水闸水力计算、隧洞水力计算和消能工水力计算。用户可根据需要选择，如图10.3所示。

当选好一个计算项目后，点击"工程操作"菜单中的"增加项目"或"增"按钮来新增一个计算项目（以水闸水力学计算为例），如图10.4所示。

3. 编辑原始数据

数据交换对话框如图10.5所示。

图10.1

学习单元 10　理正工程水力计算软件使用说明

图 10.2

图 10.3

图 10.4

注意：

（1）集中的参数交互界面，即把几乎所有的参数置于一个界面上，操作简单，大大提高了人机交互的效率，这是理正岩土系列软件的一个共性特征。

（2）同时提供了有关参数的即时弹跳说明信息，方便用户理解参数的意义。

4．当前项目计算

在数据交互对话框中设置好各项参数，点击"计算"按钮来进行当前题目的计算；或者单击"辅助功能"菜单的"计算"。

5．计算结果查询

计算结果查询界面分为左右两个窗口，左侧窗口用于查询图形结果，右侧窗口用于查

10.4 操 作 说 明

图 10.5

图 10.6

询文字结果，如图 10.6 所示。

10.4 操 作 说 明

10.4.1 关于计算例题的编辑

1. 增加例题与删除当前例题

（1）通过"工程操作"菜单的"增加项目"和"删除当前项目"来增加一个新的例题或删除当前的例题，如图 10.7 所示。

227

(2)"增"或"减"按钮增加一个新的例题或删除当前的例题，如图10.8所示。

2. 把典型例题加入例题模板库

实际工程中会有一些具有一般代表性的典型例题，当完成该例题的数据交互后，可通过"辅助功能"菜单中的"将此例题加入模板库"把该例题存为例题模板，从而在每次新增例题时可以重复调用该例题的数据，在此基础上修改少量的数据进行计算，如图10.9所示。

图10.7

图10.8

10.4.2 计算简图辅助操作菜单

在数据交互界面的左侧图形窗口单击鼠标右键，弹出图形显示快捷菜单（图10.10），使用该菜单可有效的查看计算简图，可把计算简图存为"DXF"格式的文件，用 AutoCAD 等图形编辑器进行编辑。

图10.9

图10.10

10.4.3 快速查询图形结果

1. 通过辅助功能菜单查看图形结果

单击"辅助功能"菜单中的"查看计算图形结果"，可查看当前例题图形。

注意：在倒虹吸水力学计算中输出计算结果和水头线图，可通过在输出选项列表中选择水头线图来输出对应的图形结果。

2. 图形查询辅助工具

(1) 图形查询工具栏，如图10.11所示。

(2) 图形查询快捷菜单。在图形结果查询窗口单击鼠标右键，弹出图形查询快捷菜单（图10.12），可以方便地查看图形。

(3) "图形查询"菜单，如图10.13所示。

10.4 操作说明

图10.11

图10.12

图10.13

10.4.4 计算书的编辑修改

菜单如图10.14所示。

文字结果输出较为完整的计算书，主要包括以下信息：①计算项目名称；②计算简图；③计算条件（录入的各种原始参数）；④计算过程。计算过程依照计算项目不同而有所变化。

文字结果可以使用文字编辑菜单进行编辑，也可以用其他文本编辑器进行编辑。

10.4.5 各模块的适用范围

倒虹吸管的截面有圆形和矩形两种。

进行渠道水力学计算时，软件提供了6种断面类型可供选择：复式、圆形、抛物线形、弧形坡脚梯形、弧形底梯形、梯形。常用的矩形断面可以通过复式断面转化得到，U形断面可通过弧形底梯形断面转化。

水闸水力学计算模块适用于无坎宽顶堰、有坎宽顶堰、WES实用堰。

水工隧洞水力学计算模块适用于矩形、圆形、拱形断面隧洞的水力设计，隧洞中的水流流态有无压流、半有压流和有压流三种。

图10.14

消能工水力学计算模块适用于底流式消能工和挑流式消能工的水力设计。底流式消能工中包括下挖式、突槛式（消力墙）和综合式消力池，挑流式消能工可进行连续式挑流鼻坎的水力计算。

10.4.6 关于数据和结果文件

数据和结果文件位于用户设定好的工作目录下。倒虹吸计算模块的数据文件格式为"＊.SLA"，水工渠道计算模块的数据文件格式为"＊.SLB"，水闸计算模块的数据文件格式为"＊.SLC"，水工隧洞计算模块的数据文件格式为"＊.SLD"，消能工计算模块的数据文件格式为"＊.SLE"，图形文件格式"＊.DXF"，计算书格式为"＊.RTF"。

229

附 图

附图 1 梯形和矩形断面明渠正常水深求解图

附图 2 梯形和矩形断面明渠底宽求解图

附图 3 梯形、矩形、圆形断面明槽临界水深求解图

附图 4 建筑物下游河槽为矩形时收缩断面水深及其共轭水深求解图

参 考 文 献

［1］ 李序量．水力学（第三版）［M］．北京：水利电力出版社，1991．
［2］ 张耀先，夏于廉．水力学水文学［M］．南京：河海大学出版社，1995．
［3］ 张耀先，丁新求．水力学［M］．郑州：黄河水利出版社，2002．
［4］ 华东水利学院．水力学（第二版）［M］．北京：科学出版社，1983．
［5］ 郑文康，刘翰湘．水力学［M］．北京：水利电力出版社，1991．
［6］ 刘润生．水力学［M］．南京：河海大学出版社，1992．
［7］ 刘智均．水力学［M］．北京：水利电力出版社，1993．
［8］ 徐正凡．水力学［M］．北京：高等教育出版社，1986．
［9］ 张朝晖，拜存有．工程水文水力学［M］．杨凌：西北农林科技大学出版社，2003．
［10］ 张春娟．水力学与桥涵水文［M］．北京：中国水利水电出版社，2007．
［11］ 武汉水利电力学院．水力计算手册［M］．北京：水利电力出版社，1991．
［12］ 张耀先．水力学［M］．北京：科学出版社，2005．
［13］ 邓小玲．水力学［M］．北京：科学出版社，2005．
［14］ 韩梅，拜存有．水力学［M］．北京：科学出版社，2005．
［15］ 张劲，章喆．水力学［M］．北京：科学出版社，2005．
［16］ 武汉大学水利水电学院．水力计算手册［M］．北京：中国水利水电出版社，2006．
［17］ 清华大学水力学教研组．水力学［M］．北京：人民教育出版社，1980．
［18］ 水力学国家重点实验室（四川大学）．水力学［M］．北京：高等教育出版社，2003．
［19］ 杨凌真．水力学难题分析［M］．北京：高等教育出版社，1998．
［20］ 吴持恭．水力学（上、下册，第三版）［M］．北京：高等教育出版社，2003．
［21］ 者建伦，张春娟．工程水力学［M］．郑州：黄河水利出版社，2009．
［22］ 张耀先，游玉萍．水力学［M］．北京：科学出版社，2005．
［23］ 丁新求．水力学习题集［M］．北京：中国水利水电出版社，1995．
［24］ 冯广志．水利技术标准汇编（灌溉排水卷）［G］．北京：中国水利水电出版社，2002．
［25］ 刘雅鸣．水利技术标准汇编（水文卷）［G］．北京：中国水利水电出版社，2002．
［26］ 吴季松，冯广志．水利技术标准汇编（供水节水卷）［G］．北京：中国水利水电出版社，2002．
［27］ 黄文锽．水力学［M］．北京：高等教育出版社，1984．
［28］ 赵振兴，何建京．水力学［M］．北京：清华大学出版社，2005．
［29］ 者建伦，张春娟，余金风．工程水力学［M］．郑州：黄河水利出版社，2009．